資料驅動的半導體製造系統調度

，于青雲，馬玉敏，喬非 著

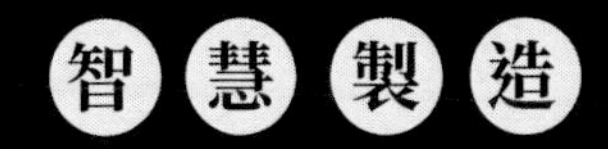

目　錄

第1章

半導體製造系統調度

半導體是許多工業整機設備的核心，普遍應用於電腦、消費電子、網路通訊、汽車、工業、醫療、軍事以及政府等核心領域。隨著「智慧化」概念的深入人心，晶片產業的重要性日趨顯著。為擺脫「缺晶之痛」，中國已從政策和資金兩方面出發，大力支持中國半導體產業，爭取實現自主替代。本章主要介紹半導體製造系統調度及其發展趨勢，其中包括調度流程、調度特點、調度類型與調度方法、評價指標以及調度問題的研究現狀。

1.1 半導體製造流程

半導體產業作為電子元件產業中最重要的組成部分，主要由四個部分組成：集成電路（約占 81%）、光電裝置（約占 10%）、分立裝置（約占 6%）和感測器（約占 3%）。考慮到集成電路在半導體產業中所占的比重，通常將半導體和集成電路等價。集成電路按照產品種類主要分為四大類：邏輯裝置（約占 27%）、儲存器（約占 23%）、微處理器（約占 18%）、模擬裝置（約占 13%）。半導體產業是以需要推進市場的，在過去四十年中，推動半導體產業成長的驅動力已由傳統的 PC 及相關產業轉向移動產品市場（包括智慧型手機及平板電腦等），未來則可能向可穿戴設備和 VR/AR 設備轉移。2000～2015 年，中國半導體市場年均增速領跑全球，高達 21.4%（全球半導體年均增速為 3.6%，其中亞太約 13%，美國將近 5%，歐洲和日本都較低）；就全球市場占有率而言，中國半導體市場占有率從 5%提升到 50%，成為全球半導體產業核心市場[1-3]。

2015 年集成電路三大領域均呈成長態勢。設計業增速最快，銷售額為 215.7 億美元，同比成長 26.55%；晶片製造業銷售額為 146.7 億美元，同比成長 26.54%；封裝測試銷售額為 225.2 億美元，同比成長 10.19%。從產業鏈比重來看，中國設計業占比成長最快，封裝測試比重有所下滑，製造占比保持穩定。受益於政策扶持和中國經濟的發展，集成電路三大結構逐步趨於優化：2015 年中國集成電路的設計占比達 36.70%、製造占比為 24.95%、封裝測試占比為 38.34%；晶片銷售額為 900.8 億元，增速達 26.5%，比 2014 年的增速高出了 8 個百分點[4-7]。

集成電路產業鏈可以大致分為電路設計、晶片製造和封裝測試三大領域。集成電路生產流程以電路設計為主導，需要多種高精設備和高純度材料，其大致流程為：設計公司提供集成電路設計方案、晶片製造廠生產晶圓、封裝廠進行集成電路封裝和測試、向電子產品企業進行銷售[8]。

半導體製造流程可以簡單劃分為晶圓製造和集成電路製造。其中，晶圓製造大致包含了普通矽砂（石英砂）→純化→分子拉晶→晶柱（圓柱形晶體）→晶圓（把晶柱切割成圓形薄片）幾個步驟[9]。其中，分子拉晶是指：將所獲得的高純多晶矽熔化，形成液態矽，以單晶的矽種和液體表面接觸，一邊旋轉一邊緩慢地向上拉起。最後，待離開液面的矽原子凝固後，排列整齊的單晶矽柱便完成了，其矽純度高達99.999999%。切割晶圓是指：從單晶矽棒上切割一片確定規格的矽晶片，這些矽晶片將經過洗滌、拋光、清潔、人眼檢測和機器檢測，最後透過雷射掃描檢查表面缺陷及雜質，合格的晶圓片將交付給晶片生產廠商[10]。

集成電路製造工藝是本書的重點關注對象，它由多種單項工藝組合而成，主要包含三個步驟：薄膜製備工藝、圖形轉移工藝和摻雜工藝。其具體製造流程如圖 1-1 所示。

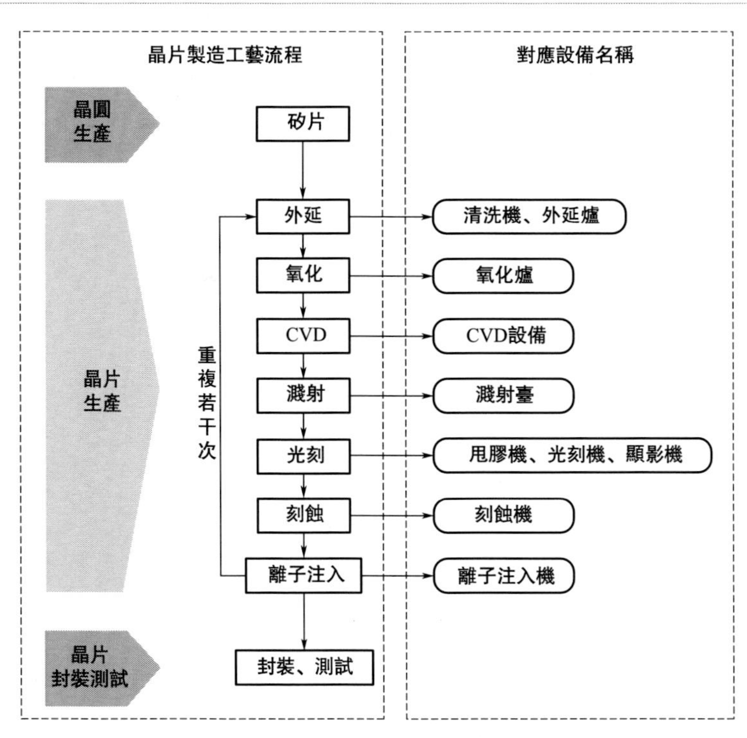

圖 1-1　集成電路製造流程

(1) 薄膜製備工藝

薄膜製備即在晶圓片的表面上生長出數層材質不同、厚度不同的薄膜，其工藝主要有氧化、化學氣相沉積（CVD）和物理氣象沉積（PVD）三種方法[11]。

① 氧化：晶圓片與含氧物質（氧氣或者水氣等氧化劑）在高溫下進行反應，從而生成二氧化矽薄膜。

② CVD：把一種或幾種含有構成薄膜元素的化合物或單質氣體通入放有基材的反應室，借助空間氣相化學反應，在基體表面沉積固態薄膜。

③ PVD：採用物理方法將材料源電離成離子，並透過低壓氣體或等離子體的作用，在基體表面沉積具有某種特殊功能的薄膜。

(2) 圖形轉移工藝

集成電路（Integrated Circuit，IC）製造工藝中的氧化、沉積擴散、離子注入等流程對晶圓片沒有選擇性，都是對整個矽晶圓片進行處理，不涉及任何圖形。IC 製造的核心是透過圖形轉移工藝（主要是光刻工藝）將所設計圖形轉移到矽晶圓片上。作為半導體最重要的工藝步驟之一，光刻工藝是將掩模板上的圖形複製到矽片上，光刻的成本約為整個矽片製造工藝成本的 1/3，所需時間約占整個矽片製造工藝的 40%～60%，其工藝步驟如下：

① 在矽晶圓片上塗上光刻膠，蓋上預先製作好的有一定圖形的光刻掩模板；

② 對塗有光刻膠的晶圓片進行曝光（光刻膠感光後其特性將會發生改變，正膠的感光部分變得容易溶解，而負膠則相反）；

③ 對晶圓片進行顯影（正膠經過顯影後被溶解，只留下未受光照部分的圖形；負膠相反，受到光照的部分不容易溶解）；

④ 對晶圓片進行刻蝕，將沒有被光刻膠覆蓋的部分去除，進而將光刻膠上的圖形轉移到其下層材料；

⑤ 用去膠法把塗在晶圓片上的感光膠去掉。

(3) 摻雜工藝

摻雜工藝是將可控數量的雜質摻入晶圓的特定區域中，從而改變半導體的電學性能。擴散和離子注入是半導體摻雜的兩種主要工藝[12]。

① 擴散：原子、分子或離子在高溫驅動下（900～1200℃）由高濃度區向低濃度區運動的過程。雜質的濃度從表面到體內呈單調下降且雜質分布由溫度和擴散時間來決定。

② 離子注入：在真空系統中，透過電場對離子進行加速，並利用磁

場使其改變運動方向，從而使離子以一定的能量注入晶圓片，在固定區域形成具有特殊性質的注入層，達到摻雜的目的。

與其他製造系統相比，半導體製造系統具有以下三個明顯特徵。

(1) 工藝流程複雜

生產工藝流程是指在生產過程中，勞動者利用生產工具將各種原材料、半成品透過一定的設備、按照一定的順序連續進行加工，最終使之成為成品的方法與過程，也就是產品從原材料到成品的製作過程中所有要素的組合。矽片在生產線上的平均加工週期比較長，一般為 1 個月左右。矽片的工藝流程會因產品的不同而有所差異，短的加工流程包含幾十步，長的則達數百步，這也導致了矽片加工週期的分散性。典型的工藝流程一般有 250～600 步，使用的設備達 60～80 種。此外，生產線上可能會存在不同的訂單和產品種類。生產線上生產的產品多達幾十種，且工藝流程存在大量重入現象，這會導致在製品對線上設備使用權的競爭很激烈[13]。

(2) 多重入加工流程

在半導體製造業，重入是系統的本質，不同加工階段的同類工件可能在同一設備前同時等待加工，工件在加工過程中的不同階段可能重複訪問某些設備。這主要有兩個原因：一是半導體元件是層次化的結構，每一層都是以相同的方式生產，只是加入的材料不同或精度有所差異；二是半導體加工設備昂貴，需要對其進行最大化利用，造成多重入加工流程的出現。總之，重入現象使得每臺設備需加工的工件數大大增加，再加上產品種類、數量及其組合，以及各產品工藝流程的複雜程度不同，使得半導體生產線的調度與控制問題變得極為複雜[14]。

(3) 混合加工方式

由於半導體生產線設備類型各異，加工方式也呈現多樣化。按照設備的加工方式主要分為單片加工、串行批量加工、單卡並行批量加工和多卡並行批量加工。混合加工方式的存在，進一步增大了半導體生產線調度的複雜性。目前大量的研究都是基於簡化的加工方式(單卡加工和批加工）進行的。

1.2 半導體製造系統調度

生產調度作為提高企業經濟效益和市場競爭力的有效途徑之一，也是工業工程、管理工程、自動化等領域的研究焦點。一般而言，生產調度就是針對某項可分解的生產任務，在滿足工藝和資源約束的前提下，透過確定工件加工順序和調度資源的分配，以獲得生產任務執行效率或成本的優化。作為一項具有較長歷史的研究命題，生產調度的需要包括：滿足約束、優化性能和實用高效。其基本任務可以概括為建模和優化，即對調度問題的認識和求解。自 1950 年代以來，國外學者圍繞這兩項基本任務開展了相關的研究探索。一些先進的調度建模技術和優化方法已經付諸實踐並取得成功應用[15]。

1.2.1 調度特點

半導體製造系統與傳統的作業工廠（job-shop）及流水工廠（flow-shop）的生產模式不同。無論是作業工廠還是流水工廠，工藝流程上的不同工序需要在不同的設備上完成。而半導體製造系統的一個顯著特點是，工件的不同工序可能重複訪問同一設備，從而造成大量的重入加工流程。Kumar1990 年代將半導體製造系統定義為繼作業工廠和流水工廠之後發展起來的第三類生產系統——重入式生產系統。隨著集成電路性能的複雜化以及元件尺寸的小型化，半導體製造工藝變得更加複雜和精細[16]。因此，半導體製造被公認是當前最複雜的製造系統之一，其調度問題也得到了學術界與工業界的普遍關注，成為當今控制及工業工程領域的研究焦點。

從研究調度問題的角度出發，製造系統主要有兩種模式：job-shop 和 flow-shop。半導體生產線因其明顯的重入特徵而與上述兩種典型模式有較大的區別，其調度問題不僅具有一般調度問題所具有的特點，而且還具有下述明顯的特殊複雜性。

(1) 非零初始狀態

前已述及，半導體矽片的平均加工週期較長，一般為幾十天。在這段時間內，每天都會有新的矽片不斷投入生產線進行加工，而不是等生產線上所有矽片加工完畢後再投入新矽片。因此，初始對半導體生產線進行調度時，生產線上已經有大量矽片在加工，或處於待加工狀態，或處於正在加工狀態。這種不為零的初始狀態是半導體製造系統調度問題所具有的重要特點之一。

(2) 大規模

半導體生產線由上百臺設備組成，每種產品的工藝流程包括幾百道加工工序，而生產線上同時流動的產品種類也可能多達上百種。這使得半導體生產線的調度問題比典型調度問題的規模要大得多，從而使得問題的複雜性及求解難度大幅成長。在生產過程中，工廠中的工件、設備、操作人員、物流傳送系統以及緩衝區之間是相互影響相互制約的[17]。因此，不僅要考慮每個工件的裝載和加工時間、設備數量、系統緩衝能力和工件加工順序等資源因素，還要考慮人員的操作熟練程度等不確定因素，甚至要考慮各類動態事件對調度的影響。因此，工廠作業的調度問題實際上是一個擁有諸多約束條件的組合優化問題。隨著調度規模的增大，求得可行解所需的計算量呈指數成長，得到最佳解或者近優解的可能性越來越小。

(3) 不確定性

半導體生產線調度問題的不確定性主要表現在以下三個方面。

① 任務總數不確定：在實際的半導體生產線上，每天都在不斷投入新的矽片進行加工，但只能知道一段時間（如一日或三日）內新投入的矽片數，而整體矽片數是不確定的。

② 不確定性事件：半導體製造系統中存在的大量不確定性事件通常會引起生產線狀態的改變，因此，有必要考慮這些不確定事件對半導體製造系統調度問題的影響。

③ 工序加工時間不確定：一方面，同一道工序在不同的設備上進行加工所需的加工時間可能不同，而且隨著某些零件的老化，同一工序在相同設備上的加工時間也會產生較大的變化；另一方面，某些工序在正式加工前需要進行試片（即試加工），試片時間會因試片數量的變化而變化，造成一卡矽片在本工序的加工時間不確定[18]。

(4) 調度方案有效期短

調度方案的制定除了需要知道生產線上當前在製品的情況，還要有詳細確定的投料計劃（確定的產品種類及數量）。雖然每天都有一定數量的新矽片投入生產線進行加工，但一般情況下只能確定較短時間（如一日或三日）內的投料計劃。因此，相對於半導體產品平均十幾天至幾十天的生產週期而言，實際半導體生產線調度方案的有效期一般較短。再加上大量不確定事件的發生，調度方案的有效期很難超過一日。

(5) 局部優化問題

在工廠生產中，會有諸多不同的生產任務，這些生產任務可能對調度目標有不同的要求，而且有時候這些要求之間是互斥的，比如要求生產週期短、超期訂單最少、設備利用率最高等。因此，如何使得生產調度系統能夠盡量多地滿足這些目標，也是工廠生產調度一面對臨的難題[19]。由於調度方案的有效期較短，調度對生產線系統性能指標的優化只能是短期的和局部的，且只能優化部分系統性能指標，如設備利用率、總移動量、移動速率等，像平均加工週期及其方差、準時交貨率、脫期率等指標則不能顯著地優化。

(6) 約束性

約束性主要展現在工藝路徑約束和資源約束兩個方面。首先，由於產品的複雜程度不同，不同產品都有其嚴格的工藝路徑約束要求。通常情況下，各工序的先後順序不能倒置。其次，加工原料的提供、生產設備的規模、生產設備的生產能力等，都不是無限的。因此，生產調度是在多約束條件下進行的。

總體來說，半導體製造系統調度具有明顯的多重入性、製造環境的高度不確定性、製造過程的高度複雜性以及調度目標的多樣性。相應地，能夠響應即時運作環境的動態調度方法得到了更為充分的重視。

1.2.2 調度類型

1.2.2.1 基於調度對象的半導體生產線調度分類

半導體生產線規模龐大，設備類型各異，按照所關注問題的不同可以分為工件調度、投料控制、瓶頸調度、批加工設備調度、生產線調度和維護調度等。

(1) 工件調度

工件調度策略的優劣直接影響到生產系統的性能，所以工件調度是半導體製造系統調度的研究重點。常用的工件調度方法有五種：傳統運籌學、離散系統仿真、數學模型、運算智慧和人工智慧。

(2) 投料控制

投料控制是指在一定的投料策略指導下，決定在何時投入多少原料到生產系統，以便盡可能起生產系統的生產能力。投料一般分為靜態投料和動態投料兩種方式。靜態投料是根據事先設定的速率（如固定時間間隔投料或按隨機分布泊松流投料）進行投料。這種投料方式因不能跟蹤生產線的實際變化，容易造成工件積壓，使生產線的性能下降；動態投料是根據生產線實際情況（諸如交貨時間和在製品水準等性能指標），使用啟發式方法進行投料。

(3) 瓶頸設備調度

瓶頸設備調度是指透過解決半導體生產線中瓶頸區域的調度問題，從而推出整條生產線的優化排程方案。瓶頸處容量的損失就是整個工廠的損失，因此瓶頸設備的調度問題是十分重要的。

瓶頸辨識的方法有很多，一般可以透過觀察在製品的隊列長度和測量機器的利用率來獲知瓶頸設備。

① 分析製造系統中在製品的隊列長度。在這種方法中，隊列長度和等待時間中有一種是被測定的，具有最長的隊列長度或等待時間的機器被認為是製造瓶頸。這種方法的優勢在於透過對隊列長度或等待時間的簡單比較就能檢測到系統的瞬時製造瓶頸；缺點是很多生產系統只有有限的在製品隊列或者根本沒有在製品隊列，在這種情況下，隊列長度的方法就不能夠被用來檢測製造瓶頸。

② 測量生產系統中不同機器的利用率。利用率最高的機器為製造瓶頸。然而不同機器的利用率經常是非常相近的，所以這種方法不能很確定地辨識瓶頸設備。長時間的仿真也許能準確得到有意義的結果，但是這種方法受到穩態系統的侷限。測利用率的方法並不能確定瞬時製造瓶頸，而只能確定在長時間內存在的瓶頸設備，因此利用這種方法來檢測和監控瓶頸的轉移是不合適的。

(4) 批加工設備調度

批加工設備調度是半導體生產線調度的重要組成部分，對半導體生產線性能有重要影響。批量加工是半導體製造系統區別於傳統製造系統的顯著特點。半導體製造生產線上的多卡並行批量加工設備，如氧化爐管等，大約占設備總數的20%～30%，其調度方案對改善半導體製造系統的性能具有重要意義。

(5) 生產線調度

生產線調度關注整個半導體生產線中工件的流向及其在各設備上的加工序列，確定工件在各加工設備上的加工序列和開始加工時間，即加工排程（scheduling）、工件分派（dispatching）與工件排序(sequencing)。工件調度使用的研究方法很多，既包括傳統的運籌學方法、離散事件仿真技術與啟發式規則，也包括先進的人工智慧、運算智慧與群體智慧等演算法，是當前半導體製造系統調度研究的焦點。

(6) 設備維護調度

設備維護調度用於決定何時將設備從生產線上撤下來，進行預訂的維護過程。設備維護主要有預防性維護（Preventive Maintenance，PM）

和矯正性維護（Corrective Maintenance，CM）。在預防性維護時，設備並未發生故障，其調度的最終目標是尋求計劃停機時間與非計劃停機時間的平衡點；矯正性維護是由於設備意外故障後，對設備進行相應的維修。後者由於是設備意外故障，會導致更高的成本。目前設備維護調度的研究主要集中於運籌學方法或啟發式規則。

1.2.2.2 基於調度環境和任務的半導體生產線調度分類

基於調度環境和任務的不同，半導體製造系統調度還可分為靜態調度與動態調度。

（1）靜態調度

靜態調度是指在製造系統狀態和加工任務確定的前提下，形成優化的調度方案的過程。靜態調度以某一時刻 t_0 的製造系統狀態 $U(t_0)$、確定的工件資訊（具體的加工任務描述）及時間長度 T_0（一般稱為調度深度）為輸入，在滿足約束條件及優化目標的情況下，採用適當的調度演算法，生成調度週期 $[t_0, t_0+T_0]$ 內的調度方案。靜態調度的約束條件包括系統資源、產品的工藝流程、交貨期等，優化目標包括工件的評價加工週期、交貨期、製造系統的性能指標如設備利用率、生產率等。利用靜態調度生成的調度方案一經產生，所有工件的加工方案就被確定了，在後續的加工過程中也不再改變。

（2）動態調度

動態調度是指根據製造系統的狀態和加工任務的實際情況，動態地產生調度方案的過程。動態調度的實現方式有兩種：一是在已有靜態調度方案的基礎上，根據製造系統的現場狀態及加工任務資訊，及時對靜態調度方案進行調整，產生新的調度方案，這種調度過程也稱為重調度；二是事先不存在靜態調度方案，直接按照製造系統的即時狀態及加工任務資訊，為空閒設備確定加工任務，這種調度過程也稱為即時調度。

以上兩種方式都能夠獲得可操作性強的調度方案，但優化計算過程又有所不同。即時調度在決策中往往只考慮局部資訊，因此得到的調度方案只是可行的，與最佳調度方案可能有較大的距離；重調度則是在已有靜態調度方案的基礎上，根據更多的系統狀態資訊及加工任務資訊對靜態調度方案進行動態調整，得到的調度方案不僅具有可操作性，而且優化效果也比較好，更接近最佳調度方案。

與靜態調度相比，動態調度能夠針對生產現場實際情況的變化產生更加具有可操作性的決策方案。針對動態調度的特點，以下兩個因素必須予以充分考慮：一是優化過程必須充分利用能夠反映製造系統狀態及加工任務情況的即時資訊，二是動態調度方案必須在不影響設備運行的短時間內完成。

1.2.3 調度方法

目前，調度方法可以歸納為三類：基於運籌學的方法，基於啟發式規則的方法，基於人工智慧、運算智慧和群體智慧的方法。

（1）基於運籌學的方法

該方法是將生產調度問題轉化為數學規劃模型，採用基於枚舉思想的分支定界法或動態規划演算法求解調度問題的最佳解或近似最佳解，屬於精確演算法。對於生產特點有別於傳統的job-shop和flow-shop的半導體晶圓製造業，這種純數學方法有模型抽取困難、運算量大、演算法難以實現等弱點。

（2）基於啟發式規則的方法

啟發式規則是指選取工件的某個或者某些屬性作為工件的優先級，按照優先級高低選擇工件進行加工。根據調度目標的不同，半導體製造過程啟發式規則可以分為基於交貨期的規則、基於加工週期的規則、基於工件等待時間的規則、基於工件使用程式是否相同的規則和基於負載平衡的規則。啟發式規則以其簡單性和快速性成為實際半導體製造環境下動態調度的首選，但也有一定的侷限性，比如只能提高產品的個別性能指標，對生產線的整體性能提高能力較弱。

由於半導體製造過程的調度優化是個非常複雜的問題，其性能好壞不僅取決於調度策略本身，而且和系統模型、處理時間的方差、實際平均加工週期與理論加工週期有關，與系統中瓶頸設備個數、需重複訪問次數、緊急訂單加入等因素也有著十分密切的連繫。儘管啟發式規則計算量小、效率高、即時性好，但是它通常僅對一個或多個目標提供可行解，缺乏對整體性能的有效把握和預見能力，其調度結果可能會與系統的全局優化有較大的偏差。因此，啟發式規則通常需要與智慧方法結合使用，根據系統狀態在備選規則間進行選擇。典型的研究方法通常是將智慧方法、仿真方法和啟發式規則相結合。

（3）基於人工智慧、運算智慧和群體智慧的方法

人工智慧也稱機器智慧，它是電腦科學、控制論、資訊論、神經生

理學、心理學、語言學等多種學科互相滲透而發展起來的一門綜合性學科。在半導體調度演算法中常用的人工智慧系統有專家系統和人工神經網路等，其中人工神經網路通常與其他方法（比如動態規劃）結合起來運用。

運算智慧以人類、生物的行為方式或物質的運動形態為背景，經過數學抽象建立演算法模型，透過電腦的計算來求解組合最佳化問題。常用的運算智慧有禁忌搜尋、模擬退火、遺傳演算法、人工免疫演算法等。在半導體製造系統調度中，既可以使用單獨的某種運算智慧方法，也可以將不同的運算智慧演算法相結合或將運算智慧演算法與建模技術相結合共同解決調度難題，以獲得更好的性能。

群體智慧是受啟發於群居生物的群體行為並模擬抽象而成的演算法和模型，在沒有集中控制且不提供全局模型的前提下，群體智慧為尋找複雜的分布式問題的解決方案提供了基礎。常用的群體智慧有蟻群優化演算法、資訊素演算法、粒子群優化演算法等。在半導體製造系統調度中，群體智慧的應用相對較少。

1.2.4 評價指標

對半導體生產線進行調度的目的是對其系統性能進行優化。結合半導體生產線的特點，用來衡量調度方案對半導體生產線系統性能影響的主要指標包括以下幾項。

(1) 成品率（Yield）

成品率是指合格產品占總產品的百分比，常指矽片上合格管芯的比例。成品率對半導體生產線的經濟效益有重大影響；很顯然，成品率越高，經濟效益越高。成品率受設備工藝的影響比較大，調度方案對其影響主要是透過盡量縮短工件在工廠中的停留時間，減少晶片受汙染的機會，從而保證較高的成品率。

(2) 在製品（Work in Process，WIP）數量

在製品數量是指生產線上所有未完成加工的工件數，即生產線上的矽片總卡數或總片數。WIP 是與加工週期相關的優化目標，應盡量控制半導體生產線的 WIP 數量與期望值相當，該值與半導體生產線的加工能力相關。在低於 WIP 期望值時，即使 WIP 數量繼續降低，也不會大大縮短加工週期；在高於 WIP 數量期望目標值時，WIP 數量越多，加工週期會越長。另外，WIP 數量越高，資金占用也越多，會直接影響企業的經濟效益。

(3) 設備利用率 (Machine Utility)

設備利用率是指設備處於加工狀態的時間占其開機時間的比率，可以使用設備閒置代價來衡量。設備利用率與 WIP 數量相關，一般來說，WIP 數量大，設備利用率較高，但是當 WIP 數量飽和時，即使 WIP 數量再增加，設備利用率也不會提高。顯然，設備利用率越高，則單位時間內加工的工件數量越多，創造的價值越大。

(4) 平均加工週期及其方差

加工週期是指矽片從進入半導體生產線開始，到完成所有工序離開生產線所占用的時間，也叫流片時間。平均加工週期是指同一流程的多卡矽片的加工時間的平均值，其方差是指各卡矽片的加工週期與其平均加工週期的均方根。平均加工週期及其方差能夠反映系統的響應能力以及準時交貨能力。

(5) 總移動量

一卡矽片完成一個工序的加工稱為移動了一步。總移動量 (Movement) 是所有矽片在單位時間 (如一個班次，12 小時) 內移動的總步數 (卡・步)。總移動量越高，表明生產線完成的加工任務數越高。Movement 是衡量半導體生產線性能的重要指標，其值越高，說明半導體生產線的加工能力越高，設備的利用率也越高。

(6) 移動速率

移動速率是指單位時間 (如一個班次，12 小時) 內一卡矽片的平均移動量 (步/卡)。移動速率越高，表明矽片在生產線上的流動速度越快，其平均加工週期則越短。

(7) 生產率

生產率是指單位時間 (一般為班或日) 內流出生產線的卡數或矽片數。理想情況下，生產率等於投料速率。它與加工週期成反比，即加工週期越短，生產率越高。半導體生產線的生產率決定了最終產品的成本、加工週期以及客戶滿意度。顯然，生產率越高，單位時間內創造的價值越高，生產線的加工效率越高。

(8) 準時交貨率

準時交貨率是指準時 (按時或提前) 交貨的工件數占完成加工的工件總數的百分比。

(9) 脫期率 (Tardiness)

脫期率是指脫期交貨的工件數占完成加工的工件總數的百分比。

很明顯，準時交貨率與成品率、生產率、加工週期、在製品數量以及設備利用率等指標都有很直接或間接的關係。準時交貨率與脫期率是衡量調度方案優劣的重要指標，尤其隨著半導體製造業競爭的不斷加劇，提高準時交貨率已成為半導體廠商爭奪使用者、占領市場的重要策略戰術指標。

需指出的是，上述反映半導體生產線系統性能優劣的指標不能同時達到最佳，調度方案對這些指標的全局優化作用只能是某種意義上的折中或平衡。這是因為，這些性能指標之間存在一些制約關係，例如，若要降低產品的平均加工週期，則應降低生產線上的 WIP 數量，以使待加工工件的等待時間減少。降低 WIP 數量可降低資金占用，也可間接提高產品合格率；但 WIP 數量過低，則會降低系統的設備利用率、總移動量、移動速率和生產率，甚至可能導致準時交貨率降低，並從整體上導致企業的盈利能力的下降。反過來，如果 WIP 數量過大，雖然可提高設備利用率，增加總移動量，但移動速率可能降低，平均加工週期及脫期率增加，產品合格率降低，且會大量占用企業的流動資金，影響企業的整體獲利能力。因此，一個好的調度方案應該在各性能指標間進行權衡，根據具體情況盡可能優化某些重要指標，以使生產線的整體性能達到最佳或近似最佳。

1.3 半導體製造系統調度發展趨勢

現代工業技術的發展使得製造過程、工藝和設備裝置趨於複雜，已經很難透過基於機理模型的傳統建模方法為系統精確建模從而優化系統運行性能。例如對於複雜矽片加工生產線，雖然運用了先進的調度思想，精心設計了調度演算法並加以實現，但得到的仿真結果精度較差，難以指導實際的調度排程任務。而隨著企業資訊化程度的提高，製造型企業對資料採集的即時性、精確性有顯著提升，從而促進基於資料的方法在生產製造過程中的應用。在半導體製造領域，由於其關鍵性能指標無法由機理模型描述和線上監控檢測，基於資料的預測方法得到了廣泛的應用。而基於資料的調度方法則更側重將資料驅動的方法和傳統調度建模優化方法相結合來求解調度問題。本節從複雜製造系統資料預處理、基於資料的調度建模、基於資料的調度優化三個方面進行綜述。

1.3.1 複雜製造資料預處理

製造系統達到一定規模並且工藝流程較為複雜時，其自動化系統會出現資料量大、生產屬性多、資料源中包含一定噪音資料等問題。這些問題對基於資料的調度結果有重要影響。因此，對資料源中的相關資料進行預處理是基於資料的調度的重要組成部分。複雜製造資料預處理主要集中於以下三方面：複雜製造資料屬性選擇、複雜製造資料聚類與複雜製造資料屬性離散化。

(1) 複雜製造資料屬性選擇

屬性選擇是從條件屬性中選取較為重要的屬性。條件屬性冗餘過多會導致分類或迴歸的精度下降、生成的規則無法使用以及規則之間的衝突較多。屬性選擇常用的方法包括粗糙集和運算智慧。例如，Kusiak 針對半導體製造的品質問題，提出了使用粗糙集從樣本資料中獲取規則的方法，並使用特徵轉換和資料集分解技術，來提高缺陷預測的精度和效率；粗糙集的屬性約簡是一個 NP 難問題，Chen 等透過特徵核的概念縮減了搜尋空間，然後使用蟻群演算法求得了屬性集的約簡，提高了知識約簡的效率；Shiue 等建立了兩階段決策樹自適應調度系統，將基於神經網路的權重特徵選擇演算法和遺傳演算法用於調度屬性選擇，使用自組織映射（Self-Organizing Maps，SOM）進行資料聚類，應用決策樹、神經網路、支持向量機這三種學習演算法對每個簇進行學習實現參數優化，提高了自適應調度知識庫的泛化能力，並透過仿真驗證了成果的有效性。

(2) 複雜製造資料聚類

聚類是對樣本資料按相似度進行分類的技術，將相似的樣本歸屬於同一類，而相似度低的樣本歸屬於不同類。對於大規模訓練樣本，可以使用聚類平滑噪音資料。噪音資料會影響學習的精度，如 C4.5 在處理含有噪音的樣本時會導致生成樹的規模龐大，降低預測精度，需要做剪枝處理。聚類中常用的方法包括 SOM、Fuzzy-C 均值、K 均值、神經網路等。

(3) 複雜製造資料屬性離散化

部分演算法和模型只能處理離散資料，如決策樹、粗糙集等，因此有必要採用屬性離散化技術將連續屬性值轉化為離散屬性值。例如：Knooce 和 Li 在探勘優化調度方案時，根據面向屬性規約演算法和決策樹的特點，對屬性值進行了等距離散劃分；Rafinejad 提出了基於模糊 K

均值演算法的屬性離散化方法，使得從優化調度方案中所提取的規則能夠更好地逼近優化調度方案。

現有的複雜製造預處理技術主要集中於屬性選擇和資料聚類，而針對製造系統的資料預處理技術還有待進一步深入研究。因為製造系統資料具有規模大、含噪音、樣本分布複雜且存在缺失現象；輸入變數數目多、類型多樣；輸入/輸出變數間關係呈非線性、強耦合等特點。

1.3.2 基於資料的調度建模

基於資料的調度建模包括：①將資訊系統中的資料透過模型映射的方式生成描述生產調度過程的模型；②對製造系統的不確定因素構造資料驅動的預測模型從而實現生產調度過程模型的求精；③構造資料驅動的性能指標預測模型，調用性能指標預測模型可以快速近似求得實際製造系統和生產調度過程模型在調度環境下採用調度規則的性能指標。

(1) 基於資料的調度描述模型

基於資料的調度描述模型主要展現為 Petri 網模型和離散事件仿真模型。傳統調度建模方式較為瑣碎和僵化，一旦有設備的更替或者有新工藝的引入就需要修改整個模型；而採用基於資料的方法，可以將繁瑣的建模工作集中到從資料到生產調度的映射，模型變更可以透過修改模型中的資料實現，具有較好的靈活性和擴展性。例如，Gradisar 將生產線的設備布局和加工產品的工藝流程等資料映射成描述生產過程調度的 Petri網模型，在模型中融入了一些啟發式調度規則並評價了調度性能指標，以實例說明了方法的可行性，其不足之處是沒有考慮生產系統的動態資訊，無法用於帶有非零初始狀態的製造系統的調度問題；Mueller 提出了將半導體生產線相關資料映射為面向對象 Petri 網仿真模型的方法，模型的基本元素由設備加工工序、產品工藝流程、設備以及輔助器具組成，考慮了批加工工序、工具和設備的故障時間、工件返工等因素，不足之處是對生產線作了較大的簡化，同樣沒有考慮半導體製造系統的非零初始狀態；Ye 等提出了動態建模方法，基於生產線的靜態資料和動態資料構造生產線的離散事件仿真模型，可以反映生產線實際工況，其不足在於資料到模型的映射只針對特定仿真軟體（Plant Simulation），轉換方法的通用性有待進一步提高。

(2) 複雜製造系統資料驅動的不確定性因素預測

複雜製造系統的大規模、複雜性、不確定性導致其在製造過程中會面臨很多不確定因素，例如模型參數的不確定、隨機事件的不確定以及產品品質的不確定。如何採用資料驅動的方法合理利用製造系統歷史資料對這些不確定因素進行預測，從而提高製造過程描述模型的運行準確率是一項很有實際意義的工作。

複雜製造系統中的很多模型參數既不是固定值，也不滿足特定分布，但這些參數對調度性能有重要影響。例如工件加工時間是許多調度規則中都需要使用的重要參數，而在以往的工作中或者直接使用工藝文件中的理論加工時間，或者透過求平均值，或者基於人工經驗進行猜想，效果均不理想。除了這些建模基礎參數，很多新的調度策略也引入了新的決策參數，如加工週期、產能等，這些參數亦很難用確定的公式猜想，並對調度策略的效果有直接影響。因此，如何從歷史資料中探勘這些參數的預測模型，是基於資料調度的一個重要組成部分。

(3) 複雜製造系統資料驅動的性能指標預測

對於大規模複雜製造系統，透過電腦運行其生產調度模型時會存在運行時間過長的問題。以半導體製造系統為例，會涉及數百臺加工設備、數千卡矽片以及上百道加工工序，以 1 天為調度週期就需要花費數小時運行其描述模型。為了更方便地研究這類大規模複雜製造系統的調度問題，可以透過其歷史資料構造出資料驅動的預測模型來預測其性能指標(例如生產週期、在製品數量、成品率等)，研究性能指標與其影響因素(調度環境與調度策略）之間的關係。

1.3.3 基於資料的調度優化

基於資料的調度優化方法是指透過資料探勘技術從優化的調度方案中探勘出可用於輔助調度決策的知識，其實現方式和構造資料驅動的預測模型一致。根據優化調度方案生成的方式不同，基於資料的調度優化研究主要分為：基於仿真獲得的方案、基於優化演算法獲得的派工方案以及基於資訊系統離線資料獲得的方案。

(1) 基於離線仿真的調度知識探勘

諸多研究表明，不存在所謂最佳的即時調度規則適應於各種類型的製造系統。即時調度規則的有效性和生產線運作狀態直接相關，應根據生產的調度環境指導調度規則的選擇。仿真是用於比較和選擇複雜製造系統調度決策重要的技術之一。一般而言，有兩種仿真方式來選擇調度決策：一種是離線仿真的方式，對於不同的生產線狀態採用不同的調度決策進行仿真，保留最能滿足性能指標的調度決策，以此構造知識庫；

另一種是線上仿真的方法，在決策點採用不同的調度決策進行仿真，選擇性能指標最佳的調度決策來指導即時派工。顯然，離線仿真方法效率不高，所構造知識庫的泛化能力也很弱，線上仿真對於仿真時間的要求較為苛刻，稍不滿足就無法滿足即時派工的需要。

機器學習能夠良好地泛化優化的調度決策，對自適應調度系統知識庫的構造發揮著核心的作用。然而，無論是離線學習還是線上學習，都需要依賴製造系統的調度模型，建模的品質直接影響學習效果。此外，離線學習獲得的知識庫會隨著時間的推移有所退化，需要合理更新機制。線上學習策略雖有較高的魯棒性，但初期優化效果不明顯、學習速度慢。如何將離線學習與線上學習相結合進一步改進調度規則集的構造是值得進一步考慮的問題。

（2）基於離線優化的調度知識探勘

隨著電腦計算能力的加強，使得大規模調度問題的求解成為可能。基於優化演算法求解調度問題的更大瓶頸在於實際複雜製造系統中大量的不確定性擾動因素導致得到的派工方案難以執行。如何從大量的優化方案中探勘出調度決策，即用合適的即時調度規則來擬合優化演算法，使得即時調度規則所生成的調度方案能較好地逼近優化演算法的調度方案，以此進一步適應即時派工的需要，是很有實用價值的研究。

（3）基於資訊系統離線資料的調度知識探勘

企業資訊系統中的離線資料蘊含了調度相關資訊，也可以從中提取即時調度規則。例如，Choi 等以多重入製造系統為研究對象，考慮了製造系統的調度環境，使用決策樹從離線資料中探勘出適應調度環境的即時調度規則選擇的知識；Kwak 和 Yih 使用決策樹方法從製造系統歷史資料中探勘出即時調度規則對性能指標的影響，透過仿真獲取長期有效的即時調度規則，並將綜合考慮長期性能指標和短期性能指標的方法應用於即時調度規則的選擇。Murata 針對 Flowshop 調度問題，使用決策樹從實際調度方案中獲得調度規則，改進了調度性能。郭慶強等基於專家經驗確定調度知識中各條件屬性的重要度，利用粗糙集從生產調度資料中探勘出條件屬性與決策屬性之間的關係，從而提取有效的調度規則，並將該調度規則獲取方法應用於某煉油廠生產過程調度知識的獲取。

目前，在基於資料的調度優化方法領域取得的成果仍然停留在從既定的即時調度規則中選取特定的規則或者離線探勘出某一特定規則運用於實際派工階段。這種方法柔性不足，無法在生產線運作過程中作即時調整。面向的生產系統還主要集中於小型的作業工廠或流水工廠，有必要進一步深入研究。

1.3.4 存在問題

綜上所述，隨著資料分析和資料探勘技術的發展，基於資料的方法已經在調度問題的建模和優化上有了廣泛應用，能夠較好地克服傳統調度建模和優化方法在求解複雜生產過程調度問題時所存在的不足。但總體上，基於資料的調度方法的研究目前還處於初步階段，理論和應用成果存在以下侷限。

① 現有基於資料的調度研究側重於將資料分析方法和特定的調度建模和優化方法相結合（例如透過參數預測的方法改進啟發式調度規則，利用資料探勘的方法構造自適應調度決策模型），缺乏總體上基於資料調度問題的解決方案。

② 在現有基於資料的調度研究中，對調度相關資料的預處理主要集中於資料聚類和特徵選擇，對缺失值填補、相關性分析、常值檢測等資料預處理方法的關注度不足；此外，對常用演算法存在的缺陷（如K均值聚類對初始聚類中心敏感）缺乏相應改進，以上問題在一定程度上限制了資料分析方法在實際生產系統上的應用。

③ 很多情況下，需要透過大量的離線仿真和優化生成學習樣本資料。因此對於大規模複雜製造系統而言，獲取學習樣本資料比較困難，而表徵複雜製造系統調度環境的變數較多，從這樣的高維小樣本學習資料中構造出具有較高泛化能力的學習器有一定困難。

1.4 本章小結

本章主要是對半導體製造系統作一個簡要的概述，以達到對半導體生產流程有一個全面的認識與了解，也方便對後面章節內容的理解。

第一節首先針對半導體製造流程進行了較為詳細的描述。由於整個半導體製造系統分為前端和後端兩部分，其中前端包括晶圓製造，後端包括封裝和測試，且前端工藝比後端工藝更為複雜。因此著重介紹了半導體製造前端工藝中的氧化、光刻、刻蝕和注入。接著介紹了半導體生產線的重入流。

第二節重點對半導體生產線調度的特點、類型、調度方法及評價指標進行了介紹。首先介紹了半導體生產線調度問題的特點；其次根據調度對象和調度環境對半導體調度進行分類，並介紹了幾種常用的調度方法；最後對評價指標進行了論述。

第三節主要介紹了半導體製造系統調度發展趨勢。主要包括複雜製造資料預處理、基於資料的調度建模、基於資料的調度優化。

參考文獻

[1] 王中杰,吳啓迪. 半導體生產線控制與調度研究. 計算機集成製造系統,2002,8(8):607-611.

[2] 曹國安,游海波,蔣增強,等. 基於 TOC 的半導體生產線動態分層規劃調度方法. 組合機床與自動化加工技術,2008(10).

[3] 施斌,喬非,馬玉敏. 基於模糊 Petri 網推理的半導體生產線動態調度研究. 機電一體化,2009,15(4):29-32.

[4] 王令群,陸小芳,鄭應平. 基於多 Agent 技術的半導體生產線動態調度研究. 計算機工程,2007,33(13):4-6.

[5] 吳啓迪,馬玉敏,李莉,等. 數據驅動下的半導體生產線動態調度方法. 控制理論與應用,2015,32(9):1233-1239.

[6] M ̈o nch L,Fowler J W,Dauz è re-P é r è s S, et al. A survey of problems, solution techniques,and future challenges in scheduling semiconductor manufacturing operations. Journal of scheduling, 2011, 14 (6): 583-599.

[7] 馬玉敏,喬非,陳曦,等. 基於支持向量機的半導體生產線動態調度方法. 計算機集成製造系統,2015,21(3):733-739.

[8] 賈鵬德,吳啓迪,李莉. 性能指標驅動的半導體生產線動態派工方法. 計算機集成製造系統,2014,20(11).

[9] 蘇國軍,汪雄海. 半導體製造系統改進 Petri 網模型的建立及優化調度. 系統工程理論與實踐,2011,31(7):1372-1377.

[10] 張懷,江志斌,郭乘濤,等. 基於 EOPN 的晶圓製造系統實時調度仿真平臺. 上海交通大學學報,2006,40(11):1857-1863.

[11] 姚世清,江志斌,郭乘濤,等. 晶圓製造系統中 Lot 加工序列優化的蟻群算法. 上海交通大學學報,2008,42(10):1655-1659.

[12] 李鑫,周炳海,陸志強. 基於事件驅動的集束型晶圓製造設備調度算法. 上海交通大學學報,2009,43(6).

[13] 李程,江志斌,李友,等. 基於規則的批處理設備調度方法在半導體晶圓製造系統中應用. 上海交通大學學報,2013,47(2):230-235.

[14] 周光輝,張國海,王蕊,等. 採用實時生產信息的單元製造任務動態調度方法. 西安交通大學學報,2009,43(11).

[15] Tan W, Fan Y, Zhou M C, et al. Data-driven service composition in enterprise SOA solutions: A Petri net approach. IEEE Transactions on Automation Science and Engineering, 2010, 7(3): 686-694.

[16] 衛軍胡,韓九強,孫國基. 半導體製造系統的優化調度模型. 系統仿真學報,2001,13

(2):133-135,138.

[17] 趙婷婷．數據驅動半導體生產線多性能指標預測方法．北京：北京化工大學,2015.

[18] 劉雪蓮．面向半導體製造過程動態調度的關鍵參數預測模型研究．北京：北京化工大學,2015.

[19] 喬非,許瀟紅,方明等．半導體晶圓生產線調度的性能指標體系研究．同濟大學學報:自然科學版,2007,35(4):537-542.

第2章

資料驅動的半導體製造系統調度框架

針對目前複雜製造系統調度研究存在的不足，面向半導體企業製造過程調度問題，以實際的大規模可重入複雜製造系統為研究對象，本章將介紹一種有別於傳統調度的基於資料的調度體系結構，以此作為解決大規模複雜製造過程調度問題的方案，並介紹 3 種應用實例。

2.1 資料驅動的半導體製造系統調度框架設計

1950 年代，製造系統調度問題被提出以來並因其具有重要的研究意義而備受學術界重視，生產調度系統也逐漸成為製造型企業重要的決策支持系統。隨著研究的深入，根據時間粒度可將製造系統調度問題細分為 3 類：生產計劃、生產排程和即時派工。根據調度類型可分為投料計劃、工件調度和設備維護調度。針對這些不同層次和類型的調度問題，數學規劃、Petri 網、仿真模型、啟發式規則和人工智慧方法得到了廣泛應用。根據其對應的調度問題，這些模型和方法將形成生產調度系統（Production Scheduling System，PSS）中不同的調度模組，並在一些實際調度環境下取得成功應用。但與調度問題理論研究成果的多樣性相比，成功解決實際製造系統調度問題的應用案例還比較單一，多數集中在數學規劃和啟發式調度規則為主的調度仿真系統，智慧化水準不高。以 Intel 的面向半導體製造領域的先進計劃調度系統（Advanced Planning Scheduling，APS）為例，APS 協同了生產計劃模組、生產排程模組和即時調度模組，集成了仿真模型、啟發式即時調度規則和整數規劃等建模和優化方法，所採用的建模和優化方法較為傳統。因此調度理論研究和實際應用之間存在鴻溝。其主要原因有如下兩點：

① 對於具體調度問題，傳統建模優化方法不足以應對製造系統的大規模和複雜性，對應的調度模組適用性受到侷限；

② 對調度問題的研究集中於具體調度問題的建模、優化和對應調度模組的開發，而對 PSS 各個模組之間的協同互動研究得較少，即對 PSS 體系結構的研究不夠充分。

體系結構[1]是對系統（包括物理和概念層面上的對象或者實體）中各部分的基本配置和連接的描述（模型），即「一組用以描述所研究系統的不同方面和不同開發階段的、結構化的、多層次多視圖的模型和方法的集合，展現了對系統的整體描述和認識，為對系統的理解、設計、開發和構建提供工具和方法論指導」。基於此定義，將集成了多個調度模型或採用了多種調度優化方法的 PSS 界定為 PSS 體系結構。自 2000 年以來，隨著製造系統複雜性的提高，為了增強調度方法的可用性，調度系統的體系結構得到關注。Pandey[2] 提出了協同生產調度、設備維護和品質控制的概念模型。Monfared[3] 提出了集成生產計劃、生產調度和控制的整體方案，並基於排隊論模型，同時集成了即時調度規則和模糊預測控制系統，實現了生產系統調度與控制的協同。Wang[4] 針對半導體後端製造工藝提出了一種協同產能規劃的調度優化方案，透過產能規劃模型推出產能約束作為調度優化模型的約束。Lalas[5] 針對紡織生產線提出了一種混合反向調度方法，首先透過產能規劃模型得到有限產能值，並透過離散時間仿真系統優化有限產能約束下的即時調度規則。Lin[6] 針對薄膜晶體管液晶顯示器生產線，根據月、日、即時三個時間粒度設計了三層生產計劃調度系統。近年來，隨著 PSS 體系結構進一步的發展和複雜化[7]，為了更好地透過調度模組之間的協同實現複雜製造系統的優化調度，PSS 體系結構有如下兩種實現方式。

① 多 Agent 形式：將各個調度模組封裝為 Agent，並以 Agent 協商的方式進行調度模組之間的協同。

基於黑板通訊模式，Sadeh[8] 實現了敏捷製造中生產計劃和排程之間的協同。基於自定義的多 Agent 通訊機制，Nishioka[9] 對製造系統的生產計劃和排程進行了協同分布。Gasquet[10] 將生產計劃分解為預測式調度（包括關鍵性能指標預測）和反應調度，並透過 Agent 協商的方式執行預測調度和反應調度，從而實現生產計劃和生產調度的協同。Tai[11] 將每個製造單元的相關資料和生產調度/控制方法封裝為對象，以分布式的方式實現了柔性製造系統調度與控制的協同。基於多 Agent 的體系結構能夠融合仿真模型和調度模組，透過 Agent 之間的合作實現調度模組之間智慧化自適應協同。缺點在於現有的軟體開發工具對多Agent系統的支持力度不夠，而且多 Agent 系統透過協商的仿真方式導致決策速度變慢。因此，基於多 Agent 系統的實用性較弱。

② 組件化形式：將各個調度模組的調度方法封裝為組件，根據不同製造系統的特點，進行重構，定製具有較高魯棒性的製造系統。

Li[12] 以仿真模型為核心，根據時間粒度的不同，提出了三層調度模組體系結構（生產計劃＋生產排程＋重調度）或兩層調度體系結構（生產計劃＋即時調度）。並在每個調度模組集成了若干種調度演算法組件可供選擇。Govind[13] 在 OPSched 系統中封裝並集成了生產計劃、近即時調度、即時派工等組件，透過選擇合適的組件實現了 Intel 半導體製造系統的自動化運行並達到了較高的資源利用率。牛力[14]將規劃模型、優化演算法和仿真模型封裝為構件，實現了基於 Web 面向服務的調度系統體系結構，具有較高的靈活性。現有的集成開發環境能夠對基於組件化的開發方法提供良好的支持，因此基於組件化形式有較好的實用性。

1990 年代以來隨著資料探勘技術的發展，基於資料的方法在製造系統調度領域已經取得了一定的應用。針對傳統建模優化方法的侷限性，透過引入基於資料的方法可以對其進行有效改進。但總體上，已有的基於資料的調度方法是對特定調度問題的具體調度模組的局部進行改進，而並未對現有的調度體系結構造成全面支持。

針對傳統調度方法的不足和侷限，本章利用製造系統中和調度相關的資料對複雜製造系統的調度問題進行全面總結，設計並實現了基於資料複雜製造系統調度的體系結構（Data-based Scheduling Architecture of Complex Manufacturing System Scheduling Architecture，DSACMS），並以一個實際的複雜矽片加工系統為例說明 DSACMS 的應用實例。

2.2 基於資料的複雜製造系統調度體系結構

2.2.1 DSACMS 概述

如圖 2-1 所示，DSACMS 包含 4 部分，分別為資料層、模型層、調度方法模組和資料處理與分析模組。

（1）資料層

基於資料的調度，其前提是擁有豐富的與調度相關的資料源。資料源之一是企業中的 ERP、MES 和 SCADA 等資訊系統。來自資料源的與調度相關的資料構成了 DSACMS 的資料基礎。這些資料既包括離線歷史資料（如工件加工歷史資訊、產品歷史生產資訊、設備歷史加工資訊、設備維護資訊、設備故障資訊等），也包括線上靜態資料（如產品訂單資訊、產品工藝流程資訊、設備加工能力資訊和設備布局資訊等）和線上動態資料（如設備狀態資訊與 WIP 狀態資訊等）。資料源也可以是模擬製造系統運作過程的仿真模型離線運行生成的離線仿真資料，包括離線仿真性能指標資料和離線仿真優化調度決策資料。上述資料可分別用於構造模型層中的性能指標預測模型、模型參數預測模型和自適應調度模型。

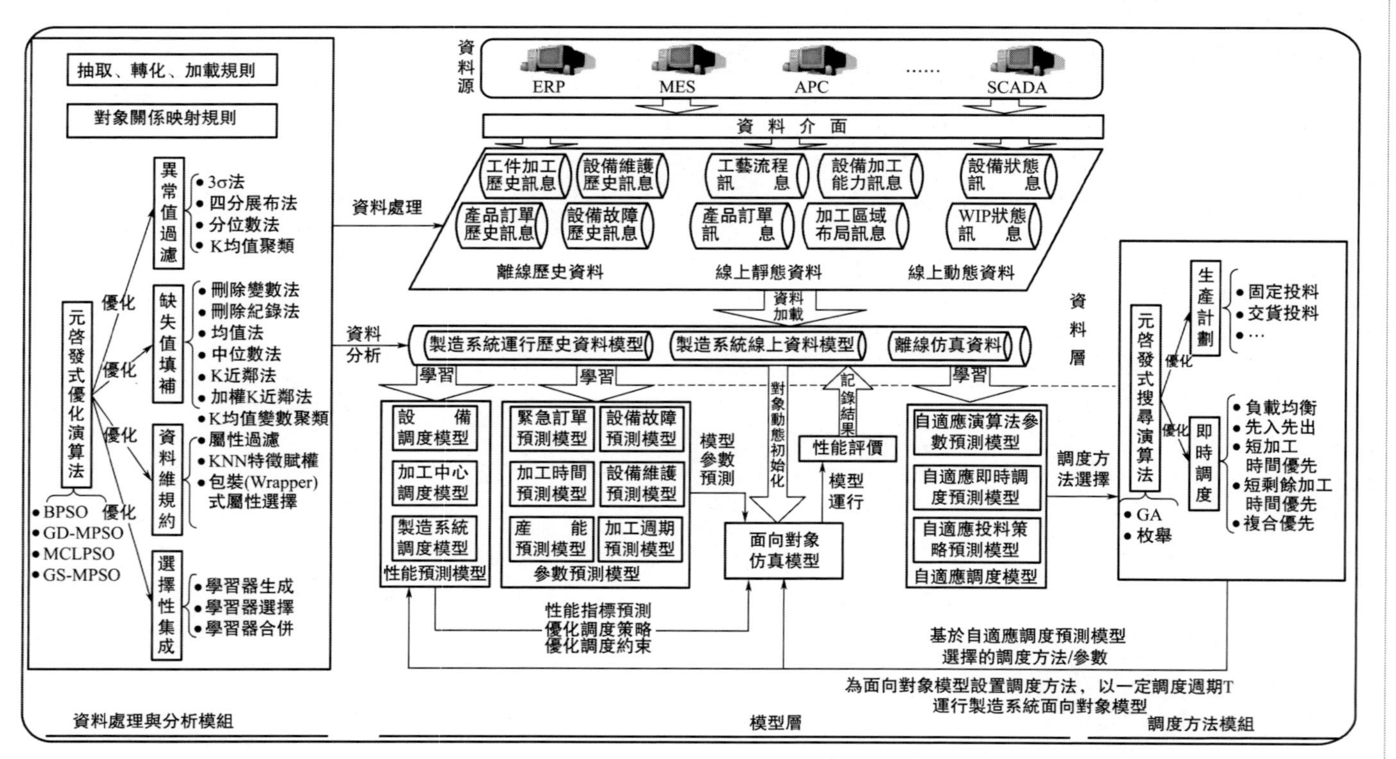

圖 2-1 基於資料複雜製造系統體系結構(DSACMS)

(2) 模型層

模型層包括面向對象仿真模型、參數預測模型、性能指標預測模型和自適應調度模型。

① 面向對象仿真模型　面向對象仿真模型透過對象關係映射由資料層製造系統線上資料驅動，即根據製造系統線上資料動態構造仿真模型的對象模型。仿真模型的動態過程，如工件的加工方式、調度策略的實現細節，均被固化於仿真模型，而仿真模型中的對象模型則透過動態加載製造系統的線上資料從而保證仿真模型中對象狀態和不同對象之間的關係與製造系統保持同步。為了分析調度決策對製造系統調度性能指標的影響，可以透過對面向對象的仿真模型設置調度決策進行模型仿真，分析仿真輸出的調度性能指標來評估調度決策。

② 資料驅動參數預測模型　資料驅動參數預測模型主要透過對製造系統運行生成的歷史資料進行探勘獲得，如緊急訂單、設備故障、設備維護、加工時間、產能和加工週期預測模型等。這些參數或者表徵了模型的不確定事件發生機率（如前 4 項），或者表徵了製造系統的調度參數（如後 2 項）。將這些參數集成到面向對象仿真模型，可以生成大量考慮不確定資訊的生產系統運行樣本資料，供模型與調度優化進行探勘使用。

③ 資料驅動性能預測模型　資料驅動性能預測模型可以透過對離線歷史資料或離線仿真性能指標資料進行探勘獲得。如設備、加工中心與製造系統調度模型等，透過線上調用和線上優化上述模型，可以預測設備、加工中心或製造系統的期望性能與調度約束，為優化調度決策的即時選擇提供指導。

④ 資料驅動自適應調度模型　資料驅動自適應調度模型透過製造系統離線歷史資料中較佳調度決策的資料和離線仿真優化調度決策資料在模型層建立自適應調度模型。根據製造系統的線上調度環境，調用自適應調度模型完成實際的製造系統派工操作。在實際運用時，由於調度方法適應的調度環境特徵與關注的性能指標有所不同，需要綜合考慮線上資料（如設備狀態資訊與 WIP 狀態資訊等）與調度模型獲得的性能指標、調度約束與優化調度決策，透過自適應調度模型選擇合適的調度決策完成派工。

(3) 調度方法模組

離線仿真資料的生成依賴於調度方法模組。而調度方法模組包含了生產計劃模組和即時派工模組。連同模型層中的面向對象仿真模型和資料層中的製造系統線上資料形成了基於仿真的調度方法。生產計劃模組中的演算法組件確定了工件投入生產線的時間和數量，集成了投料規則或演算法。生產調度模組中的規則組件用來確定工件加工優先級的計算方法，每種調度規則優化不同的性能指標。該方法的優點在於即時性好，可快速響應調度環境的變化，缺點在於製造性能指標優化程度過分依賴於投料策略和調度決策的選擇。元啟發式搜尋演算法可以透過疊代運行仿真模型獲取優化的投料策略和即時調度規則配置，但多次重複運行仿真模型，尤其是複雜製造系統的仿真模型是一個耗時的過程，透過元啟發式演算法線上優化投料策略和即時調度規則幾乎不可能，因此在模型層中提出了透過探勘離線仿真資料構建自適應調度模型的方案。

生產計劃模組和即時調度模組對性能指標的影響與調度週期有關。如果調度週期短，主要關注短期性能指標，性能指標主要依賴於初始調度環境和即時調度策略，受生產計劃和不確定參數及事件的影響較小。如果調度週期長，主要關注長期性能指標，性能指標主要依賴於生產計劃和即時調度策略，必須考慮不確定參數及事件的影響，而初始調度環境的影響被削弱。在不同的調度週期下，性能指標的影響因素不同。對應到模型層，根據仿真模型運行時間的不同，資料驅動性能指標預測模型可分為即時性能指標、短期性能指標和長期性能指標預測模型。根據優化疊代過程中每次運行仿真模型的時間不同，資料驅動自適應調度模型分為即時自適應調度、短期自適應調度和長期自適應調度模型。

(4) 資料處理與分析模組

資料處理與分析模組用來實現資料變換和調度相關屬性的抽取，包括資料的抽取、轉化和加載，也包括資料模型和對象模型的映射規則，實現對象模型和關係模型之間的映射。資料處理與分析模組的核心在於資料預處理方法和資料驅動預測模型的構造方法。由於製造系統的資料普遍存在噪音、不完備、高耦合、分布不規律等問題，需要運用資料預處理技術對相關的離線、線上資料進行過濾、淨化、去噪和優化等處理，從而提高資料探勘的品質。基於調度相關資料存在的問題，資料預處理模組考慮了異常值過濾、空缺值填補、資料維規約等問題，透過智慧優化演算法疊代，優化 K 均值資料聚類、K 均值變數聚類、K 近鄰等資料預處理演算法參數，提高資料預處理的品質。模型層中的預測模型需要透過資料探勘的方法從資料層的樣本中獲得。由於調度性能指標和優化的調度方案需要大量的離線仿真或優化才能得到，因此，為了提高泛化能力，採用基於選擇性集成的方式，即在生成個體學習器和選擇最終的學習器中均引入了運算智慧方法。

2.2.2 DSACMS 的形式化描述

DSACMS 可定義為四元組 DSACMS＝<DataLevel，ModelLevel，SchModule，DataProcAnalyModule>。其中 DataLevel 表示資料層，ModelLevel 表示模型層，DataProcAnalyModule 為資料處理和分析模組，SchModule 為調度方法模組。

(1) 資料層

定義 2.1（資料模型） 資料模型 R 由一組關係模式 $R_1,\cdots,R_{NR}$ 定義，記 $R=\{R_1,\cdots,R_{NR}\}$，關係模式 R_i 由屬性 $A_{Ri,1},\cdots,A_{Ri,k}$ 定義，記 $R_i=(A_{Ri,1},\cdots,A_{Ri,NRi})$

定義 $K(R_i)=\{A_{Ri,1},\cdots,A_{Ri,NRi}\}$為 R 所有屬性的集合。

定義 $PK(R_i)\subseteq\{A_{Ri,1},\cdots,A_{Ri,NRi}\}$為主鍵，用於唯一標識 R 所定義元組。

定義 $FK(R_i)\subseteq\{A_{Ri,1},\cdots,A_{Ri,NRi}\}$為外鍵，用於關聯其他關係模式。

資料層包含三類資料模型，分別是製造系統線上資料模型 R_{MS}、製造系統歷史資料模型 R_{MSRH}、學習樣本資料模型 R_{LS}，記 DataLevel＝$\{R_{MS},R_{MSRH},R_{LS}\}$。在調度時刻 t，$ins_t(R_{MS})$為時刻 t 製造系統線上資料模型 R_{MS}定義的資料庫實例，資料從 MES、SCADA 系統中抽取，反映製造系統當前格局，$ins_t(R_{MSRH})$ 為當前時刻製造系統運行歷史資料模型 R_{MSRH}定義的資料庫實例，包含時刻 t 之前一段時間（一般為一年或幾個月）的製造系統運行記錄資料，$ins_t(R_{LS})$ 為當前時刻學習樣本資料模型 R_{LS}定義的資料庫實例，其中資料透過對過去某些時刻 $t'(t'<t)$ 資料庫實例 $ins_{t'}(R_{MS})$ 和 $ins_{t'}(R_{MSRH})$ 進行抽取、轉化、加載（Extract Transformation Loading，ETL）操作或者基於 $ins_{t'}(R_{MS})$ 運行或優化運行面向對象仿真模型生成。

① 製造系統線上資料模型 製造系統線上資料模型 $R_{MS}=\{R_{eqp},R_{wa},R_{op},R_{recipe},R_{proc},R_{step},R_{order},R_{job}\}$，其中：

設備由 $R_{eqp}=(\text{eqp_id},\text{recipe_id},\text{job_id},\text{wa_id},A_{eqp,1},\cdots,A_{eqp,Ne})$定義，$PK(R_{eqp})=\{\text{eqp\_id}\}$，$FK(R_{eqp})=\{\text{recipe\_id},\text{job\_id},\text{wa\_id}\}=PK(R_{recipe})\cup PK(R_{job})\cup PK\cup(R_{wa})$，eqp_id 為設備標識，recipe_id 表示設備當前處理的加工選單，job_id 表示當前加工的工件，wa_id 表示設備所在加工區，$A_{eqp,1},\cdots,A_{eqp,Ne}$為設備描述屬性，描述例如設備類型、加

工模式等資訊。

加工區由 $R_{wa}=(wa\_id, A_{wa,1}, \cdots, A_{wa,Nw})$ 定義，$PK(R_{wa})=\{wa\_id\}$，wa_id 為加工區標識，$A_{wa,1}, \cdots, A_{wa,Nw}$ 為加工區描述屬性，描述加工區名稱、緩衝區隊長等資訊。

工序由 $R_{op}=(op\_id, A_{op,1}, \cdots, A_{op,No})$ 定義，$PK(R_{op})=\{op\_id\}$，op_id 為工序標識，$A_{op,1}, \cdots, A_{op,No}$ 為工序描述屬性，描述例如工序名稱、工序描述等資訊。

設備的加工選單由 $R_{recipe}=(recipe\_id, eqp\_id, op\_id, A_{recipe,1}, \cdots, A_{recipe,Nr})$ 定義，$PK(R_{recipe})=\{recipe\_id\}$，$FK(R_{recipe})=\{eqp\_id, op\_id\}=PK(R_{eqp}) \cup PK(R_{op})$，recipe_id 為加工選單標識，eqp_id 表示選單所屬設備，op_id 表示選單處理的工序，$A_{recipe,1}, \cdots, A_{recipe,Nr}$ 為加工選單描述屬性，描述了加工時間等資訊。

工藝流程由 $R_{proc}=(proc\_id, A_{proc,1}, \cdots, A_{proc,Np})$ 定義，$PK(R_{proc})=\{proc\_id\}$，proc_id 為工藝流程標識，$A_{proc,1}, \cdots, A_{proc,Np}$ 為工藝流程描述屬性，描述例如工藝流程步驟、光刻次數等資訊。

流程的工步由 $R_{step}=(step\_id, proc\_id, oper\_id, position, A_{step,1}, \cdots, A_{step,Ns})$ 定義，$PK(R_{step})=\{step\_id\}$，$FK(R_{step})=PK(R_{proc}) \cup PK(R_{op})=\{proc\_id, op\_id\}$，step_id 為工步標識，proc_id 表示工步所屬工藝流程，op_id 表示工步處理的工序，position 表示工步在工藝流程中的位置。$A_{step,1}, \cdots, A_{step,Ns}$ 為工步描述屬性，描述例如前道工步、後道工步、工藝約束等資訊。

訂單由 $R_{order}=(order\_id, proc\_id, A_{order,1}, \cdots, A_{order,Nor})$ 定義，$PK(R_{order})=\{order\_id\}$，$FK(R_{order})=PK(R_{proc})=\{proc\_id\}$，order_id 表示訂單標識，proc_id 表示訂單所需的工藝流程，$A_{order,1}, \cdots, A_{order,Nor}$ 為訂單描述屬性，描述例如訂單到達時間、訂單數量、交貨期、已投料數量、預計投料時間、投料數量以及其他訂單相關外部因素等資訊。

工件由 $R_{job}=(job\_id, order\_id, eqp\_id, wa\_id, step\_id, A_{job,1}, \cdots, A_{job,Nj})$ 定義，$PK(R_{job})=\{job\_id\}$，$FK(R_{job})=\{order\_id, eqp\_id, wa\_id, step\_id\}=PK(R_{order}) \cup PK(R_{eqp}) \cup PK(R_{wa}) \cup PK(R_{step})$，job_id 為工件標識，order_id 表示工件所屬訂單，eqp_id 表示正在加工工件的設備，wa_id 表示工件所在加工區，step_id 表示工件當前加工工步（當工件正在加工）或下一工步（當工件在等待加工），$A_{job,1}, \cdots, A_{job,Nj}$ 為工件描述屬性，描述例如工件當前狀態等資訊。

② 製造系統運行歷史資料模型　製造系統運行歷史資料從設備運行歷史資訊和工件運行歷史資訊兩個角度來刻畫，定義 $R_{MSRH}=\{R_{erh},$

$R_{\mathrm{jrh}}\}$，其中：

設備運行歷史由 $R_{\mathrm{erh}}=(\mathrm{eqp\_id}, \mathrm{event\_type}, \mathrm{begin\_time}, \mathrm{end\_time}, A_{\mathrm{erh},1}, \cdots, A_{\mathrm{erh},N\mathrm{erh}})$ 定義，eqp_id 為設備標識，event_type 表示設備所處狀態，例如加工、維護、故障、測試等，begin_time 為狀態開始時間，end_time 為狀態結束時間。$A_{\mathrm{erh},1}, \cdots, A_{\mathrm{erh},N\mathrm{erh}}$ 為狀態描述屬性，例如加工模式、故障類型等資訊。

工件運行歷史由 $\boldsymbol{R}_{\mathrm{jrh}}=(\mathrm{job\_id}, \mathrm{event\_type}, \mathrm{begin\_time}, \mathrm{end\_time}, A_{\mathrm{jrh},1}, \cdots, A_{\mathrm{jrh},N\mathrm{jrh}})$ 定義，job_id 為工件標識，event_type 表示工件所處狀態，例如加工、等待、試片、返工等，begin_time 為狀態開始時間，end_time 為狀態結束時間。$A_{\mathrm{jrh},1}, \cdots, A_{\mathrm{jrh},N\mathrm{jrh}}$ 為狀態描述屬性，例如工藝參數設置等。

③ 學習樣本資料模型　學習樣本資料是構造資料驅動模型的基礎，定義 $\boldsymbol{R}_{\mathrm{LS}}=\{R_{\mathrm{P}}, R_{\mathrm{UNC}}, R_{\mathrm{AS}}\}$，$\boldsymbol{R}_{\mathrm{LS}}$ 中關係模式的屬性可從 R_{MS} 和 R_{MSRH} 使用 ETL 得到，ETL∈DataProcAnalyModule 是由一組關係代數操作組成的集合，用於抽取 $\boldsymbol{R}_{\mathrm{LS}}$ 中屬性值。

不確定因素樣本資料模型為關係模式集合：

$\boldsymbol{R}_{\mathrm{UNC}}=\{R_{\mathrm{unc}}=(X_{\mathrm{unc},1}, \cdots, X_{\mathrm{unc},N\mathrm{unc}}, \boldsymbol{Y}_{\mathrm{unc}}) \mid \mathrm{unc} \in \mathrm{UNC}\}$，其中，UNC 為製造系統中存在不確定因素的集合，例如設備加工時間、設備故障、緊急訂單等。$\boldsymbol{X}_{\mathrm{unc}}=(X_{\mathrm{unc},1}, \cdots, X_{\mathrm{unc},N\mathrm{unc}})=\mathrm{ETL}X_{\mathrm{unc}}(R_{\mathrm{MS}}, R_{\mathrm{ERH}}, R_{\mathrm{JRH}})$，是表徵不確定因素 unc 影響因素的屬性集（向量），描述例如設備連續運行時間、設備切換加工選單頻率、設備故障、設備保養等資訊，$\mathrm{ETL}X_{\mathrm{unc}} \in \mathrm{ETL}$ 為抽取 *unc* 影響因素屬性的關係代數，$Y_{\mathrm{unc}}=\mathrm{ETL}Y_{\mathrm{unc}}(R_{\mathrm{MS}}, R_{\mathrm{ERH}}, R_{\mathrm{JRH}})$ 為不確定因素發生的結果屬性（變數），描述例如設備是否發生故障等資訊，$\mathrm{ETL}X_{\mathrm{unc}} \in \mathrm{ETL}$ 為抽取 unc 結果屬性的關係代數。

性能指標預測樣本資料模型 $\boldsymbol{R}_{\mathrm{P}}=(X_{\mathrm{se},1}, \cdots, X_{\mathrm{se},N\mathrm{se}}, X_{\mathrm{sch},1}, \cdots, X_{\mathrm{sch},N\mathrm{sch}}, Y_{\mathrm{p}1}, \cdots, Y_{\mathrm{p},NP})$，其中，$\boldsymbol{X}_{\mathrm{se}}=(X_{\mathrm{se},1}, \cdots, X_{\mathrm{se},N\mathrm{se}})=\mathrm{ETL}X_{\mathrm{se}}(R_{\mathrm{MS}})$ 是表示製造系統當前調度環境的屬性集（向量），例如在製品分布、緊急工件分布等，$\mathrm{ETL}X_{\mathrm{se}} \in \mathrm{ETL}$ 表示抽取調度環境屬性的關係代數操作。$\boldsymbol{X}_{\mathrm{sch}}=(X_{\mathrm{sch},1}, \cdots, X_{\mathrm{sch},N\mathrm{sch}})$ 表示調度方法設置方案的屬性集（向量），例如調度方法分配（按設備或加工區）。$Y_{\mathrm{p}i}$ 表示製造系統在調度環境 $\boldsymbol{X}_{\mathrm{se}}$ 下採用調度方法設置方案 $\boldsymbol{X}_{\mathrm{sch}}$ 得到的性能指標屬性（變數），描述例如準時交貨率、平均加工週期等調度性能指標。

自適應調度樣本資料模型為關係模式集合：

$\{\boldsymbol{R}_{\mathrm{AS},\mathrm{p}i}=(X_{\mathrm{se},1}, \cdots, X_{\mathrm{se},N\mathrm{se}}, Y_{\mathrm{sch},1}, \cdots, Y_{\mathrm{sch},N\mathrm{sch}}) \mid p_i \in P\}$，其中，

$\boldsymbol{Y}_{sch}=(Y_{sch,1},\cdots,Y_{sch,Nsch})$表示在調度環境 $\boldsymbol{X}_{se}$ 下優化性能指標 p_i 的調度方法設置方案的屬性集（向量）。

(2) 模型層

$\text{ModelLevel}=(\text{OOSM}_{MS},\text{DDPM}_{MS})$

① 製造系統面向對象模型　製造系統的面向對象仿真模型（Object-Oriented Simulation Model，OOSM_{MS}）是可執行的仿真模型，根據對象建模技術的定義，OOSM_{MS}可由製造系統對象模型（C_{MS}）、製造系統動態模型（D_{MS}）、製造系統功能模型（F_{MS}）從三個方面描述：

$$\text{OOSM}_{MS}=(C_{MS},D_{MS},F_{MS})$$

定義 2.2（對象模型）　對象模型 C 由一組類定義描述，$C=\{C_1,\cdots C_{NC}\}$，類 C_i 可由四元組的形式定義，$C_i=<A_{Ci},M_{Ci},\text{Ref}_{Ci},\text{Agg}_{Ci}>$，其中：

A_{Ci} 為描述 C_i 定義對象的屬性的集合；

M_{Ci} 為 C_i 定義對象可調用的方法集合；

Ref_{Ci} 為 C_i 定義的對象引用對象的集合，記為 $c_i:C_j\in\text{Ref}_{Ci}$，即 C_j 定義的對象 $c_j(c_j:C_j)$ 被 C_i 定義的對象引用。

Agg_{Ci} 包含若干組成 C_i 的對象集合，記為 $c_ks:\text{Set}<C_k>\in\text{Agg}_{Ci}$，即 C_i 定義的對象包含了一組由 C_k 定義的對象所組成的集合($c_ks:\text{Set}<C_k>$)。

$\text{ID}(A_{Ci})\subseteq A_{Ci}$ 為可唯一標識 C_i 對象的屬性集。

定義 2.3（對象關係映射）　ORM∈DataPreprocAnalyModule 為資料模型和對象模型之間的映射 $C=\text{ORM}(R)$。

$\text{ORM}(R_i)=C_i$

$\text{ORM}(K(R_{Ci})-FK(R_{Ci}))\cup PK(R_{Ci})=A_{Ci}$

$\text{ORM}(PK(R_{Ci}))=\text{ID}(A_{Ci})$

$PK(R_{Cj})\subseteq FK(R_{Ci})=>c_i:\text{ORM}(R_{Cj})\in\text{Ref}_{Ci}$

$PK(R_{Ci})\subseteq FK(R_{Ck})=>c_ks:\text{Set}<\text{ORM}(R_{Ck})>\in\text{Agg}_{Ci}$

由定義 2.3 給定的映射機制可推導出製造系統面向對象模型的對象模型 C_{MS}，C_{MS}描述了對象的類型和關聯，C_{MS}由一組類定義組成。$C_{MS}=\{C_{eqp},C_{proc},C_{op},C_{wa},C_{order},C_{job},C_{recipe},C_{step}\}$，其中：

C_{eqp}類定義了設備對象，$C_{eqp}=<A_{eqp},M_{eqp},\text{Ref}_{eqp},\text{Agg}_{eqp}>$，其中，$A_{eqp}=\{\text{eqp_id},A_{eqp,1},\cdots,A_{eqp,Ne}\}$為設備屬性的集合，eqp_id 為設備標識，$A_{eqp,1},\cdots,A_{eqp,Ne}$ 為設備描述屬性；$\text{Ref}_{eqp}=\{\text{wa}:C_{wa},\text{recipe}:C_{recipe},\text{job}:C_{job}\}$，wa 為設備所在加工區，recipe 為設備當前加工選單，

job 為設備當前加工的工件，$Agg_{eqp}=\{recipes: Set<C_{recipe}>\}$，recipes 表示設備可處理的加工選單集合。

C_{wa}類定義了加工區對象，$C_{wa}=<A_{wa}, M_{wa}, Ref_{wa}, Agg_{wa}>$，其中，$A_{wa}=\{wa_id, A_{wa,1}, \cdots, A_{wa,Nw}\}$為設備屬性的集合，其中 wa_id 為加工區標識，$A_{wa,1}, \cdots, A_{wa,Nw}$為描述屬性；$Ref_{wa}=\emptyset$，$Agg_{wa}=\{eqps: Set<C_{eqp}>, jobs: Set<C_{job}>\}$，eqps 表示加工區包含的設備集合，jobs 表示當前位於加工區的工件集合。

C_{op}類定義了工序對象，$C_{op}=<A_{op}, M_{op}, Ref_{op}, Agg_{op}>$，其中，$A_{op}=\{op_id, A_{op,1}, \cdots, A_{op,No}\}$為設備屬性的集合，其中，op_id 為工序標識，$A_{op,1}, \cdots, A_{op,No}$為工序描述屬性；$Ref_{op}=\emptyset, Agg_{op}=\emptyset$。

C_{recipe}類定義了加工選單對象，$C_{recipe}=<A_{recipe}, M_{recipe}, Ref_{recipe}, Agg_{recipe}>$，其中，$A_{recipe}=\{recipe_id, A_{recipe,1}, \cdots, A_{recipe,Nr}\}$為加工選單屬性的集合，其中，recipe_id 為加工選單標識，$A_{recipe,1}, \cdots, A_{recipe,Nr}$為加工選單的描述屬性；$Ref_{recipe}=\{eqp: C_{eqp}, op: C_{op}\}$，eqp 表示加工選單所在的設備，op 表示加工選單處理的工序，$Agg_{recipe}=\emptyset$。

C_{proc}類定義了工藝流程對象，$C_{proc}=<A_{proc}, M_{proc}, Ref_{proc}, Agg_{proc}>$，其中，$A_{proc}=\{proc_id, A_{proc,1}, \cdots, A_{proc,Np}\}$為工藝流程屬性的集合，其中 proc_id 為工藝流程標識，$A_{proc,1}, \cdots, A_{proc,Np}$為工藝流程的描述屬性；$Ref_{proc}=\emptyset$，$Agg_{proc}=\{steps: Set<C_{step}>\}$表示與工藝流程對象包含的工步。

C_{step}類定義了加工步驟對象，$C_{step}=<A_{step}, M_{step}, Ref_{step}, Agg_{step}>$，其中，$A_{step}=\{step_id, position, A_{step,1}, \cdots, A_{step,Ns}\}$為工步屬性的集合，其中 step_id 為工步標識，position 為工步在其所屬的工藝流程中的位置，$A_{step,1}, \cdots, A_{step,Ns}$為工步的描述屬性；$Ref_{step}=\{proc: Proc\}$，proc 為流程步所屬的工藝流程，$Agg_{step}=\emptyset$。

C_{order}類定義了訂單對象，$C_{order}=<A_{order}, M_{order}, Ref_{order}, Agg_{order}>$，其中，$A_{order}=\{order_id, A_{order,1}, \cdots, A_{order,Nor}\}$為訂單屬性的集合，其中 order_id 為訂單標識，$A_{order,1}, \cdots, A_{order,Nor}$為訂單的描述屬性；$Ref_{order}=\{proc: Proc\}$，proc 為完成訂單所需的工藝流程，$Agg_{order}=\{jobs: Set<C_{job}>\}$表示訂單包含的工件。

C_{job}類定義了工件對象，$C_{job}=<A_{job}, M_{job}, Ref_{job}, Agg_{job}>$，其中，$A_{job}=\{job_id, A_{job,1}, \cdots, A_{job,Nj}\}$為工件屬性的集合，其中 job_id 為工件標識，$A_{job,1}, \cdots, A_{job,Nj}$為工件的描述屬性；$Ref_{job}=\{order: C_{order}, eqp: C_{eqp}, wa: C_{wa}, step: C_{step}\}, Agg_{job}=\emptyset$。

C_{MS}定義的對象實例 $obj_t(C_{MS})$可透過對 R_{MS}定義的資料庫實例 ins_t

(R_{MS})根據映射規則 ORM 執行轉換，記為 $obj_t(C_{MS})=TRF(ins_t(R_{MS}))$，即 t 時刻製造系統的線上資料模型實例，透過 ORM 定義的轉換 TRF 可得面向對象模型中對象實例及初始化。從模型驅動架構角度，模型實例之間的轉換可以從模型的定義之間的映射定義，因此，TRF 可由 ORM 定義。如圖 2-2 所示。

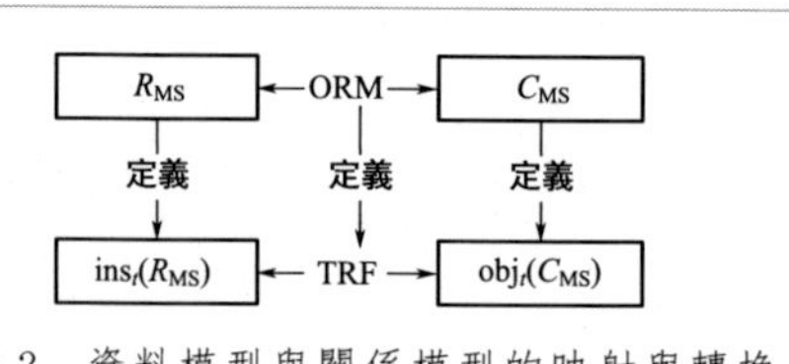

圖 2-2　資料模型與關係模型的映射與轉換

從調度的角度考察功能模型 F_{MS}，可將 F_{MS}定義如下：

當調度週期 T 給定時，F_{MS}描述了調度環境 X_{se}下採用調度方法配置 X_{sch}與性能指標之間的映射關係，即 $F_{MS}=\{Y_{pi}=f_{pi}(X_{se},X_{sch})\mid p_i\in P\}$。

② 資料驅動預測模型　模型層中的資料驅動預測模型 DDPM 包含三類模型：不確定因素猜想模型（UPM），性能指標預測模型（PPM），自適應調度模型（ASPM）。即 DDPM=（PPM，UPM，ASPM）。DDPM 透過 DataProcAnalyModule 中的方法利用 DataLevel 定義的樣本學習資料構造，preProcData∈DataProcAnalyModule 為資料預處理方法，BuildPredictionModel∈DataProcAnalyModule 為基於資料的預測建模方法。

$OOSM_{MS}$中包含例如工件加工時間、設備故障、緊急訂單等不確定因素（UNC），為了使得 $OOSM_{MS}$的運行結果更為精確，可從製造系統的實際運行歷史記錄中得到一組資料驅動的不確定因素猜想模型 UPM 表徵這些不確定因素，對於 unc∈UNC，其資料驅動預測模型 f'_{unc}從 $ins_t(R_{unc})$學習得到：

$$
\begin{aligned}
ins_t(R_{unc})=\{<x_{unc,t'},y_{unc,t'}>\mid x_{unc,t'}&=ETL\boldsymbol{X}_{unc}(ins_{t'}(R_{MS}),ins_{t'}(R_{ERH}),ins_{t'}(R_{JRH})),\\
y_{unc,t'}&=ETL\boldsymbol{Y}_{unc}(ins_{t'}(R_{MS}),ins_{t'}(R_{ERH}),ins_{t'}(R_{JRH}))\}
\end{aligned}
$$

其中，$x_{unc,t'}$為 unc 的影響因素向量 $\boldsymbol{X}_{unc}$的取值，$y_{unc,t'}$為 unc 結果變數 $\boldsymbol{Y}_{unc}$的取值。一般情況下，$y_{unc,t'}$可以從歷史資料中抽取，當 $y_{unc,t'}$難以獲取時，亦可透過 $OOSM_{MS}$模擬實際製造系統運作得到。

透過 preProcData 對 $ins_t(R_{unc})$進行預處理，調用資料驅動建模方法 BuildPredictionModel 可得不確定因素 unc 的資料驅動預測模型 $f'_{unc}(\boldsymbol{X}'_{unc})$：

$$\boldsymbol{Y}_{unc}=f'_{unc}(\boldsymbol{X}'_{unc})=BuildPredictionModel(preProcData(ins(R_{unc})))$$

其中，$\boldsymbol{X}'_{unc}$是經過資料預處理的規約後的 unc 的影響因素。

從而 $UPM=\{\boldsymbol{Y}_{unc}=f'_{unc}(\boldsymbol{X}'_{unc})\mid unc\in UNC\}$

當製造系統呈現大規模且製造過程複雜時，$OOSM_{MS}$的運行時間較長，難以線上運行。已知 $OOSM_{MS}$的功能模型 F_{MS}，可從 $OOSM_{MS}$的運行歷史資料中得到一組資料驅動的性能指標預測模型 PPM 作為 F_{MS}的近似表達，透過調用 PPM 中的模型可以快速得到 F_{MS}的近似輸出。對於性能指標 p_i，其資料驅動預測模型 f'_{pi}由 $ins_t(R_P)$學習得到：$ins_t(R_P)=\{<x_{se,t'},x_{sch},y_{p1,t'},\cdots,y_{pNP,t'}>\mid x_{se,t'}=ETL_{se}(ins_{t'}(R_{MS})),y_{pi,t'}=f_{pi}(x_{se,t'},x_{sch}),p_i\in P,t'<t\}$

其中，$x_{se,t'}$為 t'時刻調度環境向量 $\boldsymbol{X}_{se}$的取值，從資料庫實例 $ins_{t'}(R_{MS})$中抽取，x_{sch}為調度方法設置向量 $\boldsymbol{X}_{sch}$的取值，可以由使用者指定，亦可透過枚舉法遍歷。$y_{pi,t'}$為在時刻 t'，調度環境為 $x_{se,t'}$時，採用 x_{sch}所指定的調度方法設置，以給定的調度週期 T 運行 $OOSM_{MS}$得到的性能指標 $p_{i,t'}$的取值。如 x_{sch}和實際製造系統採用的調度方法設置一致，則亦可直接從製造系統在 t'之後 T 個時刻的 R_{MSRH}的資料庫實例中獲取 p_i的值，即從 $ins_{(t'+T)}R_{MSRH}$ 中獲取 $p_{i,t'}$ 的值，記為 $p_{i,t'}=ETLY_{pi}(ins_{(t'+T)}R_{MSRH})$，其中 T 為調度週期。

透過 preProcData 對 $ins_t(R_P)$ 進行預處理，進一步調用資料驅動建模方法 BuildPredictionModel 可得性能指標 p_i 的資料驅動預測模型 $f'_{pi}(X'_{se},\boldsymbol{X}_{sch})$：

$$Y_{pi}=f'_{pi}(\boldsymbol{X}'_{se},\boldsymbol{X}_{sch})=\text{BuildPredictionModel}(\text{preProcData}(ins_t(R_P)))$$

其中，$\mathbf{X}'_{se}$是經過資料預處理規約的調度環境向量。

從而 $PPM=\{Y_{pi}=f'_{pi}(\boldsymbol{X}'_{se},\boldsymbol{X}_{sch})\mid p_i\in P'\}$

其中，P'是經過資料預處理規約的調度性能指標集。

由於製造系統的複雜性，疊代優化 $OOSM_{MS}$的調度方法設置無法線上完成。已知 $OOSM_{MS}$的功能模型 F_{MS}，可從 $OOSM_{MS}$的優化運行歷史資料中得到資料驅動的自適應調度模型作為優化 F_{MS}的方法。對於性能指標 p_i，其資料驅動自適應調度模型 $\text{argmin}_{\boldsymbol{X}'_{sch}}f_{pi}(\boldsymbol{X}'_{se},\boldsymbol{X}_{sch})$由 $ins_t(R_{AS,pi})$學習得到：

$$ins_t(R_{AS,pi})=\{<x_{se,t'},y_{sch,t'}>\mid y_{sch,t'}=\text{argmin}_{\boldsymbol{X}_{sch}}f_{pi}(\boldsymbol{X}'_{se},\boldsymbol{X}_{sch})\}$$

其中，$x_{se,t'}$為 t'時刻調度環境向量 $\boldsymbol{X}_{se}$的取值，從資料庫實例 $ins_{t'}(R_{MS})$中抽取。$y_{sch,t'}$為在調度環境 $x_{se,t'}$下透過疊代運行 $OOSM_{MS}$可最佳化（令最佳化為最小化）調度性能指標 p_i的調度方法設置。$y_{sch,t'}$亦可為在調度環境 $x_{se,t'}$下實際生產線上得到較佳化調度性能指標 p_i的調度方法設置，即當製造系統在 t'至 $t'+T$ 時間段內性能指標 p_i達到較好結果（由 $ins_{(t'+T)}R_{MSRH}$推斷出），則將製造系統在 t'時刻採用的調度方法

設置作為 $y_{\mathrm{sch},t'}$ 保存。

透過 preProcData 對 $\mathrm{ins}_t(R_{\mathrm{AS},pi})$ 進行預處理，進一步調用資料驅動建模方法 BuildPredictionModel 可得自適應優化性能指標 p_i 的資料驅動預測模型 $\mathrm{argmin}_{\boldsymbol{X}_{\mathrm{sch}}} f_{pi}(\boldsymbol{X}'_{\mathrm{se}}, \boldsymbol{X}_{\mathrm{sch}})$：

$Y_{\mathrm{sch}} = \mathrm{argmin}_{\boldsymbol{X}'_{\mathrm{sch}}} f_{pi}(\boldsymbol{X}'_{\mathrm{se}}, \boldsymbol{X}_{\mathrm{sch}}) = \mathrm{BuildPredictionModel}(\mathrm{preProcData}(\mathrm{ins}(R_{\mathrm{AS}})))$，$\boldsymbol{X}'_{\mathrm{se}}$是經過資料預處理規約的調度環境變數。

由此 $\mathrm{ASPM} = \{Y_{\mathrm{sch}} = \mathrm{argmin}_{\boldsymbol{X}_{\mathrm{sch}}} f_{pi}(\boldsymbol{X}'_{\mathrm{se}}, \boldsymbol{X}_{\mathrm{sch}}) \mid p_i \in P\}$

(3) 調度方法模組

調度方法模組包含三類方法：生產計劃方法集（PlanMethods），生產調度方法集（SchMethods），元啟發式搜尋方法集（MHS），可用下式表示：

$$\mathrm{SchModule} = \{\mathrm{PlanMethods}, \mathrm{SchMethods}, \mathrm{MHS}\}$$

其中，PlanMethods 中的方法是用於處理訂單的生產計劃方法，例如半導體製造系統中的投料策略，可以採用固定投料、基於交貨期的投料、多目標投料、智慧投料等方法；SchMethods 實現工件調度的生產調度方法，例如半導體製造系統中的用於計算工件優先級的即時調度規則或用於工件排序的搜尋方法等。PlanMethods 和 SchMethods 中的方法可以在 $\mathrm{OOM_{MS}}$中實現，PlanMethods 中的方法可以作為 C_{order}類的成員方法實現（在 M_{order}中實現），SchMethods 中的方法可以作為 C_{eqp}類、C_{wa}類或 C_{job}類的成員方法實現（在 M_{eqp}、M_{wa}或 M_{job}中實現）。PlanMethods 和 SchMethods 中的方法也可封裝成構件供 $\mathrm{OOSM_{MS}}$調用。$\mathrm{OOSM_{MS}}$對調度方法的設置（例如將即時調度規則按設備/加工區生產線進行分配）以一定形式編碼，由向量 $\boldsymbol{X}_{\mathrm{sch}}$表示，$\boldsymbol{X}_{\mathrm{sch}}$的值可以透過枚舉遍歷或者使用者設置的方式給定，$\mathrm{OOSM_{MS}}$根據編碼規則解碼 $\boldsymbol{X}_{\mathrm{sch}}$並調用相應的生產計劃方法和生產調度方法實現調度，完成加工，得到相應性能指標。當透過疊代運行 $\mathrm{OOM_{MS}}$的方式生成資料驅動自適應調度模型學習樣本時，當 $\boldsymbol{X}_{\mathrm{sch}}$維度較高，$\mathrm{argmin}_{\boldsymbol{X}_{\mathrm{sch}}} f_{pi}(x_{\mathrm{se},t'}, \boldsymbol{X}_{\mathrm{sch}})$很難實現，因此可透過 MHS 提供元啟發式搜尋方法，透過疊代優化運行 $\mathrm{OOM_{MS}}$的方式，得到較佳的 $\boldsymbol{X}_{\mathrm{sch}}$值作為訓練樣本，即 $\mathrm{mhs} \in \mathrm{MHS}$，使得：

$$\mathrm{mhs}_{\boldsymbol{X}_{\mathrm{sch}}}(f_{pi}(x_{\mathrm{se},t'}, \boldsymbol{X}_{\mathrm{sch}})) \approx \mathrm{argmin}_{\boldsymbol{X}_{\mathrm{sch}}} f_{pi}(x_{\mathrm{se},t'}, \boldsymbol{X}_{\mathrm{sch}})$$

(4) 資料處理與分析模組

調度方法模組包含五類方法：抽取轉換加載方法集（ETL）、對象關係映射規則集（ORM）、資料預處理方法集（PreProcData）、預測建模方法集（BuildPredictionModel）和元啟發式優化方法集（MHO），可用下式表示：

DataProcAnalyModule = {ETL, ORM, PreProcData, BuildPredictionModel, MHO}

其中，ETL 中的方法用於資料模型的轉換，ORM 實現製造系統線上資料模型和面向對象模型中對象模型的映射，PreProcData 實現學習樣本資料的預處理，BuildPredictionModel 從學習樣本學習得到資料驅動的預測模型，MHO 針對 PreProcData 和 BuildPredictionModel 中的方法存在參數敏感等缺點，進行參數優化。例如，已知資料集 DS，$\text{preProcData}_{\text{pars}} \in$ PreProcData，pars 為 PreProcData 所需設置的參數集，則可選用 mho ∈ MHO，透過 mho($\text{preProcData}_{\text{pars}}$(DS))優化 pars 設置，提升 $\text{preProcData}_{\text{pars}}$ 對資料預處理的品質。

2.2.3 DSACMS 的對複雜製造系統調度建模與優化的支持

DSACMS 對複雜製造系統調度建模與優化的支持是透過 ModelLevel 中的模型和 SchModule 中的方法共同實現，如圖 2-3 所示。基於資料的特點透過 DDPM 展現，UPM、PPM 和 OOSM_{MS} 共同支持調度建模，其中，UPM 對 OOSM_{MS} 實現模型求精，PPM 近似實現 F_{MS}。ASPM 和 SchModule 共同實現調度優化，ASPM 實現 SchModule 中方法的自適應設置提高調度的智慧化水準。

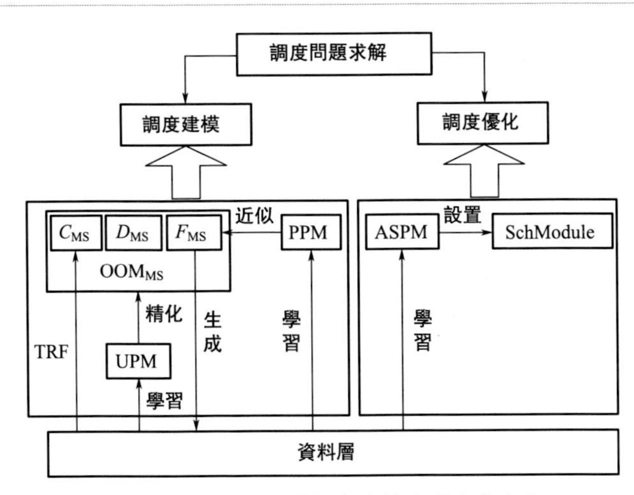

圖 2-3 DSACMS 對調度建模與優化的支持

資料層中的資料可透過 ORM 映射定義的 TRF 對 C_{MS}定義的對象模型的初始化，並可作為模型轉換的媒介實現 F_{MS}與 PPM、ASPM 之間模型轉換。而模型轉換的品質取決於 DataProcAnalyModel 中的方法從資料中學習出具有高泛化能力的模型。

2.2.4 DSACMS 中的關鍵技術

（1）$OOSM_{MS}$建模技術

由 $OOSM_{MS}$的功能模型 F_{MS}的定義可知，運行 $OOSM_{MS}$的目的在於獲取在特定調度環境下不同調度方法的設置方式對調度性能指標的影響，因此，$OOSM_{MS}$對 DSACMS 具有重要意義。在 DSACMS 的形式化描述中已經定義了 $OOSM_{MS}$對象模型 C_{MS}和 $OOSM_{MS}$的功能模型 F_{MS}，資料模型和對象模型映射關係 ORM 可以根據當前 MES、SCADA 系統中的資料對 C_{MS}定義的對象模型進行初始化從而使得 $OOSM_{MS}$可以反映製造系統的實際工況。因此 $OOSM_{MS}$的建模還需要完成如下兩個任務：根據製造系統實際情況定義 C_{MS}中的類的屬性；根據製造系統的加工流程設計 $OOSM_{MS}$的動態模型 D_{MS}。高品質的 $OOSM_{MS}$模型可以使得 F_{MS}能夠近似模擬實際製造系統的運作結果。

（2）SchModule 的設計

SchModule 中包含了應用於 $OOSM_{MS}$的生產計劃和調度方法，如果 SchModule 中的方法適用於 $OOSM_{MS}$，則能大幅度提高 $OOSM_{MS}$蒐集學習樣本的效率。透過基於資料驅動的預測模型自適應選擇調度方案設置也可以得到更佳的效果。

（3）DataProAnalyModule 的設計

雖然 $OOSM_{MS}$和 SchModule 對 DSACMS 有重要作用，但仍屬於傳統調度建模優化的範疇，DSACMS 的關鍵在於構造具有高泛化能力的預測模型，在不確定因素預測、性能指標預測、自適應調度預測等預測模型支持複雜製造系統的調度。DataProAnalyModule 的設計對 DSACMS 發揮核心作用。DSACMS 已經對 ORM 作了定義，ETL 則可以透過標準化關係查詢語言（Structured Query Language，SQL），在本文餘下章節，將研究使用基於運算智慧的元啟發式優化演算法（MHO）用於資料預處理方法（preProcData）和資料建模方法（BuildPredictionModel）的參數優化，用於複雜製造系統的資料預處理與資料驅動預測模型構造。

2.3 應用實例

2.3.1 FabSys 概述

半導體製造系統是以單晶矽為原料，集成電路為產品的生產線，其製造過程如圖 2-4 所示，將單晶矽錠切片磨光後，透過前端工藝和後端工藝對矽片進行加工，製成集成電路晶片。其中前端工藝為矽片加工工藝，包括氧化、光刻、刻蝕、離子注入、擴散、清洗等工序。後端工藝對矽片進行分割、封裝、測試。相比後端工藝，前端工藝工序步驟多，工藝流程複雜，設備成本高，處理前端工藝的矽片加工生產線的調度問題是本章的研究對象。矽片加工生產線規模可達到數百臺設備，每個產品需要完成數百道加工工序。

某矽片生產製造企業 5in、6in（1in＝25.4mm）矽片加工生產線（Fabrication System，FabSys）的基本參數如表 2-1 所示。從表 2-1 中的資料可知，FabSys 具有工藝流程複雜、多重入、多產品混合加工、設備加工類型多樣等特點，此外在 FabSys 加工過程中，設備故障、訂單變更、返工等不確定因素頻繁發生，因此，FabSys 是典型的複雜製造系統。

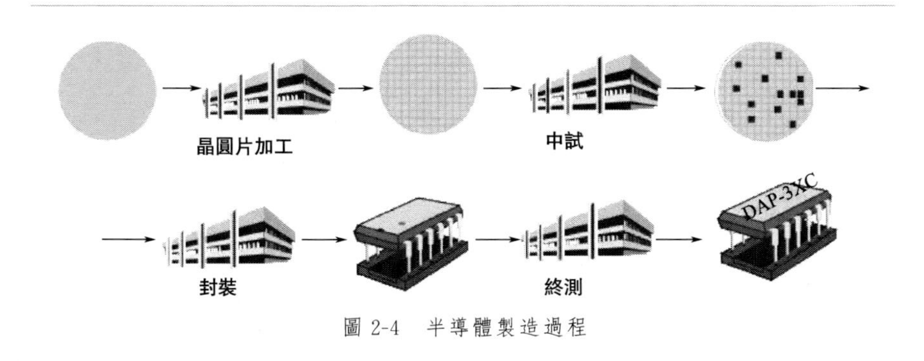

圖 2-4　半導體製造過程

FabSys 中設備處理的加工工序和圖 2-4 中的前端加工工藝「晶圓片加工」相對應，這些設備按功能劃分為 8 個加工區域，這些加工區域的名稱和縮寫如表 2-2 所示，將所有加工區的集合記為 work_areas＝{DF，IM，EP，LT，PE，PC，TF，WT}。

本章以上述 5in、6in 矽片加工生產線（FabSys）的調度問題為驗證對象。從表 2-1 中 FabSys 的設備和在製品規模可知 FabSys 的調度問題為大規模、非零初始狀態調度問題。在調度過程中，受緊急訂單、設備故障等不確定事件和加工時間、剩餘加工週期等不確定參數的影響，較難獲取長期有效並優化全局性能指標的調度方案。這裡在研究 FabSys 的調度問題時借助課題組前期自主研發的矽片加工生產線調度仿真模型（$OOSM_{fab}$），可以透過資料介面即時加載 FabSys 的實際線上生產資料，並可模擬企業生產線的運行狀況。$OOSM_{fab}$ 中實現啟發式調度規則和企業的通用調度規則，透過這些調度規則確定矽片在設備上的優先級，從而生成調度方案。

表 2-1　FabSys 生產線的基本參數

基本參數	數量級
設備規模/臺	≥500
設備加工類型/類	5
產品類型/類	≥100
加工流程步驟/步	≥300
光刻次數/次	≥5
在製品規模/片	≥40000

表 2-2　FabSys 中的加工區及縮寫

加工區名稱	加工區縮寫
氧化擴散區	DF
注入區	IM
外延區	EP
光刻區	LT
乾法刻蝕區	PE
澱積區	PC
濺射區	TF
濕法刻蝕、濕法去膠、濕法清洗區	WT

2.3.2 FabSys 的面向對象仿真模型

基於面向對象技術的仿真模型（Object-Oriented Simulation Model,

OOSM）透過描述組成系統的對象屬性、對象行為、對象關係等系統靜態結構和對象互動、對象狀態變化等動態過程來描述系統的運作，有良好的可擴充性和復用性，具備較高的建模效率和建模精度，也易於與優化演算法、人工智慧方法相結合。OOSM是複雜製造系統仿真研究的有利工具，也是當前廣泛使用的複雜製造系統仿真建模技術。統一建模語言UML（Unified Modeling Language，UML）是使用最廣泛的面向對象分析與建模語言。本節在對FabSys充分調研且忽略部分企業細節的基礎上，基於UML對FabSys進行面向對象建模，從對象模型、動態模型和功能模型三方面對FabSys的組成結構和運作過程進行描述。基於離散建模仿真工具Plant Simulation及其面向對象編程語言Simtalk實現FabSys的OOSM系統$OOSM_{fab}$。FabSys的動態模型所描述的過程被封裝為Simtalk中的Method在$OOSM_{fab}$中實現並固化，並透過ORM映射實現TRF加載線上資料模型，保持$OOSM_{fab}$和FabSys的同步。

（1）$OOSM_{fab}$的對象模型（C_{fab}）

參考C_{MS}，可透過類圖定義C_{fab}。在FabSys的加工過程中，工件加工工藝流程（Process）、工件加工設備（Equipment）、工件（Lot）為建模的核心類，以這三種核心類構造的FabSys類圖如圖2-5所示。

Process類定義了矽片的加工工藝流程，process_ID為工藝流程編號，每個Process對象包含若干加工步，Step類定義了加工步，每個加工步由加工工序（operation）和該道工序在工藝流程中的相對位置（position）所確定。Order類定義了客戶訂單，包含了客戶下單且具有相同Process的矽片，定義了矽片需要數量（quantity）和矽片交貨期(due_date)。Release_Plan類定義了訂單的投料計劃，包括其對應訂單(order)、投料時間(release_time)、投料數量（quantity）。

Equipment類定義了矽片加工設備，每臺設備都分配唯一設備編號(eqp_ID)，每臺設備有若干加工選單（recipes）處理不同的加工工序。Recipe類定義了加工選單，eqp_ID表示加工選單所屬的設備編號，此外加工選單還包括加工工序（operation）和加工時間(processing_time)兩個屬性，由此可知，不同設備在處理不同加工工序時加工時間不唯一，從而展現了不同設備之間的可互替性和不同的加工能力。operation為設備的當前可加工工序。processing_time為當前工序的加工時間。這兩個屬性即表示設備當前使用的加工選單。eqp_type為設備加工類型，設備按加工單位可以分為按卡（lot）加工、按片（wafer）加工、按組批(batch)加工三種類型，eqp_status為設備狀態，設備有空閒（Idle）、就

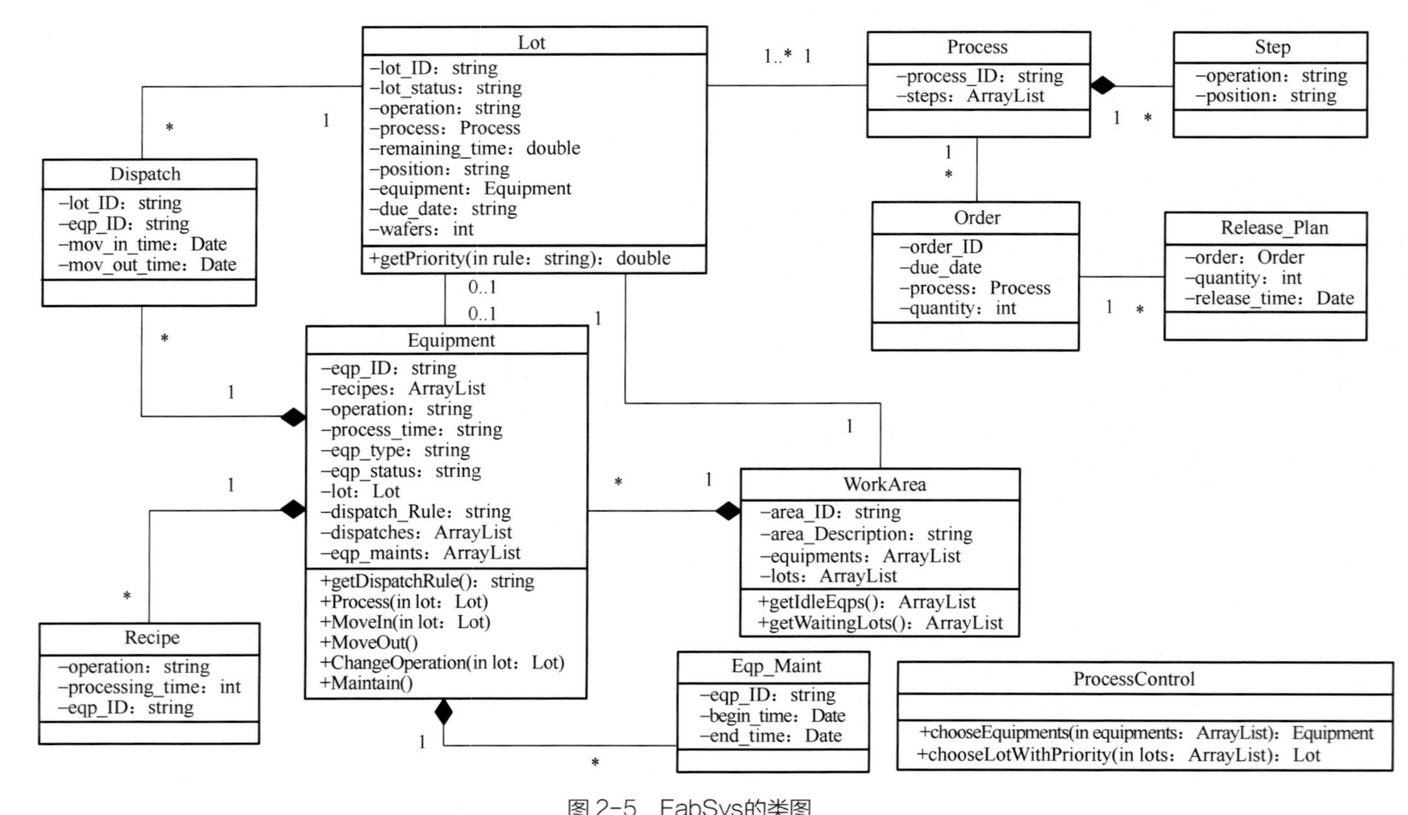

图 2-5 FabSys的类图

緒（Ready）、加工（Processing）和維護（Maintain）四種狀態，當 eqp_status=Processing 時，lot 屬性表示設備正在加工的矽片，否則 lot 屬性為空。dispatch_rule 表示設備在選擇下一個加工矽片時使用的調度規則，用以計算待加工矽片的優先級。eqp_maints 為一組設備維護計劃，設備維護計劃由 Eqp_Maint 類定義，在時間區間[begin_time,end_time]內，編號 eqp_ID 為設備處於保養期，無法進行派工。dispatches 為一組設備派工方案，派工方案由 Dispatch 類定義，在時間區間[mov_in_time,mov_out_time]內，矽片編號為 lot_ID 的矽片在設備編號為 eqp_ID 的設備上進行加工，lot_ID 對應的矽片和 eqp_ID 對應的設備均處於 Processing 狀態。FabSys 中，設備根據功能劃分成不同的加工區，WorkArea 類定義了加工區，area_ID 為加工區編號，加工區內含有設備組 equipments 和緩衝區內等待加工矽片 lots。

在 FabSys 中，矽片以卡（lot）為單位進行加工，一卡矽片最多包含 25 片矽片。Lot 類定義了 FabSys 中的在製品資訊，其中 lot_ID 為一卡矽片的編號，lot_status 為工件狀態，有緩衝區等待（Waiting）、加工（Processing）和維護（Maintaining）狀態。當 lot_status=Processing，opration 為當前加工工序，position 為當前加工工序在工藝流程中的相對位置，equipment 為工件所在的加工設備，remaining_time 為當前加工工序剩餘的加工時間。當 lot_status=Waiting，opration 為待加工工序，position 為待加工工序在工藝流程中的相對位置，equipment 為空。due_date 為工件交貨期，wafers 表示該卡矽片包含的矽片數。

（2）$OOSM_{fab}$的動態模型（D_{fab}）

D_{fab}包含描述調度派工過程的時序圖和描述設備狀態變換的狀態圖。FabSys 的調度派工過程由時序圖（圖 2-6）描述，FabSys 的派工過程由靜態類 ProcessController 控制，首先獲取加工區內空閒且近期沒有維護計劃的設備(getIdleEqps())，當加工區存在多個空閒設備時，則透過選擇加工選單最少的設備優先進行派工(chooseEquipments())，對於加工區內緩衝區內等待加工的矽片(getWaitingLots())，根據被選中設備的調度規則(getDispatchRule())為每卡等待工件計算優先級(getPriority())，從等待矽片中選出具有最高優先級的矽片(chooseLotWithPriority())，將其分派給選中設備進行加工(Process())。分配加工是異步請求，因此無需等待該矽片加工完成即可繼續為剩餘空閒設備進行矽片分配。

設備的狀態圖（圖 2-7）具體展現矽片加工的細節，當矽片達到空閒設備時，首先檢查設備當前加工工序和矽片待加工工序是否匹配

(Lot. operation=Eqp. operation)，如果匹配直接進入就緒狀態，如果不匹配，進行加工工序切換(ChangeOperation())後進入就緒狀態。當設備就緒，則將矽片移入設備(MoveIn())進行加工，直到完成該工序加工時間，將矽片移出設備(MoveOut())，設備重新回到空閒狀態。當設備到達保養時間則進行保養(Maintain())，進入保養（Maintaining）狀態，無法對保養狀態的設備進行派工，當保養結束則恢復空閒（Idle）狀態。

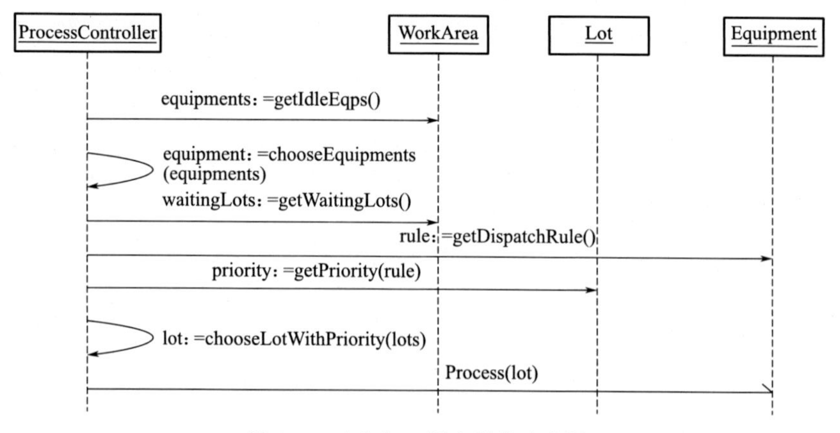

圖 2-6　矽片加工調度過程時序圖

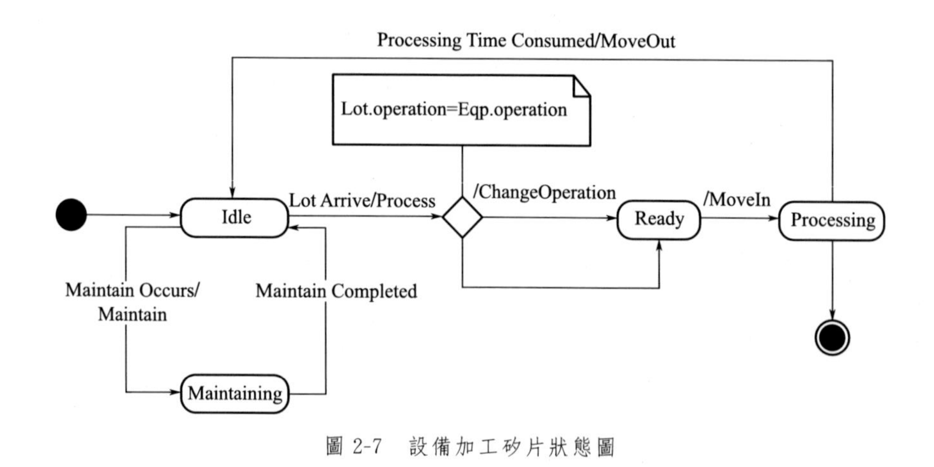

圖 2-7　設備加工矽片狀態圖

(3) FabSys 的調度環境向量（$\boldsymbol{X}_{se,fab}$）

FabSys 的調度優化問題是典型的非零初始狀態調度問題，FabSys 的調度環境（例如在製品在各個加工區的分布，各個加工區的設備狀態等）直接影響到優化調度的結果和性能。FabSys 的調度環境透過向量 $\boldsymbol{X}_{se,fab}$

描述，在表 2-3 中總結出一組變數描述 FabSys 的調度環境，其中下標 $X \in \{5,6\}$ 表示矽片型號為 5in 或者 6in，下標 WA∈work_areas 表示加工區。可將 $\boldsymbol{X}_{\mathrm{se,fab}}$ 的份量分為生產線調度環境變數和加工區調度環境變數。如表 2-3 和表 2-4 所示。

首先定義表 2-3 和表 2-4 中的參數：

NL　系統中在製品集合

NL_X　系統中不同類別的在製品集合

NBL　系統中緊急工件集合

E　系統中可用設備集合

BE　系統中瓶頸設備集合

D_i　工件 i 的交貨期

Now　當前決策時刻

RPTS_{ij}　工件 i 在設備 j 上的淨加工時間

SDT_j　設備 j 的保養時間（$24-SDT_j$，為設備 j 一天的運行時間）

NL_{WA}　各加工區在製品集合

NBL_{WA}　各加工區緊急工件集合

E_{WA}　各加工區可用設備集合

BE_{WA}　各加工區瓶頸設備集合

① 生產線調度環境變數　生產線調度環境變數包含：系統中當前在製品數量、系統中在製品分類數量、系統中緊急工件數量、系統中緊急工件所占比例、系統中當前可用設備數量、系統中瓶頸設備數量、瓶頸設備所占比例、系統中工件從當前時刻到理論交貨期的平均剩餘時間、系統中工件從當前時刻到理論交貨期的剩餘時間標準差以及系統加工產能比等。

② 加工區調度環境變數　加工區調度環境變數考慮如下屬性：各加工區中在製品數量、各加工區中的在製品數占總在製品數的比例、各加工區加工產能比、各加工區可用設備數量、各加工區瓶頸設備數量、各加工區瓶頸設備占該區可用設備的比例等。

表 2-3　生產線調度環境變數

屬性名稱	屬性含義	數學描述
WIP	系統中當前在製品數量	$\lvert NL \rvert$
WIP_X	系統中在製品分類數量	$\lvert NL_X \rvert$
NoBL	系統中緊急工件數量	$\lvert NBL \rvert$
PoBL	系統中緊急工件所占比例	$\lvert NBL \rvert / \lvert NL \rvert$

續表

屬性名稱	屬性含義	數學描述
NoE	系統中當前可用設備數量	$\|E\|$
NoBE	系統中瓶頸設備數量	$\|BE\|$
PoBE	系統中瓶頸設備所占比例	$\|BE\|/\|E\|$
MeTD	系統中工件從當前時刻到理論交貨期的平均剩餘時間	$(\sum_{i\in NL}\|D_i-Now\|)/\|NL\|$
SdTD	系統中工件從當前時刻到理論交貨期的剩餘時間標準差	$\sqrt{(\sum_{i\in NL}[(D_i-Now)-MeTD]^2/\|NL\|)}$
PC	系統加工產能比	$\sum_{i\in NL,j\in E}RPTS_{ij}/\sum_{j\in E}(24-SDT_j)$

表 2-4　加工區調度環境變數

屬性名稱	屬性含義	數學描述
WIP_{WA}	加工區 WA 中在製品數量	$\|NL_{WA}\|$
PoB_{WA}	加工區 WA 中的在製品占總在製品數的比例	$\|NL_{WA}\|/\|NL\|$
$NoBL_{WA}$	加工區 WA 緊急工件數量	$\|NBL_{WA}\|$
$PoBL_{WA}$	加工區 WA 緊急工件所占比例	$\|NBL_{WA}\|/\|NL_{WA}\|$
PC_{WA}	加工區 WA 加工產能比	$\sum_{i\in NLWA,j\in EWA}RPTS_{ij}/\sum_{j\in EWA}(24-SDT_j)$
NoE_{WA}	加工區 WA 可用設備數量	$\|E_{WA}\|$
$NoBE_{WA}$	加工區 WA 瓶頸設備數量	$\|BE_{WA}\|$
$PoBE_{WA}$	加工區 WA 瓶頸設備占該區可用設備的比例	$\|BE_{WA}\|/\|E_{WA}\|$

(4) FabSys 的調度方法模組(candidate_rule)及調度方法設置編碼規則（$X_{ruleset}$）

由 $OOSM_{fab}$ 的動態模型 D_{fab} 可知，FabSys 根據相應的調度規則，選擇具有最高優先級的工件分配給空閒設備進行加工，從而生成調度方案，優化調度性能。在不同的調度環境下，針對不同調度目標，所採用的調度規則設置方式有所不同；同時，設備組因其工藝特性的需要不同可供選擇的調度規則庫也不同，能否合理選取調度策略對該生產調度週期結束後的生產線性能指標產生重要影響。$OOSM_{fab}$ 按加工區設置即時調度規則，令 $candidate\_rule_{WA}$ 為加工區 WA 可選調度規則集合，$X_{rule DF}\in candidate\_rule_{WA}$ 表示加工區 WA 所採用的調度規則。規則設置向量 $X_{ruleset}=(X_{rule DF}, X_{rule IM}, X_{rule EP}, X_{rule LT}, X_{rule PE}, X_{rule PC}, X_{rule TF},$

$X_{\text{rule WT}}$)表示各加工區即時調度規則的設定。表 2-5 中給出了即時調度規則集(candidate_rule)。candidate_rule 在 OOSM_{fab} 中以 Method 的方式實現。

此外，訂單的投料策略對性能指標也會產生影響，記為 release。由於本書主要研究 FabSys 短調度週期內的調度問題，因此 X_{ruleset} 中沒有考慮投料策略。投料策略默認採用固定投料策略（Constant WIP，CONWIP)，即 release＝CONWIP。

表 2-5 中用到的參數定義如下：

P_i　　工件 i 的調度優先級

D_i　　工件 i 的交貨期

F_i　　工件 i 的生產週期倍增因子

Q_i　　工件 i 所屬產品的目標 WIP 值

N_i　　工件 i 所屬產品的當前 WIP 值

PT_{in}　　工件 i 加工第 n 道工序的時間，包括等待時間

AT_i　　工件 i 進入緩衝區的時刻

CR_{ik}　　工件 i 將要加工第 k 工序時的臨界值

OD_{ik}　　工件 i 將要加工第 k 工序時的決策值

RP_i　　工件 i 的計劃剩餘可加工時間

NQ_i　　工件 i 待加工工序的下一道工序的設備前等待加工工件數量

Now　　當前決策時刻

AWT_{ik}　　工件 i 的加工完成第 k 工序後的等待時間

SPT_i　　工件 i 的入線時間

RPT_{ik}　　工件 i 當前已用加工的總時間，包括等待時間

$TRPT_{ik}$　　工件 i 第 k 工序後的剩餘淨加工時間

表 2-5　即時調度規則

規則名	規則描述	數學描述
最早交貨期優先(Earlies Due Date，EDD)	是具有最早交貨期的工件優先接受加工	$D_i < D_j (i \neq j) \Rightarrow P_i > P_j$
最早工序交貨期優先(Earlies Operation Due Date，EODD)	具有最早工序交貨期的工件優先接受加工。工件的工序交貨期可由該工件的入線時間、當前已用加工的總時間和生產週期倍增因子確定	$OD_{im} < OD_{jn} (i \neq j) \Rightarrow P_i > P_j$ $OD_{ik} = SPT_i + RPT_{ik} * F_i$ $RPT_{ik} = \sum_{n=1}^{k} PT_{in}$

續表

規則名	規則描述	數學描述
最小臨界值優先(Critical Ratio,CR)	基於工件的交貨期、當前時刻及該工件的剩餘淨加工時間來為工件的加工順序排序	$CR_{im}<CR_{jn}(i\neq j)\Rightarrow P_i<P_j$ $CR_{ik}=(1+TRPT_{ik})/(1+D_i-Now)$;$Now<D_i$
最長加工時間優先(Longest Processing Time,LPT)	工件的當前工序占用設備時間最短的優先獲得加工	$ProTime_{im}<ProTime_{jn}(i\neq j)\Rightarrow P_i>P_j$
最短剩餘加工時間優先(Shortest Remaining Processing Time,SRPT)	具有最短剩餘加工時間的工件優先接受加工	$RP_i<RP_j(i\neq j)\Rightarrow P_i>P_j$;$RP_i=D_i-Now$
先入先出(FIFO)(First In First Out,FIFO)	先到緩衝區的工件優先接受加工	$AT_i<AT_j(i\neq j)\Rightarrow P_i>P_j$
最短等待時間優先(List Scheduling,LS)	可用等待加工的時間最短的工件優先加工。可用等待加工的時間由工件的交貨期、剩餘淨加工時間及當前決策時刻確定	$AWT_{im}<AWT_{jn}(i\neq j)\Rightarrow P_i>P_j$ $AWT_{ik}=D_i-TRPT_{ik}-Now$
下一排隊最小批量優先(Fewest Lots at the Next Queue,FLNQ)	下一排隊隊列最小的工件優先加工。工件的下一排隊隊列指工件待加工工序的下一道工序的設備前等待加工工件數量	$NQ_i<NQ_j(i\neq j)\Rightarrow P_i>P_j$
負載(Load Balance,LB)	使那些與既定的 WIP 目標偏差大的工件擁有較高的優先級	$\sum_{i\in NL}\lvert D_i-Now\rvert/\lvert NL\rvert$
通用規則(General Rule,GR)	FabSys 實際應用的調度規則,考慮了工藝約束、交貨期、客戶優先級、剩餘工序等多個因素	

(5) FabSys 的調度性能指標(P_{fab})

FabSys 的調度性能指標是對 FabSys 調度方案的評價依據,可以分為兩類:一類是短期性能指標,如在製品數量、總移動量、平均移動量、設備利用率;另一類是長期性能指標,如平均加工週期、準時交貨率。具體定義如下。

在製品水準(WIP):生產線上所有未完成加工的工件數。生產線在製品水準應盡量與期望目標一致,太少會使設備處於空閒,不能很好地利用產能,太大則導致加工週期變長,影響交貨期。

生產率(Productivity,Prod):單位時間內生產線完工的工件數。生產率越高,單位時間內完成的工件數越多,設備利用率則越高,有助於縮短加工週期。

加工週期（Cycle Time，CT）：一個原始工件進入加工系統，到作為一個成品離開加工系統所消耗的時間。

設備利用率（Machine Utility，Utility）：設備處於加工狀態的時間占其開機時間的比率。一般來說，設備利用率與 WIP 數量有關，WIP 數量越高，設備利用率越高；但是當 WIP 數量飽和時，再增加 WIP 數量，設備利用率也不會提高。

總移動量（Movement，Mov）：所有工件在單位時間內移動的總步數。總移動量越高，說明生產線完成的加工任務數越高，生產線的總移動量越多，設備利用率也越高。

平均移動量（Turn）：單位時間內一個工件的平均移動步數。移動速率越高，表明生產線的流動速率越快，有助於縮短平均加工週期。

準時交貨率（On-time Delivery Rate，ODR）：準時交貨的工件占完成加工工件的百分比。

將上述性能指標的集合記為 P_{fab}。

(6) FabSys 的功能模型（F_{fab}）

綜上對調度環境（X_{se}）、調度方法設置編碼（X_{ruleset}）、性能指標的定義（P_{fab}），令調度週期 $T=12\text{h}$，容易得到 OOSM_{fab}的功能模型。

$$F_{\text{fab}}=\{Y_{\text{p}_i}=f_{p_i}(X_{\text{se,fab}},X_{\text{ruleset}})\mid p_i\in P_{\text{fab}}\}$$

(7) FabSys 的資料模型

透過線上資料可以構造出 FabSys 的資料模型從而獲取生產線建模所需的資訊，其中線上靜態資料反映了 FabSys 的靜態屬性，工藝流程資訊和產品規格資訊分別定義了工件的加工路徑和產品類型，設備加工能力資訊和加工區域布局資訊定義了生產線的加工能力和設備分組布局。線上動態資料則反映了 FabSys 的調度環境，包括工件狀態和設備狀態。由 ORM 映射可實現動態加載線上資料模型構造仿真模型 OOSM_{fab} 的對象模型。線上資料模型由表 2-6 定義，FabSys 的調度環境變數集 $X_{\text{se,fab}}$ 中變數值可從表 2-6 定義的資料獲取。

表 2-6　FabSys 的線上資料模型

資料類型	資訊類型	資料表	資料屬性名	物理意義	是否主鍵	是否外鍵
靜態資料	工藝流程資訊	Process	Process_ID	工藝流程編號	√	
			Operation	工序名	√	
			Position	工序在流程中位置		

續表

資料類型	資訊類型	資料表	資料屬性名	物理意義	是否主鍵	是否外鍵
靜態資料	產品訂單資訊	Order	Order_ID	訂單編號	√	
			Due_Date	訂單交貨期		
			Quantity	訂單需要工件數量		
			Process_ID	訂單的工藝流程編號		√
	設備加工能力資訊	Equipment	Eqp_ID	設備編號	√	
			Eqp_Type	設備加工類型		
			Area_ID	設備所在加工區編號		√
		Recipe	Eqp_ID	設備編號	√	
			Operation	工序名	√	
			Process_Time	加工時間		
	布局資訊	WorkArea	Area_ID	加工區編號	√	
			Area_Description	加工區描述		
動態資料	設備狀態資訊	Equipment	Eqp_Status	設備狀態{Processing,Ready,Idle}		
			Operation	設備當前工序		
			Process_Time	設備當前工序加工時間		
			Dispatch_Rule	設備的調度規則		
			Lot_ID	設備正在加工的工件編號		√
		Eqp_Maint	Eqp_ID	需要維護的設備編號	√	
			Begin_Time	設備維護開始時間		
			End_Time	設備維護結束時間		
	工件狀態資訊	Lot	Lot_ID	工件編號	√	
			Lot_Status	工件狀態{Processing,Waiting}		
			Eqp_ID	工件所在加工設備編號		√
			Area_ID	工件所在加工區編號		√
			Position	當前加工工序位置,如工件等待,則為待加工工序位置		√
			Operation	當前加工工序名,如果工件等待,則為待加工工序名		
			Process_ID	工藝流程編碼號		√
			Order_ID	訂單編號		√

$OOSM_{fab}$透過設置即時調度規則和生產計劃策略，指定調度週期，並透過仿真模型運作可生成如表 2-7 所示的投料計劃和派工方案，$OOSM_{fab}$運行結果的性能指標集 P_{fab} 中定義的性能指標值可從表 2-7 定

義的資料中獲取。表 2-6 和表 2-7 中所定義資料模型的實體關係圖如圖 2-8所示。

FabSys 的離線歷史資料記錄了 FabSys 的實際運作過程，從這些歷史資料中可以提煉出設備加工時間等不確定參數，設備維護、設備故障、緊急訂單等不確定事件和 CT、WIP 等性能指標的預測模型，進一步提高 $OOSM_{fab}$的建模精度與調度效果。表 2-8 列出了 FabSys 可用作構造不確定參數和事件預測模型的離線歷史資料。

表 2-7 $OOSM_{fab}$生成資料

資訊類型	資料表	資料屬性名	物理意義
派工方案	Dispatch	Eqp_ID	設備編號
		Lot_ID	設備加工工序
		Move_In_Time	工件進入設備時間
		Move_Out_Time	工件移出設備時間
投料計劃	Release_Plan	Order_ID	訂單編號
		Quantity	投料數量
		Release_Time	投料時間

表 2-8 FabSys 的離線歷史資料

資訊類型	資料表	資料屬性名	物理意義
歷史加工資訊	Lot_Move_His	Eqp_ID	設備編號
		Operation	設備加工工序
		Process_ID	工件加工工藝編號
		Position	當前加工工序位置
		Move_In_Time	工件進入設備時間
		Move_Out_Time	工件移出設備時間
歷史維護資訊	Eqp_ Maint _His	Eqp_ID	設備編號
		Maint _Begin_Time	設備維護開始時間
		Maint _End_Time	設備維護結束時間
歷史故障資訊	Eqp_ Break_His	Eqp_ID	設備編號
		Break_Time	故障發生時間
		Recover_Time	故障恢復時間
歷史訂單資訊	Order_His	Process_ID	工件編號
		Order_Time	下單時間
		Due_Date	訂單交貨期

(8) FabSys 的歷史狀態資料分析，以在製品分布為例

為了分析 $X_{se,fab}$ 中變數的統計特性，對各加工區在製品分布進行資

料分析。對 FabSys 的 MES 系統 2012 年 1 月 1 日到 2012 年 5 月 10 日的線上動態資料，以 4h 一次的頻率進行抽樣，抽取各個加工區的在製品分布 WIP_{WA}，並計算在製品分布的 Pearson 相關係數矩陣並對每個加工區的在製品分布進行 Kolmogorov-Smirnov 檢驗，得到表 2-9 和表 2-10 所示的結果。

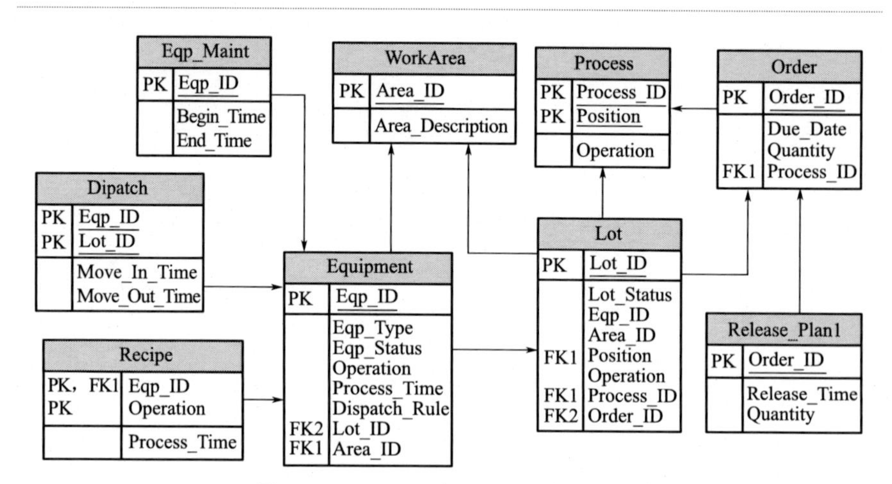

圖 2-8　$OOSM_{fab}$ 資料模型的實體關係

表 2-9　各加工區在製品分布 Pearson 相關係數矩陣

係數	WIP_{DF}	WIP_{IM}	WIP_{EP}	WIP_{LT}	WIP_{PE}	WIP_{PD}	WIP_{TF}	WIP_{WT}
WIP_{DF}	1	0.47	0.29	0.08	0.28	−0.08	−0.12	0.40
WIP_{IM}	0.47	1	−0.22	−0.36	0.16	−0.10	−0.25	0.16
WIP_{EP}	0.29	−0.22	1	0.83	−0.01	−0.27	−0.07	0.69
WIP_{LT}	0.08	−0.36	0.83	1	−0.32	−0.44	−0.16	0.63
WIP_{PE}	0.28	0.16	0.01	−0.32	1	0.35	−0.19	−0.12
WIP_{PD}	−0.08	−0.10	−0.27	−0.44	0.35	1	0.07	−0.35
WIP_{TF}	−0.12	−0.25	−0.07	−0.16	−0.19	0.07	1	0.04
WIP_{WT}	0.41	0.16	0.69	0.63	−0.12	−0.35	0.04	1

表 2-10　各加工區在製品分布 Kolmogorov-Smirnov 檢驗

參數	WIP_{DF}	WIP_{IM}	WIP_{EP}	WIP_{LT}	WIP_{PE}	WIP_{PD}	WIP_{TF}	WIP_{WT}
P 值	<0.05	<0.05	<0.05	<0.05	<0.05	<0.05	0.07	<0.05

由表 2-9 可知，加工區的在製品分布之間有較強的線性耦合，尤其是上下游加工區之間的耦合更強，光刻區的在製品分布和其他加工區的在製品分布的耦合性尤其突出。由表 2-10 的檢驗結果可知，除了 WIP_{TF}

之外的其餘加工區在製品分布變數的 P 值小於 0.05，因此這些在製品分布均不服從正態分布。雖然 WIP_{TF} 服從正態分布，但其 P 值接近 0.05，WIP_{TF} 服從正態分布的置信度不高。造成這樣結果的原因一方面是 FabSys 製造過程固有的複雜性，另一方面是人工操作失誤等原因導致的資料噪音。

為了對高耦合、分布複雜的資料進行資料預處理和資料探勘，提出了基於運算智慧的資料預處理和資料建模方法，透過疊代的方式提高資料預處理品質和資料探勘的泛化能力。

2.3.3 FabSys 的資料驅動預測模型

(1) FabSys 資料驅動參數預測模型

FabSys 資料驅動參數預測模型直接從 FabSys 的離線歷史資料中學習獲取，並透過線上動態資料驅動。以矽片加工時間為例，可利用加工歷史記錄，透過最小二乘法求出第 i 個影響因素的係數 α_i（α_0 為常數項）構造線性迴歸模型（2-1）。其中，$PT_i^{eqp\_id,op}$ 為設備編號為 eqp_id 的設備，且當前加工工序為 op 的加工時間的猜想值；$duration_{op}$ 為設備保持當前加工工序的持續時間（如 $duration_{op}=0$，則還需考慮工序切換整定時間）；lot. wafer_count 為當前加工一卡矽片中包含的矽片數；$PT_{i-1}^{eqp\_id,op}$、$PT_{i-2}^{eqp\_id,op}$、$PT_{i-3}^{eqp\_id,op}$ 為設備編號為 eqp_id 的設備前三次加工工序 op 所耗費的時間。

$$PT_i^{eqp\_id,op}=\alpha_0+\alpha_1 * duration_{op}+\alpha_2 * lot.wafer\_count+\alpha_3 * PT_{i-1}^{eqp\_id,op} +\alpha_4 * PT_{i-2}^{eqp\_id,op}+\alpha_5 * PT_{i-3}^{eqp\_id,op} \tag{2-1}$$

對於 $OOSM_{fab}$ 中的不確定參數和事件，均在 $OOSM_{fab}$ 運行之前預測得到，從而可提高 $OOSM_{fab}$ 運行結果的準確性。FabSys 資料驅動參數預測模型構造方法如圖 2-9 所示。

(2) FabSys 資料驅動性能預測模型

對於 FabSys 這樣的大規模複雜製造系統，透過 $OOSM_{fab}$ 線上仿真獲取性能指標是一個耗時的過程。基於資料的性能指標預測建模方法可以快速響應、獲取性能指標預測值。因此在模型層中，引入了基於資料的性能指標預測模型。整體概況如圖 2-9 所示，透過大量離線仿真生成離線性能指標仿真資料，再從這些資料中進行資料探勘，即可獲取性能指標預測模型。

性能指標預測模型可分為全局性能指標預測模型和局部性能指標預測模型。根據仿真時間（或預測週期）可分為即時（預測週期以時計）

性能指標預測模型、短期（預測週期以日計）性能指標預測模型和長期（預測週期以周計）性能指標預測模型。當預測週期以時計，則全局性能指標變化不明顯，主要關注局部短期性能指標。當預測週期以周計，則主要關注全局長期性能指標。當預測週期以日計，則需要兼顧全局短期性能指標和局部短期性能指標。此外，對於不同的預測模型，影響因素也不同，對預測週期以日記的全局性能指標預測模型，需要考慮 $X_{se,fab}$ 和 $X_{ruleset}$ 的取值，對於當預測週期以週記的長期全局性能指標預測模型，還需要考慮製造系統中的不確定因素和投料策略 release。而對於預測週期較短的局部性能指標預測模型，影響因素可以透過特徵選擇演算法從 $X_{se,fab}$ 和 $X_{ruleset}$ 中選取若干維得到。

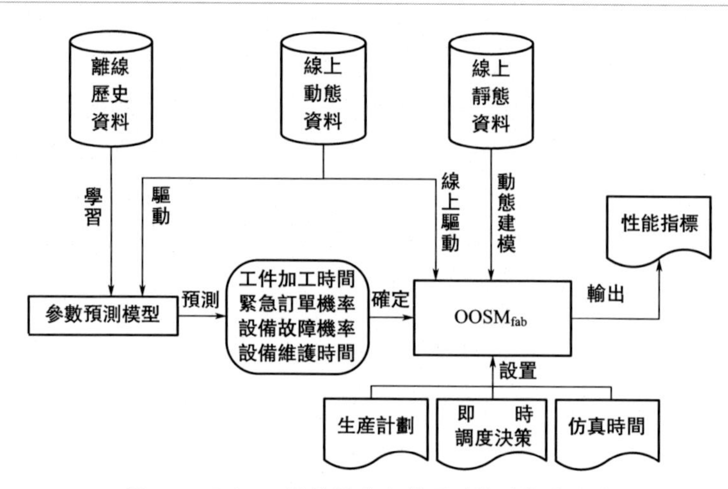

圖 2-9 FabSys 資料驅動參數預測模型構造方法

圖 2-10 是以日為預測週期的性能指標預測模型，以此來預測製造系統設備平均利用率。影響因素主要是 FabSys 的初始調度環境即 $X_{se,fab}$ 的取值及各加工區所採用的調度規則即 $X_{ruleset}$ 取值。可以從大量的離線仿真生成的離線仿真性能指標中學習出性能指標預測模型 $f_{Utility}$ 得到 Utility 的預測值：

$$Y_{Utility}=f'_{Utility}(X_{se,fab},X_{ruleset}) \tag{2-2}$$

(3) FabSys 資料驅動自適應調度模型

由於 FabSys 規模較大，透過線上優化的方法選擇出優化的調度方案非常耗時，為了能線上針對需要優化的性能指標作出快速優化調度決策，可採用離線優化的方法優化性能指標，生成離線仿真優化調度決策資料並對其進行資料探勘，構造自適應調度模型。可以直接對應需要優化的調度性能指標根據當前調度環境作出派工決策，具體方法如圖 2-11 所示。

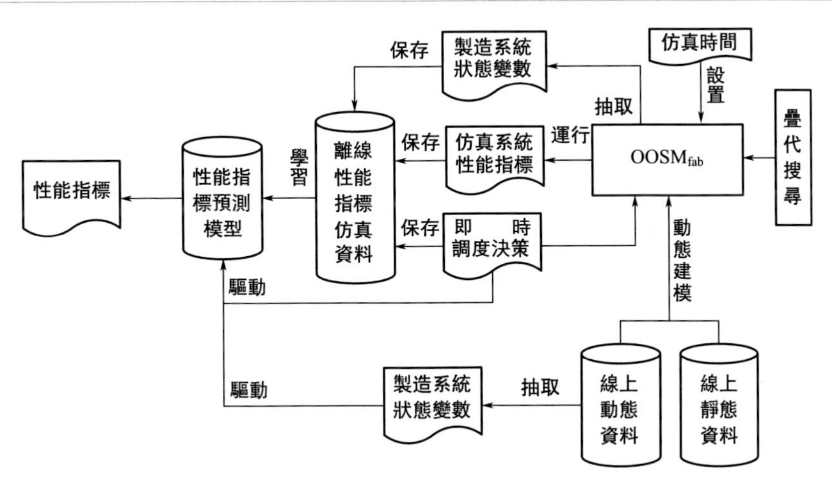

圖 2-10 FabSys 資料驅動性能指標預測模型構造方法

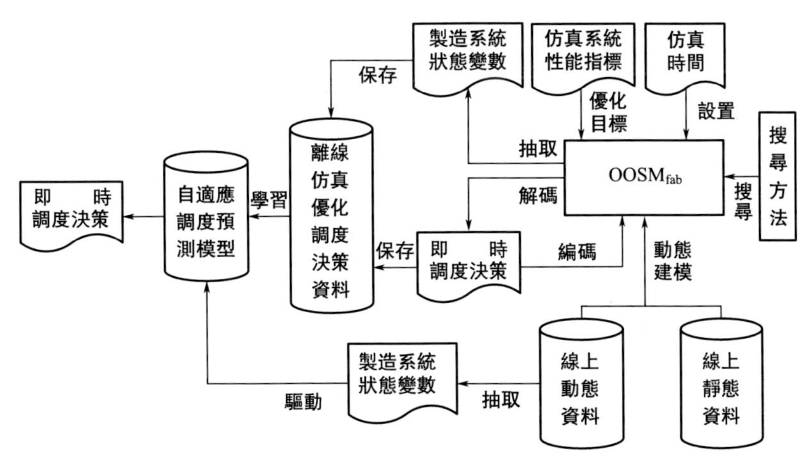

圖 2-11 FabSys 資料驅動自適應調度模型構造方法

與性能指標預測問題不同，自適應調度模型在離線優化階段針對性能指標進行優化，優化目標可以是單性能指標或多性能指標。在 FabSys 中，對各個加工區的調度規則進行編碼，透過窮舉搜尋或者啟發式搜尋的方式，優化性能指標。得到優化的各加工區調度規則組合，保存為離線仿真優化調度決策資料。由於優化調度方案是個決策組合的形式，因此，可以將最終自適應優化調度決策問題分解為若干個分類問題，即對各個加工區的調度規則構造分類模型，必要時對分類模型進行特徵選擇。在需要即時派工時，使用製造系統調度環境驅動各加工區的自適應調度模型，選擇優化調度規則。

2.4 本章小結

為了縮小調度理論和調度實際的鴻溝，本章提出了基於資料的調度體系結構，並詳細討論了資料層和模型層的關係，在模型層中基於資料模型作了分類討論，試圖採用基於資料建模的方式彌補傳統建模方法的不足。最後介紹了一個複雜矽片加工系統 FabSys，設計並實現了其在基於資料調度體系結構下的解決方案。

參考文獻

[1] 李清，陳禹六．企業信息化總體設計[M]，北京：清華大學出版社，2004.

[2] Pandey D, Kulkarni M S, Vrat P. Joint consideration of production scheduling, maintenance and quality policies: a review and conceptual framework [J]. International Journal of Advanced Operations Management, 2010, 2(1): 1-24.

[3] Monfared M A S, Yang J B. Design of integrated manufacturing planning, scheduling and control systems: a new framework for automation[J]. The International Journal of Advanced Manufacturing Technology, 2007, 33(5-6): 545-559.

[4] Wang F, Chua T J, Liu W, et al. An integrated modeling framework for capacity planning and production scheduling [C] // Control and Automation, 2005. ICCA' 05. International Conference on. IEEE, 2005, 2: 1137-1142.

[5] Lalas C, Mourtzis D, Papakostas N, et al. A simulation-based hybrid backwards scheduling framework for manufacturing systems [J]. International Journal of Computer Integrated Manufacturing, 2006, 19 (8): 762-774.

[6] Lin J T, Chen T L, Lin Y T. A hierarchical planning and scheduling framework for TFT-LCD production chain [C]//Service Operations and Logistics, and Informatics, 2006. SOLI' 06. IEEE International Conference on. IEEE, 2006: 711-716.

[7] Framinan J M, Ruiz R. Architecture of manufacturing scheduling systems: Literature review and an integrated proposal [J]. European Journal of Operational Research, 2010, 205 (2): 237-246.

[8] Sadeh N M, Hildum D W, Laliberty T J, et al. A blackboard architecture for integrating process planning and production scheduling [J]. Concurrent Engineering, 1998, 6(2): 88-100.

[9] Nishioka Y. Collaborative agents for production planning and scheduling (CAPPS): a challenge to develop a new software system architecture for manufacturing management in Japan[J]. International Journal of Production Research, 2004, 42 (17): 3355-3368.

[10] Gómez-Gasquet P, Lario F C, Franco R D, et al. A framework for improving planning-scheduling collaboration in industrial production environment[J]. Studies in Informatics and Control, 2011, 20(1): 68.

[11] Tai T T, Boucher T O. An architecture for scheduling and control in flexible manufacturing systems using distributed objects [J]. Robotics and Automation, IEEE Transactions on, 2002, 18 (4): 452-462.

[12] Li L I, Fei Q. A modular simulation system for semiconductor manufacturing scheduling [J]. Przeglad Elektrotechniczny, 2012, 88(1b): 12-18.

[13] Govind N, Bullock E W, He L, et al. Operations management in automated semiconductor manufacturing with integrated targeting, near real-time scheduling, and dispatching[J]. Semiconductor Manufacturing, IEEE Transactions on, 2008, 21 (3): 363-370.

[14] 牛力,周泓,賈素玲,等. 基於統一建模語言的作業排序系統模型庫設計研究[J]. 計算機集成製造系統, 2009, 15 (3): 451-457.

第3章

半導體製造系統資料預處理

受各種因素的干擾，實際製造系統的資料品質不高。低品質的資料會導致探勘結果不理想，因此資料預處理通常被視為資料探勘的重要環節。資料預處理的目的在於提高資料品質，一般包括資料集成、變換、清理和規約等任務。半導體製造系統在資料採集過程中難免會發生感測器漂移、設備故障或人工失誤等現象，導致資料集包含噪音。此外，生產調度相關資料需要從MES、ERP、SCADA等系統中集成得到，這些系統中的資料從不同層次不同角度描述了企業生產過程，導致所集成資料的屬性之間有較高冗餘，這些都需要透過資料預處理來解決。

3.1 概述

現代工業技術的發展使得製造過程、工藝、設備裝置趨於複雜，已經很難透過機理模型這一傳統建模方法為系統精確建模從而優化系統運作性能。例如對於矽片加工生產線[1]，雖然運用了先進的調度思想，精心設計了調度演算法並加以實現，但得到的仿真結果精度較差，難以指導實際的調度排程任務。而隨著企業資訊化程度的提高，製造型企業資料的即時性、精確性有顯著提升，從而促進了基於資料的方法在過程控制[2]、線上監控與故障診斷[3]、調度優化[4]和管理決策等方面[5]的應用。尤其是在鋼鐵冶金領域，由於其關鍵性能指標無法由機理模型描述或線上監控檢測，基於資料的預測方法得到了廣泛的應用[6-8]。基於資料的調度方法側重將資料驅動的方法和傳統調度建模優化方法相結合來求解調度問題，本節將從複雜製造資料屬性選擇、複雜製造資料聚類以及複雜製造資料屬性離散化三個方面進行闡述。

(1) 複雜製造資料屬性選擇

條件屬性冗餘過多會導致分類或迴歸的精度下降，使生成的規則無法使用，規則之間的衝突亦較多。屬性選擇則是從條件屬性中選取較為重要的屬性。屬性選擇常用的方法包括粗糙集和運算智慧。例如，Kusiak[9-11]針對半導體製造的品質問題，提出了基於粗糙集從樣本資料中獲取規則的方法，並應用特徵轉換和資料集分解技術，來提高缺陷預測的精度和效率；粗糙集的屬性約簡是一個 NP 難問題，Chen[12] 等透過特徵核的概念縮減了搜尋空間，然後使用蟻群演算法求得了屬性集的約簡，提高了知識約簡的效率；Shiue[13-17] 等建立了兩階段決策樹自適應調度系統，將基於神經網路的權重特徵選擇演算法和遺傳演算法用於調度屬性選擇，使用自組織映射（Self-Organizing Maps，SOM）進行資料聚類，應用決策樹、神經網路及支持向量機三種學習演算法對每個簇進行學習實現參數優化，提高了自適應調度知識庫的泛化能力，並透過仿真驗證了成果的有效性。

（2）複雜製造資料聚類

聚類是對樣本資料按彼此之間的相似度進行分類的技術，使相似的樣本屬於同一類，而相似度低的樣本屬於不同的類。由於噪音資料會影響學習的精度，如 C4.5 在處理含有噪音的樣本時會導致生成樹的規模龐大，降低預測精度，需要做剪枝處理，因此對於大規模訓練樣本，可以使用聚類平滑噪音資料。聚類中常用的方法包括 SOM、Fuzzy-C 均值、K 均值和神經網路等。例如，Hu[18] 使用層次聚類的方法找出與成品率下降相關的設備；Chen[19-20] 等使用 Fuzzy-C 均值、K 均值等演算法對訓練樣本進行聚類，然後對每個聚類訓練神經網路，提升工件加工週期的預測精度。

（3）複雜製造資料屬性離散化

部分演算法和模型只能處理離散資料，如決策樹、粗糙集等，因此有必要採用屬性離散化技術將連續屬性值轉化為離散屬性值。例如，Koonce[21] 和 Li[22] 在探勘優化調度方案時，根據面向屬性規約演算法和決策樹的特點，對屬性值進行了等距離散劃分；Rafinejad[23] 提出了基於模糊 K 均值演算法的屬性離散化方法，使得從優化調度方案中所提取的規則能夠更好地逼近優化調度方案。

現有的複雜製造預處理技術主要集中於屬性選擇和資料聚類，而針對製造系統資料具有規模大、含噪音、樣本分布複雜且存在缺失現象，輸入變數數目多、類型多樣，輸入/輸出變數間關係呈非線性、強耦合等特點的資料預處理技術還有待進一步深入研究。本章將針對含噪音、高冗餘的生產調度資料，對應資料預處理任務提煉出資料規範化、缺失值填補、異常值檢測、冗餘變數檢測等問題，如表 3-1 所示，並給出這些問題的求解方法，如圖 3-1 所示。這些方法屬於 DSACMS 中 DataProcAnalyModule 中的 PreProcData。

表 3-1　製造系統資料預處理任務

資料預處理任務	求解方法
資料變換	資料規範化
資料清理	缺失值填補、異常值檢測
資料規約	冗餘變數檢測

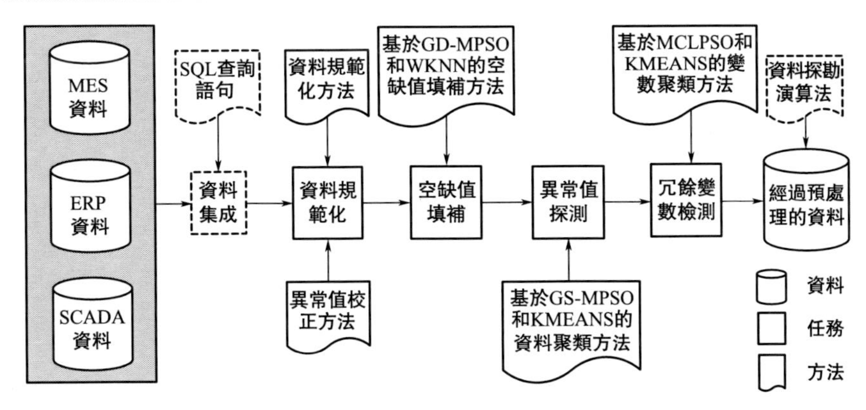

圖 3-1　製造系統資料預處理技術路線

對於基於資料的調度預測建模問題（例如調度參數預測），首先需要從多個異構資料源中獲取相關資料，即在 DSACMS 的 DataProcAnaly-Module 中定義的 ETL。對象生產線的資訊系統均採用關係資料庫儲存資料，因此資料集成可以透過結構化查詢語言（Structured Query Language，SQL）實現。對於集成後的資料，需要將其轉換為便於資料探勘的形式。在下面的章節將分別介紹其中的方法。

本章將採用 2 個從實際製造資訊系統採集的資料集驗證上述方法。其中資料集 D_1 是從 FabSys 的 MES 中採集的調度環境資料，調度環境由 $X_{\mathrm{se,fab}}$中的變數描述，包括 67 個狀態屬性，包括 2012 年 1 月 1 日～2012 年 5 月 2 日的 542 條樣本資料。D_2 是取自 UCI（University of California Irvine）提供的機器學習公共測試資料集，資料集 D_2 是從某半導體生產線的監控系統採集的感測器資料，原始資料包括 591 個表示感測器的屬性和 2008 年 7 月 19 日～2008 年 10 月 15 日的 1567 條樣本資料，進行資料清理操作①～③後，D_2 中的資料包括 440 個感測器和 1561 條樣本資料。

① 刪除無效感測器：感測器的值恆定，感測器採集資料缺失值比率≥50%。

② 刪除空缺值較多的樣本資料：樣本資料中≥30%的感測器屬性值空缺。

③ 對剩餘缺失值用感測器均值進行填補。

為了方便討論，本文的資料集定義如下：資料集 S 是由 M 條記錄所組成的集合 $S=\{\boldsymbol{x}_i\}_{i=1}^{M}$，其中，記錄 $\boldsymbol{x}_i$ 描述一個特定對象，通常由 N 維屬性向量表示，$\boldsymbol{x}_i=(x_{i1},x_{i2},\cdots,x_{iN})$，其中每一維表示一個屬性，$N$ 表示屬性向量的維度。屬性是對象的抽象表示，從多元統計學的角度，第 i 個屬性對應於（總體）隨機變數X_i，而資料集 S 是（總體）隨機向量 $\boldsymbol{X}=(X_1,X_2,\cdots,X_N)$的 M 個觀測值組成的樣本，這裡所討論的變數均為連續型隨機變數。

3.2 資料規範化

3.2.1 資料規範化規則

資料規範化是指根據規則將資料集 S 的屬性資料進行縮放，使其落入特定區間。資料規範化可以消除不同屬性的量綱差異對資料分析結果的影響。實踐證明，對於採用反向傳播學習演算法的多層感知機神經網路，對訓練元組中度量每個屬性的輸入值進行規範化有助於加快學習速度；對於 K 均值聚類，資料規範化可以讓所有的屬性具有相同的權重。因此，資料規範化是資料分析的必要準備步驟。本節介紹兩種最常用的資料規範化方法[24]，最大最小規範化和 z-score 規範化。

（1）最大最小規範化

$$x'_{li}=\frac{x_{li}-\min_{X_i}}{\max_{X_i}-\min_{X_i}}(\text{new\_max}_{X_i}-\text{new\_min}_{X_i})+\text{new\_min}_{X_i} \quad (3\text{-}1)$$

其中，x_{li}是變數 X_i 第 l 個觀測值，即資料集中第 l 條記錄的屬性 i 的取值；$[\min_{X_i},\max_{X_i}]$是隨機變數 X_i 在資料集 S 中的分布區間；$[\text{new_min}_{X_i},\text{new_max}_{X_i}]$是隨機變數 X_i 規範化後的分布區間。通常會把所有變數 X_i 歸一化在［0，1］區間內，以消除量綱的影響。

（2）z-score 規範化

$$x'_{li}=\frac{x_{li}-\mu_{X_i}}{\sigma_{X_i}} \quad (3\text{-}2)$$

其中，μ_{X_i}是隨機變數 X_i 的平均值；σ_{X_i}是隨機變數 X_i 的標準差。

3.2.2 變數異常值校正

在單個變數上，製造資料所包含的噪音展現在變數的資料值與其變數的總體分布產生偏離，這樣的資料稱之為異常值。這些異常值會嚴重影響規範化之後的資料分布的偏度。特別是最大最小規範化對變數異常值尤為敏感，z-score 規範化的結果也會受異常值影響。本章將採用 Rule 3.1 對變數異常值進行校正。

Rule 3.1：

$$\text{If } x_{li} > \text{ub}_{Xi}, \text{Then } x_{li} = \text{ub}_{Xi}$$

$$\text{If } x_{li} < \text{lb}_{Xi}, \text{Then } x_{li} = \text{lb}_{Xi}$$

在 Rule 3.1 中，ub_{Xi}和lb_{Xi}分別是變數 X_i 的上界和下界，用來校正變數的異常值。由於歷史資料量達到了一定規模，因此無法採用適用於小樣本的散點圖法和假設檢驗法來探測變數的異常值。對於ub_{Xi}和lb_{Xi}，本節介紹 3σ 法和四分展布法。

(1) 3σ 法

由切比雪夫不等式可知：$P(|X_i - \mu_{Xi}| \geqslant \varepsilon) \leqslant \sigma_{Xi}/\varepsilon^2$，當 $\varepsilon = 3\sigma_{Xi}$，則 $P(|X_i - \mu_{Xi}| \geqslant 3\sigma_{Xi}) \leqslant \sigma_{Xi}/9\sigma_{Xi}^2$，當 X_i 服從正態分布時，$P(|X_i - \mu_{Xi}| \geqslant 3\sigma_{Xi}) = 0.0027$，由此可知，$X_i$ 以較大機率分布於以均值為中心的 $3\sigma_{Xi}$區間之內。因此將ub_{Xi}和lb_{Xi}設置如下：

$$\text{ub}_{Xi} = \mu_{Xi} + 3\sigma_{Xi} \tag{3-3}$$

$$\text{lb}_{Xi} = \mu_{Xi} - 3\sigma_{Xi} \tag{3-4}$$

(2) 四分展布法

在異常值校正中，標準差容易受到異常值的影響，因此基於上下分位數距離的四分展布法也是異常值校正的常用方法。$Q3_{Xi}$是變數的上四分位數，$Q1_{Xi}$是變數的下四分位數，d_F 是上下分位數距離，稱為極差。而 ub_{Xi} 和 lb_{Xi} 可設置如下：

$$d_F = Q3_{Xi} - Q1_{Xi} \tag{3-5}$$

$$\text{ub}_{Xi} = Q1_{Xi} - 1.5d_F \tag{3-6}$$

$$\text{lb}_{Xi} = Q3_{Xi} + 1.5d_F \tag{3-7}$$

3.3 資料缺失值填補

3.3.1 資料缺失值填補方法

製造資料包含的噪音亦表現為資料的不完整性，即很多記錄的屬性值空缺。如果資料集中第 i 個記錄的第 m 個屬性為缺失值，則記為$x_{im}=$ null。根據記錄是否有缺失值，可以把資料集分為完整資料集和空缺資料集。根據變數是否有缺失值，可以把變數集分為完整變數集合和空缺變數集。具體定義如下：

$$S_{\text{complete}}=\{X_i\in S \mid \forall j, x_{ij}\neq \text{null}, 1\leqslant i\leqslant M, 1\leqslant j\leqslant N\} \tag{3-8}$$

$$S_{\text{miss}}=S-S_{\text{complete}} \tag{3-9}$$

$$X_{\text{complete}}=\{X_i\in X \mid \forall l, x_{li}\neq \text{null}, 1\leqslant l\leqslant M, 1\leqslant i\leqslant N\} \tag{3-10}$$

$$X_{\text{miss}}=X-X_{\text{complete}} \tag{3-11}$$

雖然粗糙集和神經網路在處理不完備資料集方面有一定優越性，但線性迴歸、決策樹和支持向量機等基於資料的建模方法，在完整資料集上能取得更穩定的結果。因此，需要設計一種適用於製造資料的幾種缺失值填補方法。常用的缺失值填補技術可以分為以下三類。

(1) 基於規則的填補法[25]

① 全局常量填補法：對於 X_{miss}中的變數 X_i，計算其已知資料值的均值或中位數補全缺失值。這種方式在變數缺失值較多時會降低變數的方差。

② 隨機數填補法：對於 X_{miss}中的變數 X_i，透過其已知資料值推斷出 X_i 的分布，並根據該分布用隨機採樣的方式填補變數缺失值。這種方式在變數缺失值較多時會增大變數的方差。

③ 刪除變數填補法：刪除 S 中 X_{miss} 中變數對應的屬性，保留 X_{complete}所對應的屬性。這種方式會導致一定的資料丟失。

④ 刪除記錄填補法：刪除 S 中 S_{miss} 的資料記錄，保留 S_{complete}。這種方式會導致一定的資料丟失。

⑤ Hot deck 填補法：對於一個包含空值的對象，在完整資料中找到一個與它最相似的對象，然後用這個相似對象的值進行填充。不同的問題可能會選用不同的標準來判定其是否相似。該方法概念上很簡單，且

利用了資料間的關係來進行空值猜想。這個方法的缺點在於難以定義相似標準，主觀因素較多。

（2）基於模型的填補法

在基於模型的填補法中，以 $S_{complete}$ 為訓練集，$X_{complete}$ 為屬性變數，$X_{miss,i} \in X_{miss}$ 為預測變數，透過訓練和參數猜想的方法，構造預測模型 $X_{miss,i} = f_{imputate}(X_{complete})$ 來預測 S_{miss} 中 $X_{miss,i}$ 的值。根據 $f_{imputate}$ 的不同，基於模型的填補法有以下 5 種。

① 樸素貝氏填補法：樸素貝氏分類模型可填補離散型變數。透過最大似然法猜想模型參數，模型構造速度快。要求 $X_{complete}$ 中變數滿足：變數之間互相獨立且變數分布已知。

② 決策樹填補法[26]：C4.5 決策樹可以填補離散型變數。首先將變數離散化，根據變數的資訊增益選擇根節點，以遞歸的方式構造決策樹，模型構造速度較快。為了避免對 $S_{complete}$ 的過擬合，通常會採用剪枝技術對決策樹進行剪枝。

③ 線性迴歸填補法[27]：線性迴歸可填補連續性變數。透過最小二乘法猜想模型參數，模型構造速度快，但填補之後的 $X_{miss,i}$ 和 $X_{complete}$ 中變數具有較高的線性相關性。

④ 神經網路填補法[28]：神經網路可填補離散型和連續型變數。透過反向傳播法訓練網路，模型訓練速度慢。在優化模型結構和參數的前提下可以擬合出 $X_{complete}$ 和 $X_{miss,i}$ 之間的非線性關係，但也容易對 $S_{complete}$ 造成過擬合進而導致在 S_{miss} 上的填補不精確。

⑤ 支持向量迴歸填補法[29]：支持向量迴歸填補法可以用來填補連續型變數，使用完整資料集構造非線性支持向量迴歸模型來預測缺失值。支持向量迴歸模型透過序列最小優化方法訓練模型，其訓練速度和神經網路相比較快，支持向量迴歸是一個有效的填補方法。

（3）基於距離的填補法

KNN 填補法[30]：KNN 方法是一種常用的惰性學習方法。對於 S_{miss} 中的資料記錄 x_i，透過距離公式從 $S_{complete}$ 中找到和 x_i 最相似的 K 個完整資料記錄；將這 K 個資料記錄在 x_i 空缺屬性上取值的加權平均填補 x_i 的空缺屬性。在 KNN 填補法中，資料記錄之間的相似度度量只考慮 $X_{complete}$ 的變數。KNN 具有簡單、不需要訓練且精度高等優點，但每填補一個缺失值都需要遍歷整個 $S_{complete}$，填補速度較慢，因此，基於 KNN 的填補法常與聚類方法結合使用[31]。

3.3.2 Memetic 演算法和 Memetic 計算

使用智慧演算法在處理資料分析問題時，對於處理資料規模和維度大的資料集，運算智慧演算法的適應度函數會非常耗時。受資料分布的影響，有些資料集難以優化。因此如何設計性能良好、運行高效的智慧演算法是近年來一個重要的研究問題。Meme 是道金斯在其著作《自私的基因》[32]中定義的概念，中文譯法有「覓母」、「文化基因」等。一個 Meme 表示一個文化演化單元，其載體可以是一本書、一段音樂。Meme 在個體的演化過程中能夠對個體進行局部改良。Meme 和達爾文演化論中的基因是相對應的概念，生物演化可透過基因的重組和變異實現，而 Meme 的傳播可以改良多個個體，這個過程就形成了文化演化。而人類社會就是一個生物演化和文化演化相結合的演化系統。

Moscato[33]在研究旅行商（Travelling Sales Problem，TSP）問題時，發現遺傳演算法在求解 TSP 問題時，難以設計有效的交叉和變異算子來產生可行解。從而導致遺傳演算法在求解 TSP 問題時求解精度不高，求解效率低。為此，他首次在演化運算領域引入了 Meme 的概念，Meme 表示對個體的局部改良，在演算法中被表述為局部搜尋算子。實驗表明，這種將遺傳演算法和局部搜尋相結合的方式，在 TSP 問題上能有效平衡勘探（exploitation）和探測（exploration），達到更好的求解效果和效率。儘管在 TSP 問題上效果顯著，但 Memetic 演算法的概念提出後並沒受到廣泛認可，而被視為混合智慧演算法的一種表述形式。1990 年代，研究人員通常以設計高效的演算法作為目標，一方面，粒子群演算法（Particle Swarm Optimization，PSO）[34]、蟻群優化演算法（Ant Colony Optimization，ACO）[35]等帶有群體智慧特徵的智慧演算法相繼被提出，同時在演化演算法的改進和參數選擇等方面也積累了較多的成果。此外，對複雜連續函數優化，TSP 等著名問題也歸納了大量的標準測試集，並以此作為評價演算法性能的基準。而對於智慧演算法設計的研究，就是透過比較不同演算法在這些測試集上的性能來實現的。

無免費午餐定理（No Free Lunch Theorem，NFLT）[36]的提出，改變了演化運算的研究格局。NFLT 表明所有演算法（包括參數化的實例）在所有問題上的性能總和是一致的，具體用公式(3-12) 表達：

$$\sum_f P(x_m \mid f, A) = \sum_f P(x_m \mid f, B) \tag{3-12}$$

$P(x_m | f, A)$表示演算法 A 可以發現優化目標 f 最佳解的機率。$P(x_m$

$|f,B)$表示演算法 B 發現優化目標 f 最佳解的機率。式(3-12)表示，任取一對演算法 A 和 B，它們在所有問題上的性能是一致的。雖然 NFLT 的提出使得設計所謂「最佳」演算法沒有了可能性，但也揭示了對某類問題高效的演算法是存在的。因此 Memetic 演算法作為一種有效的計算範式得到重視。Memetic 演算法設計呈現兩種發展趨勢。

① 針對具體某一類問題進行演算法設計從而提出求解具體問題的 Memetic 演算法。顯然這類研究方式需要對具體問題有較為深入的理解。例如 Memetic 演算法在旅行商問題和流水工廠調度問題[37]等經典問題上取得了較為成功的應用；

② 開發和設計適用於大多數問題且具有魯棒性的演算法，以自適應協同演化 Memetic 演算法（Adaptive Coevolving Memetic Algorithm）為典型代表[38]，在自適應協同演化 Memetic 演算法中，局部搜尋算子的相關資訊被編碼到 Meme 中，在演算法運行過程中，這些 Meme 和種群一起協同演化以適應問題空間，從而保證演算法的魯棒性。在湧現出各種 Memetic 演算法的同時，對 Memetic 演算法的理論研究也日益深入。Krasnogor 將 Memetic 演算法定義為：Memetic 演算法是一種特殊的演化演算法，在其演化過程中，採用了局部搜尋算子來改進個體。Memetic 演算法的通用框架如圖 3-2 所示。

```
procedure Memetic_algorithm()
begin
population initialization
localSearch
evaluation
do
    recombination
    mutation
    evaluation
    selection
while the termination criterion is not satisfied
end
```

圖 3-2 Memetic 演算法框架偽碼

在該 Memetic 演算法框架中，除了必要的初始化（initialization），優化目標評價（evaluation）等基本元素以及重組（recombination）、變異（mutation）、選擇（selection）等演化運算的常用算子，也包含了對個體的局部搜尋（localsearch）。例如 Petalas 基於 PSO 和隨機遊走局部搜尋實現了 Memetic PSO 演算法。

根據上述定義和框架，Memetic 演算法具有兩個特徵：①Memetic 演算法首先是一種基於種群（population-based）的演化演算法；② Meme 在 Memetic 演算法表示局部搜尋。Ong[39]則在 Memetic 演算法和協同演化演算法的基礎上，從面向問題求解的角度提出了 Memetic 計算的概念，將 Memetic 計算定義為使用 Meme 來求解問題的計算範式。

Meme 在 Memetic 計算中定義為編碼於「計算表示」中的資訊單元，並以算子、學習策略、局部搜尋等形式存在。Memetic 計算透過 Meme

之間的互相合作互動實現。在 Memetic 計算中，Meme 的定義由局部搜尋擴展至任意搜尋或學習策略，交叉、變異等算子皆可稱之為 Meme。此外，Memetic 計算並不要求演算法是基於種群。由此 Memetic 計算是對 Memetic 演算法的一種泛化。

Icca[40]指出，在 Memetic 計算框架下研究的演算法都採用了多種 Meme 協同的方式實現優化，涉及較多的算子和參數設置，導致演算法設計相對複雜，因此 Icca 將奧卡姆剃刀（Ockham's Razor）的思想引入了 Memetic 計算，而 Icca 認為，在 Memetic 計算中，下述三種 Meme 對於設計簡單高效的演算法是充分和必要的。

① 長距離探測（long distance exploration）：在搜尋過程中以較大的搜尋步長或較大的變化機率產生新解。

② 中距離探測（middle distance exploration）：在搜尋過程中以適中的搜尋步長或適中的變化機率產生新解。

③ 短距離探測（short distance exploration）：在搜尋過程中以較小的搜尋步長或較小的變化機率產生新解。

1〗本章在設計面向資料分析的智慧演算法時遵循了 Icca 的設計準則，設計選取相應的 Meme，並在 Memetic 演算法和 Memetic 計算的框架下，研究了不同 Meme 之間的協同方式，提出了兩種基於種群的 Memetic 演算法：基於高斯變異和深度優先搜尋的 Memetic PSO（Gaussian Mutation and Deepest Local Search based Memetic PSO，GS-MPSO）和基於廣泛學習的 Memetic PSO（Memetic Comprehensive Learning PSO，MCLPSO）。並透過複雜函數優化問題驗證了這兩種演算法的性能和效率。

3.3.3 基於高斯變異和深度優先搜尋的屬性加權 K 近鄰缺失值填補方法（GS-MPSO-KNN）

K 近鄰是示例學習或惰性學習的一種學習方式，在缺失值填補中有廣泛應用[41]，本節採用基於賦權 KNN 的填補。為了進一步提高賦權 KNN 的預測精度，將應用基於智能演算法的特徵賦權技術。

對於 x_{im}=null 的記錄 x_i，從資料集 S 的其他記錄中，根據相似性度量選擇其 K 個最相近的記錄$\text{neighbor}_{i1},\text{neighbor}_{i2},\cdots,\text{neighbor}_{ik}$。在本節中採用賦權歐拉公式作為相似性度量方法，即賦權 K 近鄰（Weighted K Nearest Neighbors，WKNN），fw_j 表示 X_{complete}中第 j 個

屬性的權重，fw_j 的值越大則屬性 j 的權重越高。x_i 的 K 個鄰居的加權求和由式(3-13) 求得，$w_j=1/d(x_i,\text{neighbor}_{ij})$，$\hat{x}_{im}$ 是 x_{im} 的估計值。為了方便討論，本節假設只有變數 X_m 包含空缺值，即 $X_{\text{miss}}=\{X_m\}$，$X_{\text{complete}}=X-\{X_m\}$。

$$\hat{x}_{im}=\sum_{k=1}^{K} w_k\ \text{neighbor}_{ikm} / \sum_{k=1}^{K} w_k \tag{3-13}$$

$$d\ (x_i,\ x_j)\ =\sqrt{\sum_{k=1}^{D} fw_j\ (x_{ik}-x_{jk})^2} \tag{3-14}$$

本節提出基於 GS-MPSO 和 WKNN 的填補方法，GS-MPSO-WKNN 具體可以分為兩個階段：訓練和缺失值填補。

第一階段（訓練）：採用 GS-MPSO 優化每個特徵 j 的權重 fw_j 提高基於 KNN 方法預測精度。

① 編碼方式：粒子 i 的解 solution_i 被編碼成 D 維向量[42]，$\text{solution}_i=(fw_{i1},fw_{i2},\cdots,fw_{iD})$，$D=|X_{\text{complete}}|$，$fw_{ij}$ 是 solution_i 對 X_{complete} 中第 j 個變數的權重賦值，$0\leqslant fw_{ij}\leqslant 1$，$\text{solution}_i$ 是對所有屬性的權重賦值。粒子 i 的位置向量 pos_i 和最優位置 pbest_i 均可表示為 solution_i。

② 目標函數：GS-MPSO-KNN 透過調整 X_{complete} 中變數在距離公式(3-14)中的權重來擬合 S_{complete}。粒子 i 的解 solution_i 的目標函數值透過留一（Leave-One-Out）交叉驗證法確定。具體求解步驟如下。

步驟 1：對於每個 S_{complete} 中的樣本 x_i，透過其在 X_{complete} 上的賦權距離函數式(3-14) 從 S-$\{x_i\}$ 中找其 K 個最相近的鄰居 neighbor_{i1}，neighbor_{i2}，…，neighbor_{iK}。式(3-14) 中的權重 fw_j 的值賦為 fw_{ij}，即 solution_i 的第 j 個分量。

步驟 2：以 neighbor_{i1}，neighbor_{i2}，…，neighbor_{iK} 在第 m 個屬性上值的加權和作為 x_{im} 的估計值 $\hat{x}_{im}$，即式(3-13)。

步驟 3：求出所有記錄 x 在第 m 個屬性上的估計值，以預測值和實際值的最小均方差作為 solution_i 的目標函數值，即式(3-15)。

$$\text{MSE}(S_{\text{complete}})=\sqrt{\frac{\sum_{X_i\in S_{\text{complete}}}(x_{im}-\hat{x}_{im})^2}{|S_{\text{complete}}|}} \tag{3-15}$$

GS-MPSO-KNN 的目標函數流程如圖 3-3 所示。由此，透過 GS-MPSO-KNN 可以優化得到一組 D 維的特徵權重$(w_1,w_2,\cdots,w_D)$。

第二階段（缺失值填補）：針對 S_{miss} 中的每個資料記錄 x_{im}，根據式(3-14)從 S_{complete} 中找到 K 個最相鄰的資料記錄，按照式(3-13) 求得

```
function f(solution: sol)
begin
  for each x_i in S_complete
    find K nearest instance in S_complete - {x_i} for x_i by(3-13)
    /*the weight f w_j for the jth variable in X_complete is specified by jth value of sol */
    compute x̂_im for x_im by(3-12)
  endfor
  return the result of(3-14)as the value off
end
```

圖 3-3 GS-MPSO-KNN 的優化目標函數 f

該缺失值的估計量$\hat{x}_{im}$，由此完成資料集中的缺失值填補。GS-MPSO-WKNN 的實現過程如圖 3-4 所示。

```
procedure GS-MPSO-WKNN()
begin
  call GS-MPSO to evolving a vector of weights(w_1, w_2, ⋯, w_D)
  for each x_i in S_miss
    find K nearest instance in S_complete for x_i by(3-13)
    /*the weight f w_j for the jth variable in X_complete is specified by w_j */
    compute x̂_im for x_im by(3-12)
  endfor
end
```

圖 3-4 GS-MPSO-WKNN 實現僞碼

3.3.4 數值驗證

為了驗證 GS-MPSO-KNN 的填補準確性，採用製造系統中包含空缺值最多的感測器資料集 D_2 作為測試集。具體實驗驗證步驟如下。

步驟 1：對具有較大變異係數，(標準差與均值之比) 的三個感測器屬性 (X_5、X_{12}、X_{204})，按缺失值比例 10%、20%、30%、40%、50% 隨機標注缺失值。

步驟 2：調用 GS-MPSO-WKNN 或其他方法補全這組被標注缺失值。

步驟 3：根據均方誤差 (Mean Square Error，MSE) 和平均絕對誤差 (Mean Absolutely Error，MAE) 來評估填補精度。

$$\mathrm{MSE}(S_{\text{miss}})=\sqrt{\frac{\sum_{X_i \in S_{\text{miss}}}(x_{im}-\hat{x}_{im})^2}{|S_{\text{miss}}|}} \tag{3-16}$$

$$\mathrm{MAE}(S_{\text{miss}})=\frac{\sum_{X_i \in S_{\text{miss}}} |x_{im}-\hat{x}_{im}|}{|S_{\text{miss}}|} \tag{3-17}$$

為了客觀評估 GS-MPSO-WKNN 的填補精度，將 GS-MPSO-WKNN 與以下幾種方法進行比較。

① 基於模型的填補方法：線性迴歸（Linear Regression，LR）填補法，支持向量迴歸（Support Vector Regression，SVR）填補法。

② 基於距離的填補方法：KNN 填補法。

GS-MPSO-KNN 的最大疊代次數設為 100，優化目標 f 中 K 近鄰的 $K=20$，參數設置如表 3-2 所示。

表 3-2 演算法參數設置

函數	全局最佳 x^*	$f(x^*)$	搜尋空間	初始化空間
f_1	[0,0,…,0]	0	$[-100,100]^D$	$[-100,50]^D$
f_2	[0,0,…,0]	0	$[-100,100]^D$	$[-100,50]^D$
f_3	[0,0,…,0]	0	$[-100,100]^D$	$[-100,50]^D$
f_4	[0,0,…,0]	0	$[-10,10]^D$	$[-10,5]^D$
f_5	[0,0,…,0]	0	$[-100,100]^D$	$[-100,50]^D$
f_6	[1,1,…,1]	0	$[-2.048,2.048]^D$	$[-2.048,1]^D$
f_7	[0,0,…,0]	0	$[-32.768,32.768]^D$	$[-32.768,16]^D$
f_8	[0,0,…,0]	0	$[-600,600]^D$	$[-600,300]^D$
f_9	[0,0,…,0]	0	$[-100,100]^D$	$[-100,50]^D$
f_{10}	[0,0,…,0]	0	$[-0.5,0.5]^D$	$[-0.5,0.2]^D$
f_{11}	[0,0,…,0]	0	$[-100,100]^D$	$[-100,50]^D$
f_{12}	[0,0,…,0]	0	$[-5.12,5.12]^D$	$[-5.12,2]^D$
f_{13}	[0,0,…,0]	0	$[-5.12,5.12]^D$	$[-5.12,2]^D$
f_{14}	[420.96,420.96,…,420.96]	0	$[-500,500]^D$	$[-500,500]^D$
f_{15}	[1,1,…,1]	0	$[-50,50]^D$	$[-50,50]^D$
f_{16}	[1,1,…,1]	0	$[-50,50]^D$	$[-50,50]^D$

缺失值填補的結果見表 3-3～表 3-5，可以得出以下結論。

• 當缺失值比例為 10％時，SVR 填補法準確率最高，但當資料缺失值比例上升時，SVR 填補法的退化非常明顯，隨著缺失值比例的提高，學習樣本減少，會使得 SVR 預測模型陷入過擬合。

• LR 填補準確率的變化和 SVR 類似，但 LR 填補法的準確率不如 SVR 填補法，顯然，簡單的線性模型不適用於複雜感測器資料補全問題。

• KNN 填補法在缺失值比例較小的情況下和 SVR 填補法相比準確率較低，但隨著缺失值比例的提高，KNN 填補法展現出較好的魯棒性，在缺失值比例達到 20%、30%、40%、50%的情況下，都能取得穩定的填補準確率。

• 在任一種缺失值比例情況下，GS-MPSO-WKNN 和 KNN 相比都有更高的準確率，在缺失值比例為 10%時，GS-MPSO-WKNN 的填補準確率和 SVR 填補法接近。隨著缺失值比例的提高，GS-MPSO-WKNN 保持較高魯棒性的同時達到了較高的填補準確率。GS-MPSO-WKNN 使用類似 KNN 的決策方式，可以有效避免過擬合，同時充分利用完整資料，進行屬性權重的提取，對顯著影響缺失值的屬性賦予更高的權重。由此可見，GS-MPSO-WKNN 非常適合用來填補製造系統感測器的缺失值。

表 3-3　對 X_5 進行缺失值填補的結果

MSE	10%	20%	30%	40%	50%
LR	1.46E+01	3.19E+01	1.22E+02	7.76E+01	5.64E+01
SVR	1.24E+01	2.23E+01	8.48E+00	6.14E+00	4.10E+01
KNN	1.01E+01	9.49E+00	8.63E+00	7.68E+00	8.01E+00
GS-MPSO-WKNN	**8.98E+00**	**9.15E+00**	**8.16E+00**	**6.75E+00**	**7.78E+00**
MAE	10%	20%	30%	40%	50%
LR	7.93E+00	9.66E+00	6.03E+00	1.12E+01	9.89E+00
SVR	**7.16E+00**	8.17E+00	**5.49E+00**	6.19E+00	8.41E+00
KNN	8.14E+00	7.73E+00	6.85E+00	5.97E+00	6.18E+00
GS-MPSO-WKNN	7.18E+00	**7.38E+00**	6.49E+00	**5.17E+00**	**5.95E+00**

表 3-4　對 X_{12} 進行缺失值填補的結果

MSE	10%	20%	30%	40%	50%
LR	4.47E+00	9.44E+01	8.61E+01	7.04E+01	9.77E+01
SVR	**3.20E+00**	1.22E+01	2.03E+01	1.70E+01	8.12E+01
KNN	3.39E+00	2.88E+00	2.68E+00	2.52E+00	2.55E+00
GS-MPSO-WKNN	3.24E+00	**2.73E+00**	**2.52E+00**	**2.37E+00**	**2.40E+00**
MAE	10%	20%	30%	40%	50%
LR	2.98E+00	1.33E+01	1.28E+01	9.34E+00	1.05E+01
SVR	**2.38E+00**	3.66E+00	4.67E+00	3.39E+00	9.21E+00
KNN	2.69E+00	2.26E+00	2.14E+00	1.98E+00	2.02E+00
GS-MPSO-WKNN	2.54E+00	**2.15E+00**	**2.01E+00**	**1.85E+00**	**1.88E+00**

表 3-5　對 X_{204} 進行缺失值填補的結果

MSE	10%	20%	30%	40%	50%
LR	1.15E+02	3.27E+02	4.53E+02	5.58E+02	6.89E+02
SVR	1.13E+02	2.96E+02	2.74E+02	5.04E+02	6.65E+02
KNN	1.14E+02	8.71E+01	7.50E+01	2.52E+01	2.55E+01
GS-MPSO-WKNN	**1.12E+02**	**8.67E+01**	**7.23E+01**	**2.37E+01**	**2.40E+01**
MAE	10%	20%	30%	40%	50%
LR	4.07E+01	6.62E+01	7.10E+01	7.47E+01	8.56E+01
SVR	**3.85E+01**	6.00E+01	5.01E+01	6.29E+01	7.56E+01
KNN	4.66E+01	4.18E+01	3.81E+01	3.63E+01	3.53E+01
GS-MPSO-WKNN	4.26E+01	**3.94E+01**	**3.29E+01**	**3.18E+01**	**3.02E+01**

3.4 基於資料聚類分析的異常值探測

3.4.1 基於資料聚類的異常值探測

資料聚類或聚類分析是將資料記錄分配給不同的聚類簇，同屬一個聚類簇的資料具有較高相似度，而分屬不同聚類簇的資料相似度較低。聚類是探測性資料探勘的重要任務，在資料分析的很多領域都有較高應用，將資料集 S 聚成 K 類可定義為對資料集 S 進行 K 塊劃分，以 Partition_K 表示對資料集的聚類結果，即：

$\text{Partition}_K=(\text{Cluster}_1,\text{Cluster}_2,\cdots,\text{Cluster}_K)$，$\forall k,\text{Cluster}_k\subseteq S$，$1\leqslant k\leqslant K$

並且滿足如下約束：

$$\forall k,\text{Cluster}_k\neq\varnothing,1\leqslant k\leqslant K$$

$$\text{Cluster}_i\cap\text{Cluster}_j=\varnothing,1\leqslant i,j\leqslant K,i\neq j$$

$$\bigcup_{k=1}^{K}\text{Cluster}_k=S$$

上述定義的聚類通常被稱為硬聚類。在硬聚類中，每個資料隸屬於特定的聚類簇。聚類是透過聚類演算法根據相似度度量實現的，聚類的結果則透過聚類準則進行評估。通常，聚類準則也是根據相似度度量定義的，本節將採用式(3-18) 所述的歐式距離作為相似度度量方法，並採用式(3-19) 作為聚類準則，其中，centroid_j 是 Cluster_j 的聚類中心。$J(\text{Partition}_K)$ 的值越小，表示每個聚類簇的內聚性越高。

$$d(X_i,X_j)=\sqrt{\sum_{k=1}^{p}(x_{ik}-x_{jk})^2} \tag{3-18}$$

$$J(\text{Partition}_K)=\frac{\sum_{\text{Cluster}_j}\in \text{Partition}_K\left[\sum_{x_i\in \text{Cluster}_j} d(x_i,\text{centroid}_j)\right]/|\text{Cluster}_j|}{K} \tag{3-19}$$

基於聚類的異常值探測可透過 Rule 3.2 實現，當資料樣本和聚類中心的距離超過一定閾值時，則認為該樣本為異常值。距離閾值 α 可定義為 3 倍聚類中心平均聚類，見式(3-20)。

Rule 3.2：

$$\text{If } x_i\in \text{Cluster}_k \wedge d(x_i,\text{centroid}_k)>\alpha,\text{Then } x_i \text{ is outlier}$$

$$\alpha=3*\left[\sum_{x_i\in \text{Cluster}_j} d(x_i,\text{centroid}_j)\right]/|\text{Cluster}_j| \tag{3-20}$$

3.4.2 *K* 均值聚類

K 均值聚類是最簡單且最常用的聚類演算法之一[43]，其中聚類個數 *K* 由使用者指定。具體步驟如下。

步驟 1：對於聚類簇Cluster_1，Cluster_2，…，Cluster_K，初始聚類中心為（centroid_1，centroid_2，…，centroid_K）。

步驟 2：將 S 中的每個資料 x_i 分配給能最小化 $d(x_i,\text{centroid}_j)$ 的聚類簇 Cluster_j；

步驟 3：對每個聚類簇，採用式(3-21）更新其聚類中心：

$$\text{centroid}_j=\frac{1}{|\text{Cluster}_j|}\sum_{x_i\in \text{Cluster}_j} x_i \tag{3-21}$$

步驟 4：重複疊代步驟 3 和步驟 4，直至所有聚類簇的聚類中心不再變化。

由上述步驟可知，*K* 均值聚類是一個疊代分配資料並更新聚類簇中心的過程。*K* 均值的具體實現過程如圖 3-5 所示。

K 均值演算法簡單快速，應用極廣，但存在如下不足：

① 聚類個數 *K* 選擇不當會導致較差聚類效果；

② 聚類效果一定程度上取決於選擇的相似度度量方法；

③ 聚類結果對初始 *K* 個聚類中心敏感。

K 一般透過試湊法進行調節，而相似度度量的選擇依賴於資料集的先驗知識。*K* 均值演算法對初始聚類敏感容易使聚類準則函數陷入局部最佳，而優化方法可以用於初始聚類中心設置，減弱演算法對初始聚類中心的敏感，進一步最小化聚類準則函數。

```
procedure KMEANS(K initial centroids: centroid1, centroid2, …, centroidK)
  do
    for i=1 to K
      Clusteri=Φ
    endfor
    for i=1 to M
      find the cluster Clusterj that minimize d(xi, centroidj)
      Clusterj={xi} ∪Clusterj
  endfor
    for i=1 to K
      recalculate the centroidj according to(3-19)
    endfor
  while(the stop criterion is not met)
end
```

圖 3-5　*K* 均值演算法實現偽碼

3.4.3 基於 GS-MPSO 和 *K* 均值聚類的資料聚類演算法（GS-MPSO-KMEANS）

GS-MPSO 中使用深度優先搜尋，在高維問題優化中效率不高，因此，將 GS-MPSO 的深度優先搜尋更換成基於廣泛學習的 Memetic PSO 中採用的基於模擬退火局部搜尋 SA_local_search，即得 GS-MPSO-KMEANS：

① 長距離探測：帶壓縮因子 PSO。

② 中距離探測：高斯變異算子。

③ 短距離探測：基於模擬退火的局部搜尋。

GS-MPSO-KMEANS 採用和 GS-MPSO 相同的 meme 協同互動策略，在 PSO 演化的每一代，SA_local_search 只應用於希望粒子，對有希望的區域進行細粒度的搜尋。而變異算子只應用於停滯粒子，由於停滯粒子無法從其鄰居中改進其 $pbest_i$，從而使得停滯粒子產生跳躍，搜尋新的區域。

GS-MPSO-KMEANS 是基於 GS-MPSO 和 KMEANS 的聚類演算法，透過優化 KMEANS 的初始聚類中心最小化聚類準則函數。

① 編碼方式：粒子 i 的解被編碼成 D 維向量，$D=K*N$，K 為聚類簇的個數，N 為資料維度[44]。$solution_i=(centroid_{i1}, centroid_{i2}, \cdots, centroid_{iK})$，$centroid_{iK}$ 是 $solution_i$ 對第 k 個聚類簇的聚類中心 $centroid_k$ 的初始化賦值，粒子 i 的解給定了每個聚類簇聚類中心的初始值。粒子 i 的位置向量 pos_i 和最佳位置 $pbest_i$ 均可表示為 $solution_i$。

② 目標函數：GS-MPSO-KMEANS 透過調整 KMEANS 的初始聚類中心來優化聚類準則 $J(Partition_K)$ 以提高變數聚類的品質。容易將粒子 i 的

解分解成 K 個聚類中心，$centroid_{i1}, centroid_{i2}, \cdots, centroid_{iK}$，以 $centroid_{i1}, centroid_{i2}, \cdots, centroid_{iK}$ 為參數調用 KMEANS 可得變數聚類 $Partition_K$ 及其聚類準則 $J(Partition_K)$，以 $J(Partition_K)$ 為目標函數值。

根據上述討論，圖 3-6 給出了 GS-MPSO-KMEANS 的目標函數流程。

```
function f(solution: sol)
begin
   decompose sol and get centroid_1, centroid_2, …, centroid_K
   Partition_K=KMEANS(centroid_1, centroid_2, …, centroid_K)
   return the result of J(Partition_K)as the value off
end
```

圖 3-6　GS-MPSO-KMEANS 的目標函數 f 實現偽碼

3.4.4 數值驗證

本節採用 D_1、D_2 資料集驗證 GS-MPSO-KMEANS 的聚類性能。聚類個數分別設為 5、10、15。將 KMEANS 與 cf-PSO-KMEANS 及 GS-MPSO-KMEANS 進行比較，其中 cf-PSO-KMEANS 是基於 cf-PSO 和 KMEANS 資料聚類演算法。

GS-MPSO-KMEANS 的最大疊代次數設為 100，其餘參數設置與表 3-2保持一致。對每個資料集，各演算法均運行 100 次。各演算法對聚類準則函數優化值的均值與方差如表 3-6 所示。

透過表 3-6 可知，不含優化初始聚類中心的 KMEANS 在優化聚類準則方面和另兩種優化初始聚類中心的智慧演算法 cf-PSO-KMEANS 和 GS-MPSO-KMEANS 相比有較大差距。當聚類個數增加時，GS-MPSO-KMEANS 和 cf-PSO-KMEANS 都能找到更緊湊的聚類進一步優化聚類準則，但 KMEANS 在聚類個數增加時無法進一步優化聚類準則。GS-MPSO-KMEANS 比 cf-PSO-KMEANS 具有更強的優化聚類準則的能力，但在 $D_1(K=5)$時，GS-MPSO-KMEANS 和 cf-PSO-KMEANS 相比提升幅度並不明顯，這是由於 D_1 的樣本數量較少，當聚類數少時，可能的聚類組合也相對較少，cf-PSO-KMEANS 在此情形下也能得到很好的優化效果。但在 $D_1(K=10)$、$D_2(K=5)$、$D_2(K=10)$、$D_2(K=20)$ 等情形下，GS-MPSO-KMEANS 的優化能力和 cf-PSO-KMEANS 相比有顯著提升，並且在提升平均聚類準則函數時，能夠有效降低方差，說明 GS-MPSO-KMEANS 是一種穩定的聚類方法。

表 3-6 資料聚類結果

演算法	$D_1(K=5)$	$D_1(K=10)$	$D_1(K=20)$	$D_2(K=5)$	$D_2(K=10)$	$D_2(K=20)$
KMEANS	1.18E+00 ±3.70E−02	1.05E+00 ±3.10E−02	1.01E+00 ±6.02E−02	2.32E+00 ±2.69E−01	2.37E+00 ±1.95E−01	2.19E+00 ±7.36E−01
GS-MPSO	**9.27E−01 ±5.04E−02**	**7.54E−01 ±6.33E−02**	**7.22E−01 ±3.18E−02**	**6.17E−01 ±6.04E−02**	**5.03E−01 ±5.34E−02**	**4.48E−01 ±8.50E−02**
cf-PSO	9.34E−01 ±5.71E−02	8.28E−01 ±3.80E−02	7.34E−01 ±4.36E−02	6.53E−01 ±1.19E−01	5.34E−01 ±7.12E−01	4.92E−01 ±7.12E−01

3.5 基於變數聚類的冗餘變數檢測

3.5.1 主成分分析

在變數聚類中，通常透過主成分分析（Principle Component Analysis，PCA）[45]求得一組變數的第一主成分作為這組變數的聚類中心。PCA 是一種常用降維方法，可以使用較少的屬性代替原來較多的屬性，而這些較少的屬性可以盡可能多地反映原來較多屬性的資訊，且相互之間線性無關。本質上 PCA 是透過座標變換實現的，資料沿著新的座標軸可以實現方差最大化，而資料在這些座標軸上的投影就是主成分。PCA 的基本原理如下。

已知資料集 $S=\{x_i\}_{i=1}^{M}$，$x_i \in R^N$，PCA 透過變換式(3-22) 將樣本 x_i 變換成 x_i'

$$x_i' = x_i \boldsymbol{U}' \tag{3-22}$$

其中，$\boldsymbol{U}'$是從 $\boldsymbol{U}$ 選取部分列的子陣，$\boldsymbol{U}$ 是一個 $N\times N$ 維正交矩陣，第 j 列 $\boldsymbol{U}_j$ 是樣本協方差矩陣 $\boldsymbol{C}$ 的第 j 個特徵向量。

$\boldsymbol{C}$ 是資料集 S 的樣本協方差矩陣，$\boldsymbol{C}=(c_{ij})_{N\times N}$，$c_{ij}$ 定義見式(3-23)。

$$c_{ij} = \frac{1}{M-1}\sum_{k=1}^{M}(x_{ki}-\mu_{Xi})(x_{kj}-\mu_{Xj}) \tag{3-23}$$

由式(3-23) 可知，$\boldsymbol{C}$ 是一個實對稱矩陣，由實對稱矩陣的性質可知：$\boldsymbol{C}$ 有 N 個實特徵根（含重根），特徵向量都是實向量，且不同特徵值對應的特徵向量是正交的。由特徵值分解可得式(3-24)。

$$\lambda_j \boldsymbol{U}_j = \boldsymbol{C}\boldsymbol{U}_j, j=1,2,\cdots,N, \lambda_1 \geqslant \lambda_2 \geqslant \cdots \geqslant \lambda_N \tag{3-24}$$

其中，λ_j 是 $\boldsymbol{C}$ 的特徵值，$\boldsymbol{U}_j$ 是 λ_j 對應的特徵向量。令 $\lambda_1 \geqslant \lambda_2 \geqslant \cdots \geqslant \lambda_N$，則 $\boldsymbol{U}=(U_1, U_2, \cdots, U_N)$ 根據對應特徵值由大到小排列。S 在 U_1 方向的投影具有最大方差，S 在 U_2 方向投影具有第二大的方差，以此類推。特徵向量之間是兩兩正交的，根據相應特徵值大小從 $\boldsymbol{U}$ 中篩選出 T 個特徵向量，$\boldsymbol{U}'=(U_1, U_2, \cdots, U_T)$，降維後的資料集就是 S 在 $\boldsymbol{U}'$ 上的投影。

$$S' = S\boldsymbol{U}' \tag{3-25}$$

根據上述原理，容易歸納出第一主成分的求解步驟如下。

步驟 1：求得樣本資料集 S 的樣本協方差矩陣 $\boldsymbol{C}$。

步驟 2：根據 Jacobi 疊代法計算 $\boldsymbol{C}$ 的特徵值，$\lambda_1 \geqslant \lambda_2 \geqslant \cdots \geqslant \lambda_N$。

步驟 3：選取最大特徵值 λ_1 對應的特徵向量 $\boldsymbol{U}_1$。

步驟 4：計算樣本資料在 $\boldsymbol{U}_1$ 的投影，得到第一主成分（First Principle Component，FPC）：$\mathrm{FPC}(S) = S\boldsymbol{U}_1$。

基於上述討論，第一主成分的實現偽碼如圖 3-7 所示。

```
function FPC(Dataset: S)
begin
   compute covariance matric C for S
   compute eigenvalues λ1, λ2, ⋯, λN for C, and λ1⩾λ2⩾⋯⩾λN
   get eigenvectors U1, U2, ⋯, UN
   return the SU1 as the first principle component of S
end
```

圖 3-7 第一主成分的實現偽碼

3.5.2 基於 K 均值聚類和 PCA 的變數聚類

變數聚類是探測型資料探勘的一種方法，透過將線性相關性較強的變數聚成一類從而實現冗餘變數檢測。將變數聚成 K 類可定義為對變數集合 X 進行 K 塊劃分，本節用 $\mathrm{Partition}_K$ 表示對變數集的聚類結果。

$$\mathrm{Partition}_K = (\mathrm{Cluster}_1, \mathrm{Cluster}_2, \cdots, \mathrm{Cluster}_K),$$
$$\forall k, \mathrm{Cluster}_K \subseteq X, 1 \leqslant k \leqslant K$$

並且滿足如下約束：

$$\forall k, \mathrm{Cluster}_k \neq \varnothing, 1 \leqslant k \leqslant K$$
$$\mathrm{Cluster}_i \cap \mathrm{Cluster}_j = \varnothing, 1 \leqslant i, j \leqslant K, i \neq j$$
$$\bigcup_{k=1}^{K} \mathrm{Cluster}_k = X$$

同屬一個聚類簇的變數之間具有較強的相關性，而分屬不同聚類簇的變數之間的相關性較弱。最著名的變數聚類工具是 SAS 軟體中的 VARCLUS 過程[46]，本節主要介紹基於 K 均值聚類的變數聚類演算法 KMEANSVAR。KMEANSVAR 對變數之間的距離度量，聚類簇的聚類中心更新以及聚類準則定義如下。

① 距離：透過 Pearson 相關係數式(3-26) 定義變數之間的距離 $d(.)$，如式(3-27)所示。相關性越高，變數之間的距離越近；相關性越小，變數之間的距離越遠。

$$\text{Pearson}(X_i, X_j)=\frac{\sum_{k=1}^{M}(x_{ki}-\mu_{Xi})(x_{kj}-\mu_{Xj})}{\sqrt{\sum_{k=1}^{M}(x_{ki}-\mu_{Xi})^2}\sqrt{\sum_{k=1}^{M}(x_{kj}-\mu_{Xj})^2}} \tag{3-26}$$

$$d(X_i, X_j)=1-\text{Pearson}(X_i, X_j)^2 \tag{3-27}$$

② 聚類中心更新：求得同屬一類聚類簇的變數的第一主成分，更新聚類中心。

$$\text{Cluster}_k=\{X_{k1}, X_{k2}, \cdots, X_{kP}\}$$

資料集 S_{Cluster_k} 是由隨機向量 $(X_{k1}, X_{k2}, \cdots, X_{kP})$ 中 M 個觀測值組成的樣本資料，即在原資料集 S 上保留 $X_{k1}, X_{k2}, \cdots, X_{kP}$ 所對應的屬性並刪除其他屬性。根據上述第一主成分方法，以 $\text{FPC}(S_{\text{Cluster}_k})$ 作為 Cluster_k 的新的聚類中心。

③ 聚類準則：透過上述對變數相似度定義和變數聚類中心的更新規則，可以定義聚類準則來度量變數聚類的品質，良好的聚類會使得聚類準則最大化。聚類簇 Cluster_k 的同質性 $H(\text{Cluster}_k)$ 可透過聚類簇的成員變數和聚類中心 Pearson 相關性的平方和來度量，見式(3-28)，其中 centroid_k 就是聚類簇 Cluster_k 的聚類中心。

$$H(\text{Cluster}_k)=\sum_{X_{ki}\in \text{Cluster}_k}\text{Pearson}^2(X_{ki}, \text{centroid}_k) \tag{3-28}$$

聚類的同質性 $H(\text{Partition}_k)$：透過對該聚類形成的所有聚類簇的同質性指標求和得到式(3-29)。

$$H(\text{Partition}_k)=\sum_{\text{Cluster}_k\in \text{Partition}_k}H(\text{Cluster}_k) \tag{3-29}$$

基於上述討論，KMEANSVAR 可以透過如下步驟實現。

步驟 1：初始化 K 個聚類簇 Cluster_1，Cluster_2，…，Cluster_K 的聚類中心 $\text{centroid}_1, \text{centroid}_2, \cdots, \text{centroid}_K$。

步驟 2：清空每個聚類簇。

步驟 3：對於變數集 X 中每個變數 X_i，透過式(3-30) 求得 X_i 最近的聚類 $\text{Cluster}_{\text{nearest}}$，並將其分配給 $\text{Cluster}_{\text{nearest}}$。

$$\text{Cluster}_{\text{nearest}}=\text{argmin}_{\text{Cluster}_k\in \text{Partition}_k}(d(X_i, \text{Cluster}_k)) \tag{3-30}$$

$$\text{Cluster}_{\text{nearest}}=\text{Cluster}_{\text{nearest}}\cup X_i \tag{3-31}$$

其中，變數與聚類簇的距離定義為變數與聚類中心的距離，即

$$d(X_i,\text{Cluster}_k)=d(X_i,\text{centroid}_k)$$

步驟 4：對於聚類簇 Cluster_k，透過求得其成員變數的第一主成分 $\text{FPC}(S_{\text{Cluster\_}k})$ 作為聚類簇 Cluster_k 的新聚類中心 centroid_k。

步驟 5：反覆疊代步驟 2～步驟 4，直至每個聚類簇的聚類中心不再變化或達到最大疊代次數。

基於上述討論，KMEANSVAR 實現偽碼如圖 3-8 所示。

```
procedure KMEANSVAR(K initial centroids: centroid_1, centroid_2, ···, centroid_K)
  do
    for k=1 to K
      Cluster_k=∅
    endfor
    for i=1 to N
      Cluster_nearest=argmin_{Cluster_k ∈ Partition_k}(d(X_i, Cluster_k))
      Cluster_nearest={x_i} ∪ Cluster_nearest
  endfor
    for k=1 to K
      recalculate the centroid_K by FPC(S_Cluster_k)
    endfor
  while(the stop criterion is not met)
  return Partition_K={Cluster_1, Cluster_2, ···, Cluster_K} as result
end
```

圖 3-8　KMENASVAR 實現偽碼

3.5.3 基於 MCLPSO 的變數聚類演算法(MCLPSO -KMEANSVAR)

雖然基於 K 均值聚類和 PCA 的變數聚類演算法能夠對變數進行有效聚類，但和傳統的 K 均值演算法一樣，KMEANSVAR 對初始聚類中心較為敏感，容易陷入局部最佳，導致聚類效果不好。為了克服此缺點，本節提出了基於 MCLPSO 的變數聚類演算法，MCLPSO-KMEANSVAR。

① 編碼方式：粒子 i 的解被編碼成 D 維向量，$D=K*M$，K 為聚類簇的個數，M 為變數的觀測值數量。$\text{solution}_i=(\text{centroid}_{i1},\text{centroid}_{i2},\cdots,\text{centroid}_{iK})$，$\text{centroid}_{iK}$ 是粒子 i 的解 solution_i 對第 K 個聚類簇的聚類中心 centroid_k 的初始化賦值，粒子 i 的解給定了每個聚類簇聚類中心的初始值。粒子 i 的位置向量 pos_i 和最佳位置 pbest_i 均可表示

為$solution_i$。

② 目標函數：MCLPSO-KMEANSVAR 透過調整 KMEANSVAR 的初始聚類中心來優化聚類準則 $H(Partition_K)$，以提高變數聚類的效果。容易將粒子 i 的解分解成 K 個聚類中心，$centroid_{i1}, centroid_{i2}, \cdots, centroid_{iK}$，以$centroid_{i1}, centroid_{i2}, \cdots, centroid_{iK}$為參數調用 KMEANSVAR 可得變數聚類 $Partition_K$ 及其聚類準則 $H(Partition_K)$，以 $1/H(Partition_K)$ 為目標函數值。

基於上述討論，圖 3-9 中給出了 MCLPSO-KMEANSVAR 的目標函數流程。

```
function f(solution: sol)
begin
   decompose sol and get centroid1, centroid2, ···, centroidK
   PartitionK=KMEANSVAR(centroid1, centroid2, ···, centroidK)
   return the result of 1/H(PartitionK)as the value off
end
```

圖 3-9 MCLPSO-KMEANSVAR 的目標函數流程

3.5.4 數值驗證

為了驗證 MCLPSO-KMEANSVAR 的聚類性能，本節採用 D_1、D_2 資料集作驗證。聚類個數分別設為 5、10、15。將 KMEANSVAR 與 CLPSO-KMEANS 及 MCLPSO-KMEANSVAR 進行比較，其中 CLPSO-KMEANS 是基於 CLPSO 和 KMEANS 的資料聚類演算法。

MCLPSO-KMEANSVAR 的最大疊代次數設為 100，因此在 MCLPSO-KMEANSVAR 中 Chaotic_local_search 不會被調用。其餘參數設置與表 3-2 保持一致。對每個資料集，各演算法均運行 100 次。各演算法對聚類準則優化值的均值與方差如表 3-7 所示。

表 3-7 變數聚類結果

演算法	$D_1(K=5)$	$D_1(K=10)$	$D_1(K=20)$	$D_2(K=5)$	$D_2(K=10)$	$D_2(K=20)$
MCLPSO-KMEANSVAR	**3.44E+01 ±2.12E−01**	**4.45E+01 ±4.06E−01**	**5.15E+01 ±5.29E−01**	**4.36E+01 ±4.01E−01**	**6.51E+01 ±4.22E+00**	**1.02E+02 ±3.04E+00**
CLPSO-KMEANSVAR	**3.44E+01 ±2.10E−01**	4.44E+01 ±3.92E−01	5.13E+01 ±5.12E−01	4.35E+01 ±6.01E−01	6.41E+01 ±3.42 E+00	1.01E+02 ±3.04 E+00

續表

演算法	$D_1(K=5)$	$D_1(K=10)$	$D_1(K=20)$	$D_2(K=5)$	$D_2(K=10)$	$D_2(K=20)$
KMEANSVAR	3.41E+01 ±4.40E−01	4.32E+01 ±1.43E+00	4.44E+01 ±1.99E+00	3.99E+01 ±2.64 E+00	6.00E+01 ±4.64 E+00	4.94E+01 ±3.44 E+00

由表 3-7 可知，對大量高維且具有實際意義的製造系統資料集 D_1 和 D_2 進行變數聚類時，KMEANSVAR 與 CLPSO-KMEANSVAR 和 MCLPSO-KMEANSVAR 相比有較大差距，而 MCLPSO-KMEANSVAR 比 CLPSO-KMEANSVAR 具有更強的優化聚類準則的能力。但在 D_1 和 D_2 上，MCLPSO-KMEANSVAR 在聚類數為 5 的情況下幾乎沒有優勢，是因為聚類個數越少，可能的聚類組合也越少，則很容易透過智慧搜尋到較佳聚類，但 KMEANS 即使在聚類個數較少的情況下對聚類準則函數的優化結果也不理想。當聚類個數增加時，MCLPSO-KMEANSVAR 的優化能力得以展現。MCLPSO-KMEANSVAR 在優化聚類準則的同時，並不能有效降低方差。從 MCLPSO-KMEANSVAR、CLPSO-KMEANSVAR 和 KMEANSVAR 在 D_2 的聚類箱線圖分布可知，KMEANSVAR 最缺乏穩定性。CLPSO-KMEANSVAR 的求解結果的分布趨於扁平、性能更穩定；但當聚類問題複雜時（$K=10$，$K=20$），MCLPSO-KMEANSVAR 的優化結果總體優於 CLPSO-KMEANSVAR，MCLPSO-KMEANSVAR 能以更高的機率搜尋到較佳解。如圖 3-10～圖 3-12 所示。

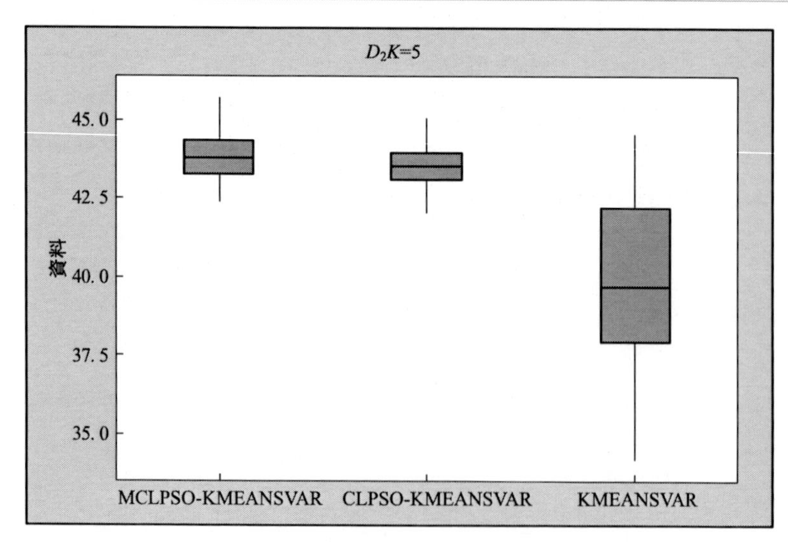

圖 3-10 MCLPSO-KMEANSVAR 等演算法在 D_2 資料集的運行結果（$K=5$）

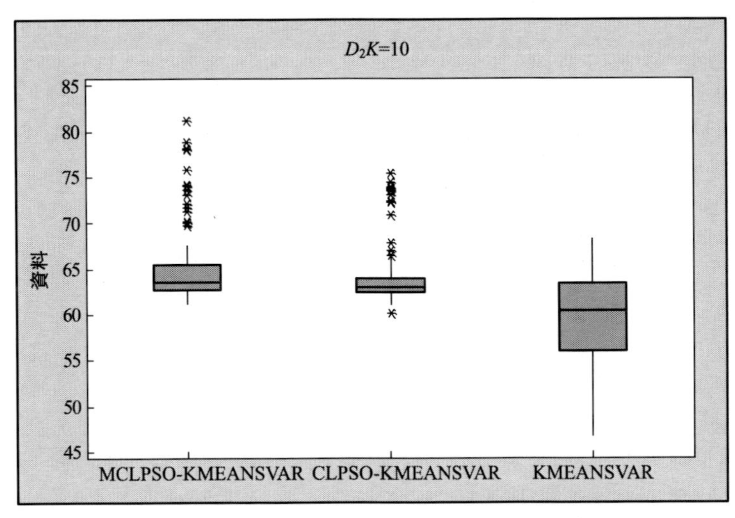

圖 3-11 MCLPSO-KMEANSVAR 等演算法在 D_2 資料集的運行結果（K＝10）

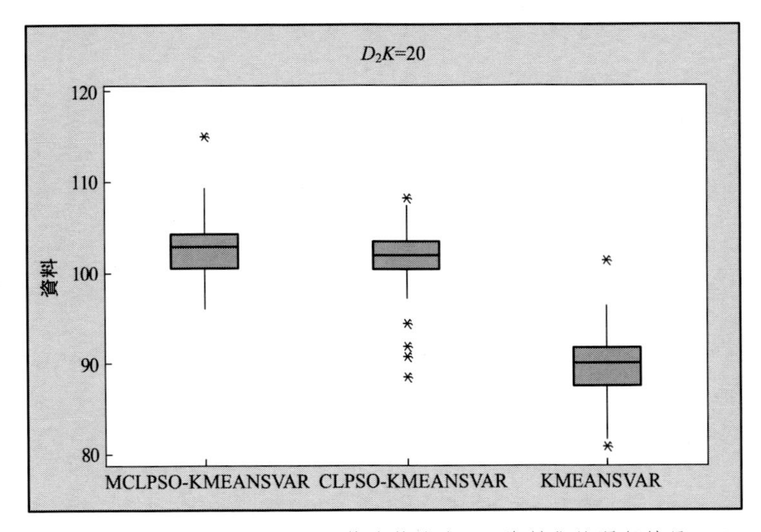

圖 3-12 MCLPSO-KMEANSVAR 等演算法在 D_2 資料集的運行結果（K＝20）

3.6 本章小結

本章重點介紹了針對資料規範化、資料清理、資料規約等問題的資料預處理技術。首先介紹了常用的基於規則的資料規範化方法。針對資料清理問題，基於 Memetic 演算法，提出了 GS-MPSO-WKNN 缺失值填補方法；提出 GS-MPSO-KMEANS 的資料聚類方法用於異常值探測。針對資料規約問題，提出了基於 MCLPSO-KMEANSVAR 的變數聚類方法用於冗餘變數檢測。基於兩個實際製造系統的資料集，驗證了上述方法在資料預處理方面的有效性。

參考文獻

[1] 吳啓迪，喬非，李莉，等．基於數據的複雜製造過程調度[J]．自動化學報，2009，35(6)：807-813.

[2] 劉民．基於數據的生產過程調度方法研究綜述[J]．自動化學報，2009(6)：785-806.

[3] 柴天佑．生產製造全流程優化控制對控制與優化理論方法的挑戰[J]．自動化學報，2009(6)：641-649.

[4] 劉強，柴天佑，秦泗釗，等．基於數據和知識的工業過程監視及故障診斷綜述[J]．控制與決策，2010，25(6)：801-807.

[5] 王紅衛，祁超，魏永長，等．基於數據的決策方法綜述[J]．自動化學報，2009，35(6)：820-833.

[6] 郜傳厚，漸令，陳積明，等．複雜高爐煉鐵過程的數據驅動建模及預測算法[J]．自動化學報，2009，35(6)：725-730.

[7] 劉穎，趙珺，王偉，等．基於數據的改進回聲狀態網絡在高爐煤氣發生量預測中的應用[J]．自動化學報，2009，35(6)：731-738.

[8] 桂衛華，陽春華，李勇剛，等．基於數據驅動的銅閃速熔煉過程操作模式優化及應用[J]．自動化學報，2009，35(6)：717-724.

[9] Kusiak A. A data mining tool for semiconductor Manufacturing [J]. IEEE Transactions on electronics packing manufacturing，2001，24(1)，44-50.

[10] Kusiak A. Decomposition in data mining an industrial case study [J]. IEEE Transactions on electronics packing manufacturing，2000，23(4)，345-353.

[11] Kusiak A. Feature transformation methods in data mining [J]. IEEE Transactions on electronics packing manufacturing，2001，24(3)：214-221.

[12] Chen Y M，Miao D Q，Wang R Z. A rough set approach to feature selection based on ant colony optimization [J]. Pattern Recognition Letters，2010，31，226-233.

[13] Shiue Y R，Su C T. Attribute selection for neural network based adaptive scheduling systems in flexible manufacturing systems [J]. International Journal of Advanced Manufacturing Technology，2002，20：532-544.

[14] Shiue Y R，Guh R S. The optimization of attribute selection in decision tree-based production control systems [J]. International Journal of Advanced Manufacturing Technology，2006，28：737-746.

[15] Shiue Y R，Guh R S. Learning based multi pass adaptive scheduling for a dynamic manufacturing cell environment，robotics [J]. Computer-Integrated Manufacturing，2006，33：203-216.

[16] Shiue Y R. Development of two-level decision tree-based real-time scheduling system under product mix variety environment [J]. Robotics and Computer-Integrated Manufacturing，2009，25：709-720.

[17] Shiue Y R，Guh R S，Tseng T Y. A GA

based learning bias selection mechanism for real time scheduling systems [J]. Expert Systems with Applications, 2009,36:11451-11460.

[18] Hu C H, Su S F. Hierarchical Clustering Methods for Semiconductor Manufacturing Data [C]//Proceedings of the 2004 IEEE International Conference on Networking, Sensing Control. Taiwan, 2004:1063-1068.

[19] Chen T. Predicting wafer-lot output time with a hybrid FCM-FBPN approach [J]. IEEE Transactions on System, Man and Cybernetics-Part B: Cybernetics, 2007, 37 (4):784-793.

[20] Chen T. An intelligent hybrid system for wafer lot output time prediction [J]. Advanced Engineering Informatics, 2007, 21:55-65.

[21] Koonce D A, Tsai S C. Using data mining to find patterns in genetic algorithm solutions to a job shop schedule [J]. Computers and Industrial Engineering 2000, 38: 361-374.

[22] Li X N. Application of data mining in scheduling of single machine system [Ph. D. dissertation]. Lowa State University, USA, 2006.

[23] Rafinejad S N, Ramtin F, Arabani A B. A new approach to generate rules in genetic algorithm solution to a job shop schedule by fuzzy clustering [C]//Proceedings of the World Congress on Engineering and Computer Science. USA, 2009.

[24] Han J, Kamber M, Pei J. Data mining: concepts and techniques[M]. San Francisco: Morgan kaufmann, 2006.

[25] 劉雲霞. 數據歸約的統計方法研究及應用[D]. 廈門:廈門大學, 2007.

[26] Lakshminarayan K, Harp S A, Goldman R P, et al. Imputation of Missing Data Using Machine Learning Techniques [C]//KDD. 1996:140-145.

[27] Royston P. Multiple imputation of missing values [J]. Stata Journal, 2004, 4: 227-241.

[28] Nelwamondo F V, Mohamed S, Marwala T. Missing data: A comparison of neural network and expectation maximisation techniques [J]. arXiv preprint arXiv: 0704. 3474, 2007.

[29] Wang X, Deng X, Liu Y, et al. A method for missing data interpolation by SVR. Electrical & Electronics Engineering (EEESYM), 2012 IEEE Symposium on. IEEE, 2012:132-135.

[30] García-Laencina P J, Sancho-Gómez J L, Figueiras-Vidal A R, et al. K nearest neighbours with mutual information for simultaneous classification and missing data imputation. Neurocomputing, 2009, 72(7):1483-1493.

[31] Keerin P, Kurutach W, Boongoen T. Cluster-based KNN missing value imputation for DNA microarray data [C]//Systems, Man, and Cybernetics (SMC), 2012 IEEE International Conference on. IEEE, 2012:445-450.

[32] Dawkins R, The Selfish Gene. New York: Oxford Univ Press, 1976.

[33] Moscato. On evolution, search, optimization, GAs and martial arts: toward memetic algorithms. California Inst Technol, Pasadena, CA, Tech Rep Caltech Concurrent Comput Prog Rep, 1989:826

[34] Kennedy J, Eberhart R C. Particle swarm optimization. In Proceedings of IEEE International Conference on Neural Networks, IV, 1995:1942-1948.

[35] Dorigo M, Maniezzo V, Colorni A. Ant system: optimization by a colony of coop-

erating agents. IEEE Transactions on Systems, Man, and Cybernetics-Part B, 1996,26(1):29-41.

[36] Wolpert D H, Macready W G. No free lunch theorems for optimization. IEEE Trans Evol Comput,1997,1:67-82.

[37] Liu B, Wang L, Jin Y H. An effective PSO-based memetic algorithm for flow shop scheduling[J]. Systems, Man, and Cybernetics, Part B: Cybernetics, IEEE Transactions on,2007,37(1):18-27.

[38] Smith J E. Coevolving memetic algorithms: a review and progress report [J]. Systems,Man,and Cybernetics,Part B: Cybernetics, IEEE Transactions on, 2007,37(1):6-17.

[39] Ong Y S,Lim M H,Chen X S,Research Frontier: Memetic Computation-Past, Present & Future. IEEE Computational Intelligence Magazine, 2010, 5(2): 24-36.

[40] Icca G,Neri F,Minino E. et al. Ockham's razor in memetic computing: Three stage optimal memetic exploration. Information Sciences,2012,188:17-42.

[41] Kelly J D. A hybrid genetic algorithm for classification. Proceedings of the 12th international joint conference on artificial intelligence,1991,645-650.

[42] Ren J T,Zhuo X L,Xu X L,et al. PSO based feature weighting algorithm for KNN. Computer Science, 2007 (in Chinese),34(5).

[43] Merwe D W, Engelbrecht A P. Data clustering using particle swarm optimization. IEEE Congress on Evolutionary Computation,2003,215-220.

[44] MacQueen J B. Some methods for classification and analysis of multivariate observations. In Proceedings of 5th Berkeley Symposium on Mathematical Statistics and Probability. University of California Press,1967:281-297.

[45] Jolliffe I. Principal component analysis[M]. John Wiley & Sons,2005.

[46] Sarle W S. The VARCLUS Procedure. SAS/STAT User's Guide. SAS Institute [J]. Inc,Cary,NC,USA,1990.

第4章

半導體生產線性能指標相關性分析

半導體生產線是一種加工設備繁多、工藝流程極為複雜的典型複雜製造系統。生產線上同時在加工的產品類型通常多達十幾種，這使得在製品對線上設備的使用權競爭愈加激烈。半導體生產線的調度方案和派工策略將極大影響當前生產線工況、設備排隊隊長、工件等待時間，進而全局影響整個生產線的運行效率。以上因素使得生產資料資訊冗餘度高、內聯關係複雜，進而使得性能指標之間的關係變得錯綜複雜。為了更好地利用性能指標之間的隱含關係，本章介紹了常見的半導體製造系統性能指標並對其進行了相關性分析。

4.1 半導體製造系統性能指標

性能指標是基於實際生產資料統計而得，反映當前製造系統運行效率的評價指標[1-3]。優化性能指標是研究半導體生產調度的最終目的，即提高效率、增加產能、使得整個製造系統高效良好運作[4-6]。結合相關文獻[7]，將性能指標評價體系進行歸納分類，如圖 4-1 所示。

針對半導體製造系統，按照統計週期的不同，可將性能指標分為短期性能指標和長期性能指標[8]。其中，短期性能指標透過對較短週期內的生產資料進行分析統計而得到，能夠直接而清晰地反映出當前生產線的客觀生產狀況、展現生產線運作效率，從而反映日生產計劃調度方案的優劣。長期性能指標是指需要透過較長的製造週期才能統計獲得的、能綜合展現當前生產線的日投料計劃和調度策略的實施效果[9]，是企業和客戶最為關心的指標。按照實際用途不同可進一步將評價指標細分為四類。其中，短期性能指標主要包括與生產線、設備和工件相關的指標[10]；長期性能指標主要是指與產品直接相關的指標[11]。

(1) 生產線相關的性能指標

生產線相關的性能指標能夠反映調度方案對當前生產線的調控效果，主要包括日在製品數量（Work in Process，WIP)、日移動步數（MOVE)、日出片量（Throughput，TH)、日平均移動速率（Turn）等。

在製品數量（WIP)：當前已投入半導體生產線且尚未完成全部加工步驟的工件數量總和，即生產線上的矽片總卡數或總片數。其值為各緩衝區內等待加工的工件數量與各設備上正在加工的工件數量之和，如式(4-1)

和式(4-2) 所示。

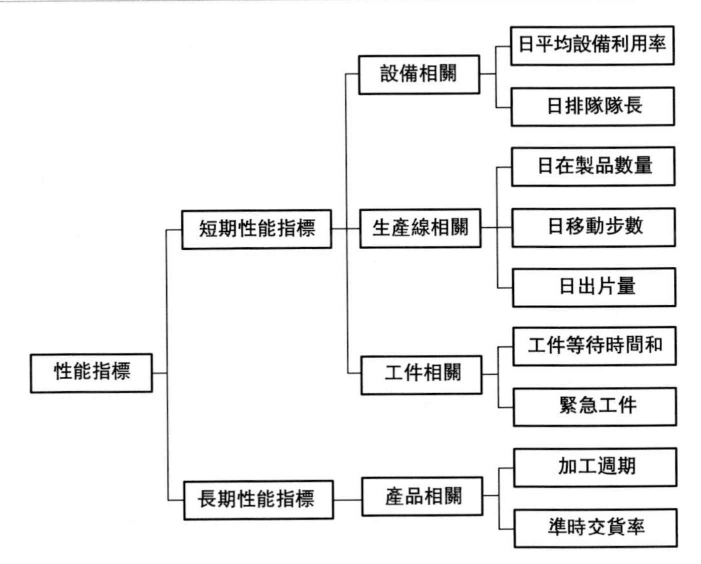

圖 4-1 半導體生產線性能指標評價體系

$$W_{\mathrm{t}}=\sum_{j=1}^{n_{\mathrm{t}}} W_{\mathrm{t},j}+W_{\mathrm{t,wait}} \tag{4-1}$$

$$W_{\mathrm{f}}=\sum_{\mathrm{t}} W_{\mathrm{t}} \tag{4-2}$$

其中，$W_{\mathrm{t},j}$ 指在設備 j 上正在加工的在製品數量；n_{t} 表示加工區 t 內的設備總數；$W_{\mathrm{t,wait}}$ 表示加工區 t 內緩衝區的在製品數；W_{t} 指加工區 t 內的在製品數量；W_{f} 表示生產線總在製品數。

日移動步數（Move）：以 24h 為統計週期，計算生產線上所有工件的移動步數，如式(4-3) 所示。某工件在某設備上完成一個加工步驟稱作一個移動。日移動量越高，表明生產線完成的加工任務越多。Move 是衡量半導體生產線性能的重要指標，其值越高，代表工件等待時間越短，生產線的加工能力越高，設備的利用率也越高。

$$\mathrm{Move}=\sum_{i}\sum_{j}\sigma_{j}\times P_{i,j} \tag{4-3}$$

Move 表示 24h 內生產線的日移動步數；σ_j 表示第 i 臺設備第 j 次加工是否完成，完成為 1，未完成為 0；$P_{i,j}$ 表示第 i 臺設備第 j 次加工的工件數量。

日出片量（TH）：當天生產線上完成所有加工步驟的工件數量，其統計方式如式（4-4）所示。

$$\mathrm{TH}_{24\mathrm{h}}=\sum_{i} W_{x=0} \tag{4-4}$$

其中，$W_{x=0}$表示生產線最後一個加工區，即測試區內所有剩餘加工步數為零的工件數。

日平均移動速率：指 24h 內平均每個工件的移動步數，其統計方式如式(4-5) 所示。

$$v_{24h} = \text{Move}/W_f \tag{4-5}$$

其中，Move 表示生產線的日移動步數；W_f表示當日在製品數量。

(2) 設備相關的性能指標

半導體製造業屬於資本密集型產業，故生產者追求設備的高效利用，包括設備利用率（Equipment Utility）和設備排隊隊長等。其中設備利用率反映了系統的實際運作效率，是與設備相關的最重要的性能指標。

日平均設備利用率(EQU_UTI)：以 24h 為統計週期，某設備實際用於加工工件的時間占當天總開機時間的比值，其統計方式如式(4-6) 所示。

$$P_u = \sum_{i=1}^{m} \frac{T_{ih}}{T_{op}} \times 100\% \tag{4-6}$$

其中，P_u指設備 u 的利用率；T_{ih}指設備第 i 次操作所需時間；m 為該設備當天的總操作次數；T_{op}指設備當天的開機時間。

日排隊隊長（QL）：以 24h 為統計週期，計算當前生產線上所有未在設備上加工、在相應緩衝區內等待加工的工件數量，其統計方式如式(4-1)中的 $W_{t,wait}$。

(3) 工件相關的性能指標

工件相關的性能指標能夠反映每卡晶圓片在生產線全生命週期中的工藝流程和加工情況，主要包括工件等待時間、當前剩餘加工步數、交貨期、是否為緊急工件等資訊。

工件等待時間：指工件投入生產線後，在所有緩衝區排隊等待加工時間之和。

$$\text{WT} = \sum_{i=1}^{n} t_i \tag{4-7}$$

其中，n 表示加工區總個數，t_i 表示在第 i 個加工區的緩衝區排隊等待加工的時間。

工件在緩衝區的等待時間總和是半導體製造中可變成本的客觀展現，能夠反映工件在整條生產線上被浪費的時間。實際生產中，可以觀察到矽片完工的事件是離散且非均勻的，這是因為矽片在加工的全生命週期中的等待時間是離散的。加工時間的長短取決於當前生產線各瓶頸設備區的擁塞程度，即每卡工件的排隊時長。瓶頸設備區的產生和擁塞程度取決於當前的調度策略、所有種類產品對瓶頸設備訪問的頻繁程度和工藝時長。而擁塞程度又決定了工件的在某設備區的等待時間。因此等待時間是當前生產方案的綜合結果，是工件相關的重要性能指標，受其他短期性能指標直接或間接影響。

(4) 產品相關的性能指標

產品相關的性能指標是和最終成品直接相關的半導體生產線性能指標，主要包括加工週期（Cycle Time）和準時交貨率（On Time Delivery Rate）等。

加工週期（CT）：矽片從投入生產線至完成所有加工步驟所需的時間。

$$CT_i = t_{i,\mathrm{out}} - t_{i,\mathrm{in}} \tag{4-8}$$

其中，CT_i 表示工件 i 的加工週期；$t_{i,\mathrm{out}}$ 表示工件 i 完成所有加工工序的時刻；$t_{i,\mathrm{in}}$ 表示工件 i 進入生產線開始準備加工的時刻。

晶圓的平均加工週期較長，通常為1～3個月不等。對加工週期的精確把握是企業保持競爭力的關鍵。半導體製造系統具有規模龐大、加工工藝複雜、流程重入性的特點，使其加工週期不僅取決於自身的工藝需要，同時還取決於當前調度方案的優劣，即加工週期將隨當前生產線即時工況的改變而變化。

準時交貨率（ODR）：反映的是該晶圓加工廠對生產任務的完成程度，通常需要更長的製造週期才能統計得到，是調度方案優劣的長期表現，其統計方式如式(4-9)所示。

$$ODR_{z,T_d} = \frac{n_1}{n_1 + n_2} \tag{4-9}$$

其中，ODR_{z,T_d} 指 T_d 週期內的 z 類產品的準時交貨率；n_1 表示 z 類產品內所有準時交貨的工件數；n_2 表示 z 類產品內所有未準時交貨的工件數。

性能指標是半導體製造系統裡調度方案與派工規則優劣的評價指標。通常這些指標的波動能快速反映出調度規則的改變。從工廠角度出發，它們是易於收集且能直觀展現生產線狀況的有價值資料。由於生產線資料繁多精細，數位化工廠資料採集頻率更高、顆粒度更精細，在帶來更全更細的資料的同時，也使得短期性能指標的內聯關係更加錯綜複雜、資料之間的耦合程度更高，給量化性能指標間的數學關係帶來了難度。

此外，長短期性能指標之間不可避免地存在一些制約關係，因此上述反映半導體生產線運行性能優劣的指標不可能同時達到最佳[12]。各類調度方案的設計和優化都是為達到各性能指標之間的折中和平衡[13]。例如，若要縮短晶圓的平均加工週期，就應當降低生產線在製品水準，從而使得工件減少等待時間；降低在製品數量可降低工廠生產運營成本，同時可以有效提高成品率；但若在製品水準過低，生產線的設備利用率會被顯著降低，從而影響日移動步數和生產率[14]。生產效率的降低將大大削弱企業的盈利能力，導致資金回籠週期成長。相反，如果在製品水準過高，雖然設備利用率、日移動步數得到了提高，但可能降低生產線移動速率，平均加工週期反而增加，降低成品率，且降低了企業資金的流動性，影響工廠的盈利能力[15]。各性能指標間的平衡是良好的調度方案所應當追求的，在此基礎上關注某些關鍵性能指標的優化，以使生產線的整體性能達到全局近似最佳[16]。因此，對性能指標的內在關聯的數學建模可量化指標間的約束關係，從而在設計調度方案更有側重性地關注某些關鍵指標，獲得全局最佳的效果。

4.2 半導體生產線性能指標的統計分析

本節將以某半導體生產企業的歷史資料為對象，進行性能指標的統計與相關性分析。資料樣本為 2013 年 1～12 月生產線資料，每隔 4h 採集一次線上 31 種類型的生產資料，以 csv 文件分別導出，每天含 6 個資料集。該生產資料集幾乎涵蓋了當前生產線的所有資訊，其中反映生產線實際狀況的主要包括在製品資訊表、設備資訊表、移動歷史資訊表和資料採集時間表。本節所關注的性能指標的統計主要基於這四張表，表 4-1中列出了每張表裡所用到的重點參數資訊。其中，在製品資訊表提供了當前時刻生產線在製品的基本資訊，以流水資訊的形式呈現；設備資訊表涵蓋了與加工相關的設備工藝資訊；移動歷史資訊表中則記錄了工件在生產線上的移動歷史；資料採集時間表記錄了本次資料集的採集時間。

表 4-1　生產資料資訊表

資料表名	參數
在製品資訊表 t_wip. csv	該卡工件卡號
	該卡工件版本號
	該卡工件所含晶圓片片數
	該卡工件目前所在站點號
	該卡工件正在執行的工藝大組號
	該卡工件的卡類型

續表

資料表名	參數
在製品資訊表 t_wip. csv	卡狀態 剩餘步數 該卡工件的合約交貨期 該卡工件進入生產線的時間
設備資訊表 t_equipment. csv	設備的描述資訊 設備所在加工區分類 設備加工能力
移動歷史資訊表 t_move_history. csv	卡號 設備號 站點 加工選單 工件出入設備時間 工件移入日期
當前資料採集時間表 t_time. csv	資料採集時間

首先對某一類型的生產資料，如在製品資訊表，把所有採集到的生產資料資訊按照時間順序合併成一張表，涵蓋該生產線指標的全年資訊。然後根據性能指標統計方式，獲取所需的長短期性能指標資料。

4.2.1 短期性能指標

(1) 在製品數量

將每日採樣的 6 個時刻資料表按表名 t_wip. csv 合併。在每一張表的屬性「卡狀態」下進行篩選，選出「卡狀態」為「正在加工」和「等待中」的卡，同時去掉重複的卡號。統計出每日在製品片數。

(2) 日移動步數

將每日採樣的 6 個時刻資料表按照表名 t_wip. csv 合併，在每張表的屬性「卡狀態」下進行篩選，選出「卡狀態」為「正在加工」的卡流水資訊。每個 MOVE 表示某工件每完成一道工序的加工，按天統計。

圖 4-2 是 WIP 與 MOVE 的全年關係趨勢圖，其中虛線擬合了它們之間變化的線性趨勢。左圖是按照時間來擬合的，表示按時間順序的全年在製品數量 WIP 和日移動步數 MOVE 的關係。右圖不考慮時間順序，

僅研究隨著在製品數量的增加，日移動步數的變化趨勢，根據趨勢線可以看到 MOVE 隨 WIP 基本成單調增加的關係。在年初生產線重新開工且無新片投入，故在製品數量很低。

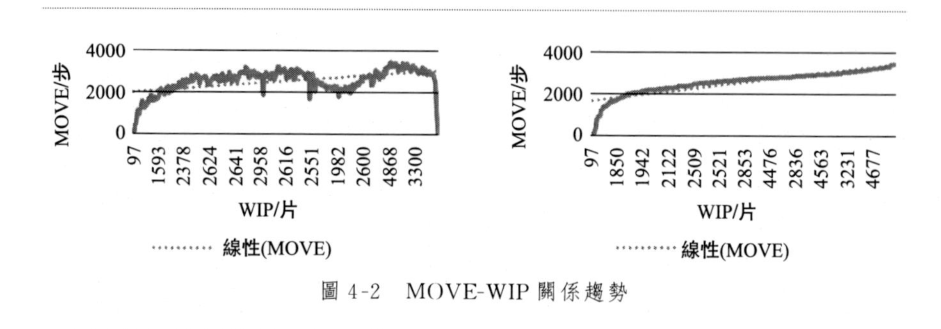

圖 4-2　MOVE-WIP 關係趨勢

(3) 排隊隊長

將每一天採樣的 6 個時刻資料下的 t_wip. csv 提取出來，在每張表的屬性「卡狀態」下進行篩選，選出「卡狀態」為「等待中」的卡。對於排隊隊長，本章對每天的 6 張 t_wip. csv 都統計一次排隊隊長，然後取平均值作為當日排隊隊長。全年 MOVE 隨 QL 數量變化如圖 4-3 所示。

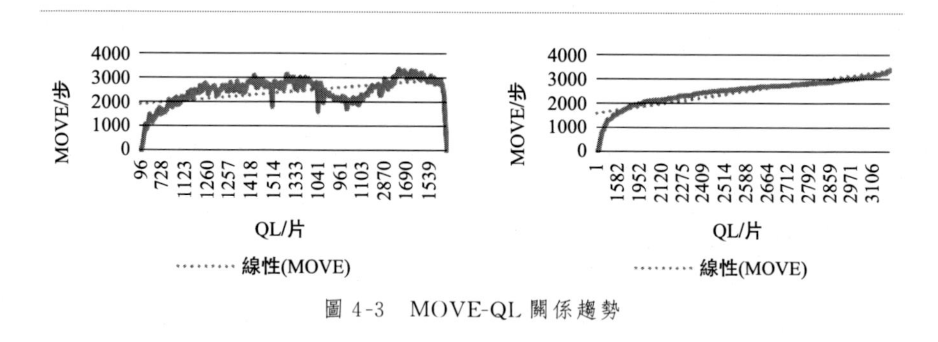

圖 4-3　MOVE-QL 關係趨勢

圖 4-3 是 QL 與 MOVE 的全年關係趨勢圖，其中虛線擬合了它們之間變化的線性趨勢。與圖 4-2 相類似，左圖按時間順序羅列；右圖不考慮時間順序，僅研究隨著在製品數量的增加，日移動步數的變化趨勢。可以看到，隨著日排隊隊長的增加，日移動步數也增多，但增加速度變緩。這說明生產線並沒有因為排隊隊長的增加而導致生產線超載，只是降低了移動速率而已。

圖 4-4 是全年日在製品數量和日排隊隊長數量，其中藍線（上方曲線）代表在製品數量走勢，橙線（下方曲線）代表日排隊隊長走勢。

由圖可以發現兩者的趨勢幾乎一致，兩者的差也基本保持穩定。兩者的差表示每天正在設備上加工的片數，說明該企業全年大部分時間的日加工片數是比較穩定的。

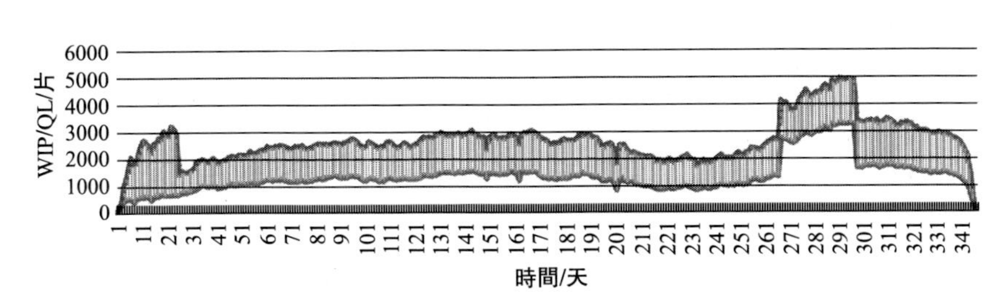

圖 4-4 全年日在製品數量和日排隊隊長（電子版）

(4) 設備利用率

對於設備利用率，在 t_move_history.csv 中可找到某工件進出設備的時間，對每個設備求出當日設備利用率，即以設備號作辨識來統計。圖 4-5 是某設備 6 月設備利用率走勢。由圖可知，設備利用率並不穩定，在一個月內隨時間推移變化起伏很大。

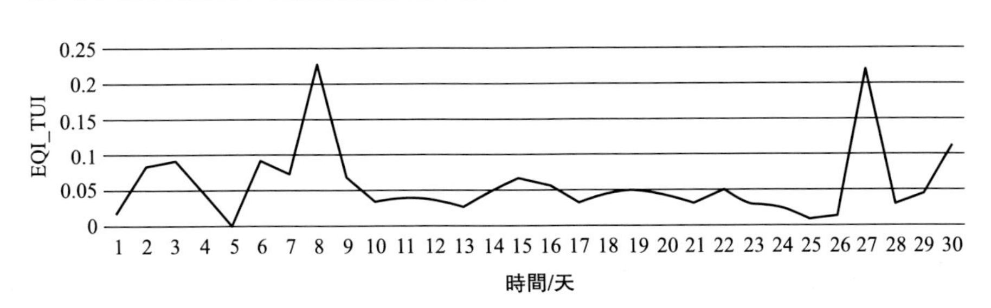

圖 4-5 某設備 6 月利用率走勢

在許多製造系統中，生產線瓶頸設備分布的潛在資料模式是單一的，即生產線上的所有瓶頸環節可抽象簡化為單一瓶頸節點的生產模型。而在另一些製造系統中，由於瓶頸設備的分散存在且瓶頸設備發生時間不穩定，會導致系統無法簡化成單瓶頸生產模型。這也意味著，不同生產模型下的生產資料的內在關係不同，應當有針對性地根據生產模型特點設計建模方法。

定義月利用率大於 60% 的設備為瓶頸設備。圖 4-6 選取了與日移動步數相關性較高的三個設備，展現了它們在全年成為生產線瓶頸的情況。「1」表示該設備月利用率大於60%，成為瓶頸設備。「0」表示該設備月利用率小於60%，為非瓶頸設備。透過對設備利用率的直接觀察，發現生產線上設備的利用率並不穩定，即並不是始終為瓶頸設備。設備利用率在全年變化起伏很大，成為瓶頸的機率並不穩定。這使得無法辨識並確定生產線瓶頸設備的潛在資料模式特徵。針對該實際半導體生產系統，其潛在的瓶頸分布模式必定符合上述兩種生產模型之一。故實際對性能指標進行預測建模時，應當就單瓶頸、多瓶頸生產模型對預測方法進行區分。

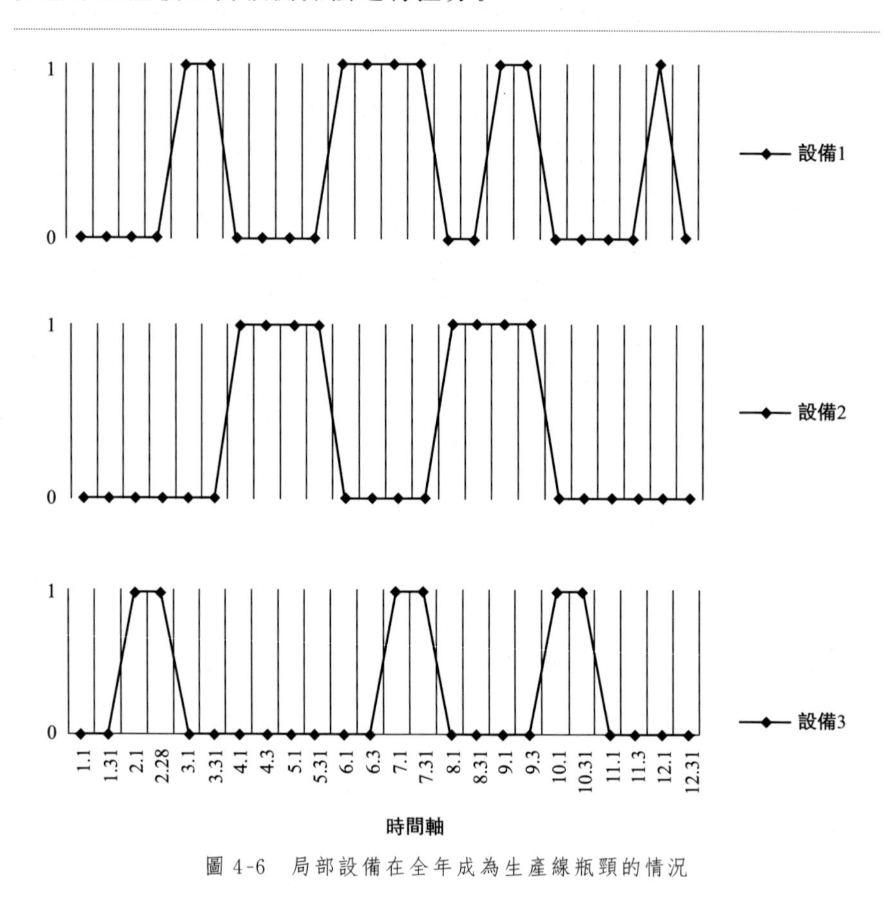

圖 4-6　局部設備在全年成為生產線瓶頸的情況

(5) 工件等待加工時間

工件等待加工時間由工件在生產線的停留時間（即加工週期）與在設備上加工時間作差而得。透過對每一卡工件在全生產週期中的資訊統計，可知該工件在所有使用設備的出入時間，透過對它們加和可得工件實際加工時間。圖 4-7 是各產品版本在生產線上的平均等待時間統計圖。

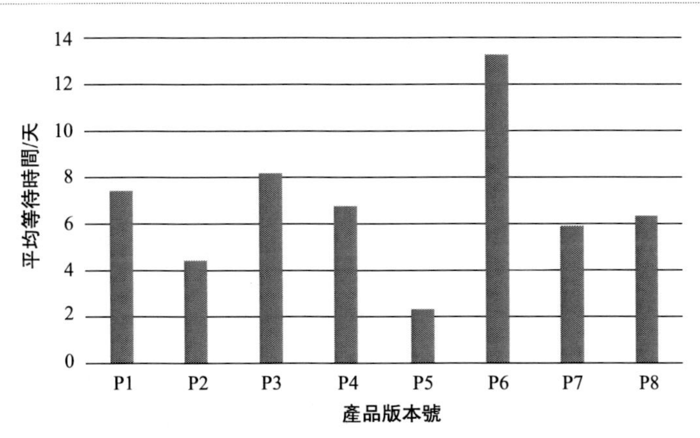

圖 4-7　各產品版本在生產線上的平均等待時間統計圖

4.2.2 長期性能指標

(1) 加工週期

合併全年的 t_equipment.csv 資料集，然後查詢出所有在測試區的設備，然後在 t_wip.csv 中篩選出符合以下條件的工件：其正在加工的設備屬於測試區且剩餘加工步數等於零的工件。記錄其流水資訊中的最後一條，同時記錄下相應的用於計算加工週期和準時交貨率的資訊（卡號、該卡所包含的晶圓片片數、資料採集時間、該卡工件進入生產線的時間和該卡工件的合約交貨期）。

$$加工週期=工件完成加工時刻-工件進入生產線時刻 \quad (4\text{-}10)$$

對於不同產品版本的每卡工件，分別統計其加工週期，並精確到天。對全年內所有完工工件的生產資料資訊，按照產品版本進行分類。圖 4-8 是各產品版本的平均加工時間統計圖。

(2) 出片量

根據上文已經得出完工卡資訊，如完工時間和該卡所包含的晶圓片片數。圖 4-9 是該生產線全年出片量統計圖。

(3) 準時交貨率

同樣根據上文已經得出的完工卡資訊作判斷。若資料採集時間不晚於該卡工件合約交貨期，則判定該卡工件準時交貨；若資料採集時間晚於該卡工件合約交貨期，則判定該卡工件拖期。

$$準時交貨率=準時交貨卡數/所有完工卡數 \quad (4\text{-}11)$$

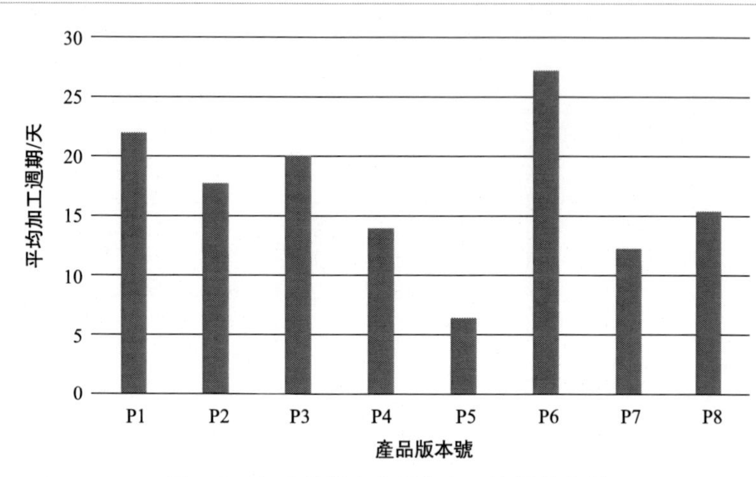

圖 4-8 各產品版本的平均加工時間統計圖

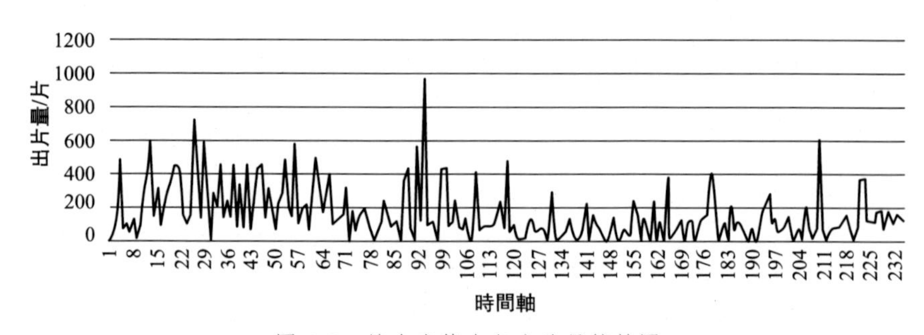

圖 4-9 該生產線全年出片量統計圖

對於不同版本的產品，如按照它的平均加工週期為該版本準時交貨率的統計週期，會導致統計出來的準時交貨率資料較少，所以用滾動的方式來生成訓練集。滾動週期為 1 天，滾動窗口為該版本產品的平均加工週期。每過一天就統計一次該版本在其平均加工週期內的準時交貨率，並記錄統計週期短期性能指標值，包括日在製品數量、日排隊隊長、日出片量和日移動步數，為後續研究做好準備。圖 4-10 是各產品版本的平均準時交貨率統計圖。由圖可知，該生產線上的 8 種產品的準時交貨率都在 90%以上，普遍較高且較穩定。

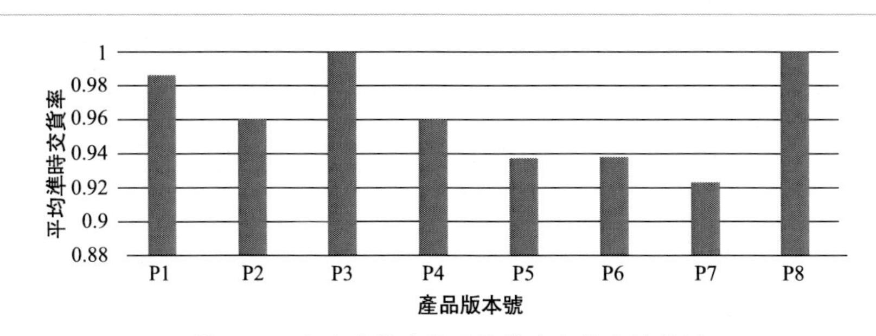

圖 4-10 各產品版本的平均準時交貨率統計圖

4.3 基於相關係數法的性能指標相關性分析

生產線中有眾多性能指標，研究它們之間的相關性是非常有必要的。本節利用相關係數分析方法來分析它們之間的相關性。

相關係數分析方法的原理描述如下。

對於矩陣 $\boldsymbol{A}$ 和 $\boldsymbol{B}$，兩者之間的相關性係數為

$$R=\frac{\boldsymbol{C}(\boldsymbol{B},\boldsymbol{A})}{\sqrt{\boldsymbol{C}(\boldsymbol{B},\boldsymbol{B})\boldsymbol{C}(\boldsymbol{A},\boldsymbol{A})}}$$

其中 $\boldsymbol{C}=\mathrm{cov}(\boldsymbol{A},\boldsymbol{B})$是指矩陣 $\boldsymbol{A}$ 和 $\boldsymbol{B}$ 的協方差。

R 的值在［−1，1］之間，其中「1」代表矩陣 $\boldsymbol{A}$ 和 $\boldsymbol{B}$ 呈最大正相關，「−1」代表兩者呈最大負相關。

本章將對兩個實際生產線進行仿真獲取相應的性能指標資料，在此基礎上分析性能指標的相關性。

① 某半導體生產線（BL6）：該生產線包含 119 臺設備，按照設備功能劃分為 19 個工作區且生產線上有 10 種工件，在 FIFO、EDD、SPT、LS 和 CR 五種派工規則以及 WIP 分別為 6000（輕載）、7000（滿載）和 8000（超載）三種工況共 15 種情況下，進行 90 天的仿真，得到仿真資料，去掉生產線前 30 天的預熱期資料，取生產線穩定後（後 60 天）的資料。

② 標準半導體生產線 MIMAC：該生產線包含 229 臺設備，按照可替換設備劃分為 104 個設備組（一個設備組中的設備均為可替換設備），且生產線上有 9 種工件。在 FIFO、EDD、SPT、LS 和 CR 五種派工規則以及 WIP 分別為 4000 片、5000 片、6000 片、7000 片和 8000 片五種工況，一共 25 種情況下，進行 90 天的仿真，得到大量資料，去掉生產線

前 30 天的預熱期資料，取生產線穩定後（後 60 天）的資料。

生產線中的所有短期性能指標均為按天得到，即一天統計一次。長期性能指標十天統計一次。

4.3.1 相關性分析框圖

如圖 4-11 所示，設計一個用相關性係數分析法處理仿真資料的框架。對半導體生產線（BL6）和標準半導體生產線（MIMAC）所得資料，分別用此框圖流程進行相關性分析。

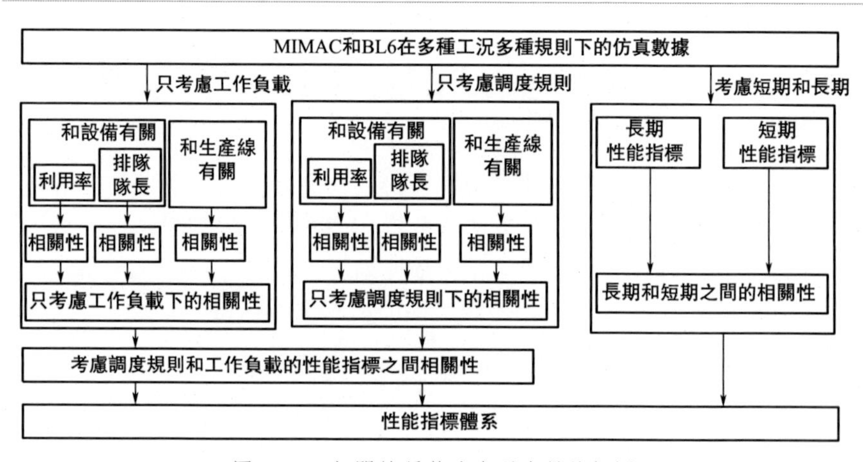

圖 4-11　相關性係數法處理資料的框圖

主要流程如下：

① 相關性分析過程被分為三個部分，前兩個部分分別是針對不同工況和派工規則，著重於短期性能指標，第三部分是考慮長期性能指標和短期性能指標之間的關係；

② 用相關性係數法分別得到各塊的相關性；

③ 進行整個生產線包括工況和派工規則結合下的相關性分析；

④ 得到長期和短期性能指標之間的相關性；

⑤ 建立性能指標體系。

4.3.2 考慮工況的性能指標相關性分析

在本章節中選取日平均利用率大於 55％的設備進行相關性分析，所選的設備如表 4-2 所示。

表 4-2 選擇出的設備以及其對應的工作區

工作區	設備名
光刻區	BL_6TELC1
	BL_6STP08
	BL_6TELC2
	BL_6TELD1
	BL_6STP09
	BL_6ADI01
	BL_6TELD2
乾刻區	BL_6GAN03
	BL_6OVN10
濕刻區	BL_6WET22
	BL_6WET21

如表 4-2 所示，選擇出的 11 個設備分布在三個加工區：光刻區、乾刻區和濕刻區。

(1) 設備相關性能指標相關性分析

針對所選擇的 11 臺設備，統計其在不同工況（輕載、滿載、超載）下的設備利用率，利用相關係數法計算其之間的相關係數。結果以矩陣的形式表示，分別如式(4-12)、式(4-13) 和式(4-14) 所示。

$$\mathbf{A}=\begin{bmatrix} a_{11} & \cdots & a_{1n} \\ \vdots & \ddots & \vdots \\ a_{111} & \cdots & a_{1111} \end{bmatrix}$$
$$=\begin{bmatrix} 1 & 0 & 0 & 0 & 0 & 0 & 0 & 0 & 0 & 0 & 0 \\ 0.71 & 1 & 0 & 0 & 0 & 0 & 0 & 0 & 0 & 0 & 0 \\ 0.92 & 0.69 & 1 & 0 & 0 & 0 & 0 & 0 & 0 & 0 & 0 \\ 0.81 & 0.77 & 0.80 & 1 & 0 & 0 & 0 & 0 & 0 & 0 & 0 \\ 0.83 & 0.74 & 0.84 & 0.86 & 1 & 0 & 0 & 0 & 0 & 0 & 0 \\ 0.77 & 0.66 & 0.77 & 0.88 & 0.79 & 1 & 0 & 0 & 0 & 0 & 0 \\ 0.83 & 0.73 & 0.85 & 0.90 & 0.87 & 0.90 & 1 & 0 & 0 & 0 & 0 \\ 0 & 0 & 0 & 0 & 0 & 0 & 0 & 1 & 0 & 0 & 0 \\ 0 & 0 & 0 & 0 & 0 & 0 & 0 & 0.81 & 1 & 0 & 0 \\ 0 & 0 & 0 & 0 & 0 & 0 & 0 & 0 & 0 & 1 & 0 \\ 0 & 0 & 0 & 0 & 0 & 0 & 0 & 0.55 & 0 & 0.75 & 1 \end{bmatrix} \tag{4-12}$$

其中a_{mn}代表第 m 個和第 n 個元素之間的相關係數。為了使得到的矩陣更加直觀，小於 0.5 的數值賦值為 0。矩陣的行和列的元素從上到下分別代表設備 BL_6TELC1、BL_6STP08、BL_6TELC2、BL_6TELD1、BL_6STP09、BL_6ADI01、BL_6TELD2、BL_6GAN03、BL_6OVN10、BL_6WET22和 BL_6WET21 的利用率。例如 a_{11} 等於 1，意思為設備 BL_6TELC1 的利用率和它本身利用率的相關係數為 1。又如 a_{21} 等於 0.71，意思為設備 BL_6STP08 和 BL_6TELC1 利用率的相關係數為 0.71。若沒有特殊說明，規則下同。

$$\mathbf{A}=\begin{bmatrix} a_{11} & \cdots & a_{1n} \\ \vdots & \ddots & \vdots \\ a_{111} & \cdots & a_{1111} \end{bmatrix}$$

$$=\begin{bmatrix} 1 & 0 & 0 & 0 & 0 & 0 & 0 & 0 & 0 & 0 & 0 \\ 0.71 & 1 & 0 & 0 & 0 & 0 & 0 & 0 & 0 & 0 & 0 \\ 0.92 & 0.69 & 1 & 0 & 0 & 0 & 0 & 0 & 0 & 0 & 0 \\ 0.81 & 0.81 & 0.80 & 1 & 0 & 0 & 0 & 0 & 0 & 0 & 0 \\ 0.81 & 0.81 & 0.84 & 0.84 & 1 & 0 & 0 & 0 & 0 & 0 & 0 \\ 0.76 & 0.70 & 0.78 & 0.88 & 0.79 & 1 & 0 & 0 & 0 & 0 & 0 \\ 0.80 & 0.77 & 0.82 & 0.92 & 0.86 & 0.91 & 1 & 0 & 0 & 0 & 0 \\ 0 & 0 & 0 & 0 & 0 & 0 & 0 & 1 & 0 & 0 & 0 \\ 0 & 0 & 0 & 0 & 0 & 0 & 0 & 0.80 & 1 & 0 & 0 \\ 0 & 0 & 0 & 0 & 0 & 0 & 0 & 0 & 0 & 1 & 0 \\ 0 & 0 & 0 & 0 & 0 & 0 & 0 & 0.54 & 0 & 0.74 & 1 \end{bmatrix} \tag{4-13}$$

$$\mathbf{A}=\begin{bmatrix} a_{11} & \cdots & a_{1n} \\ \vdots & \ddots & \vdots \\ a_{111} & \cdots & a_{1111} \end{bmatrix}$$

$$=\begin{bmatrix} 1 & 0 & 0 & 0 & 0 & 0 & 0 & 0 & 0 & 0 & 0 \\ 0.71 & 1 & 0 & 0 & 0 & 0 & 0 & 0 & 0 & 0 & 0 \\ 0.92 & 0.69 & 1 & 0 & 0 & 0 & 0 & 0 & 0 & 0 & 0 \\ 0.81 & 0.81 & 0.80 & 1 & 0 & 0 & 0 & 0 & 0 & 0 & 0 \\ 0.81 & 0.81 & 0.84 & 0.84 & 1 & 0 & 0 & 0 & 0 & 0 & 0 \\ 0.76 & 0.70 & 0.78 & 0.88 & 0.79 & 1 & 0 & 0 & 0 & 0 & 0 \\ 0.80 & 0.77 & 0.82 & 0.92 & 0.86 & 0.91 & 1 & 0 & 0 & 0 & 0 \\ 0 & 0 & 0 & 0 & 0 & 0 & 0 & 1 & 0 & 0 & 0 \\ 0 & 0 & 0 & 0 & 0 & 0 & 0 & 0.80 & 1 & 0 & 0 \\ 0 & 0 & 0 & 0 & 0 & 0 & 0 & 0 & 0 & 1 & 0 \\ 0 & 0 & 0 & 0 & 0 & 0 & 0 & 0.54 & 0 & 0.74 & 1 \end{bmatrix} \tag{4-14}$$

特別指出以下兩點。

① 事實上，上述 3 個矩陣是對稱矩陣，為了更加直觀，將對稱矩陣的上半部分賦值為 0。

② 設備和生產線相關性能分析中的矩陣是以矩陣組的形式表示，每組有三個矩陣，分別代表 WIP 為 6000 片、7000 片和 8000 片工況下的相關係數。

如矩陣（4-12)、(4-13）和（4-14）所示，位於同一個加工區中的設備利用率之間的相關係數更高。以光刻區設備舉例，三種工況下，光刻區中的 7 個設備利用率兩兩的相關係數都比較大（大於 0.7）。另外兩個區（濕刻區和乾刻區）中的設備利用率相關性也是如此。

根據矩陣（4-12)～矩陣（4-14）得出結論 1。

結論 1：同一個加工區的設備利用率之間的相關性較大。因此可以定義：加工區的利用率取值為該加工區內所有設備利用率的平均值。

(2）生產線相關性能指標相關性分析

本節對 WIP、MOV 和 TH 進行相關性分析，結果如矩陣（4-15)、(4-16）和（4-17）所示。

$$\mathbf{A}=\begin{bmatrix}a_{11} & a_{12} & a_{13}\\ a_{21} & a_{22} & a_{23}\\ a_{31} & a_{32} & a_{33}\end{bmatrix}=\begin{bmatrix}1 & 0.11 & -0.12\\ 0.11 & 1 & -0.19\\ -0.12 & -0.19 & 1\end{bmatrix} \tag{4-15}$$

$$\mathbf{A}=\begin{bmatrix}a_{11} & a_{12} & a_{13}\\ a_{21} & a_{22} & a_{23}\\ a_{31} & a_{32} & a_{33}\end{bmatrix}=\begin{bmatrix}1 & -0.03 & -0.02\\ -0.03 & 1 & 0.05\\ -0.02 & 0.05 & 1\end{bmatrix} \tag{4-16}$$

$$\mathbf{A}=\begin{bmatrix}a_{11} & a_{12} & a_{13}\\ a_{21} & a_{22} & a_{23}\\ a_{31} & a_{32} & a_{33}\end{bmatrix}=\begin{bmatrix}1 & -0.01 & 0.001\\ -0.01 & 1 & -0.16\\ 0.001 & -0.16 & 1\end{bmatrix} \tag{4-17}$$

矩陣（4-15)、(4-16）和（4-17）的行和列分別代表 WIP、MOV 和 TH。

根據以上的資料，得出結論 2。

結論 2：三種工況下三個性能指標之間的相關係數非常小，接近於 0。說明它們之間的相關性非常低，不能相互替代，也即三個指標均應作為衡量調度演算法優劣的性能指標。

(3）三種工況下所有短期性能指標之間的兩兩相關性

WIP、MOV、TH 以及光刻區利用率、濕刻區利用率和乾刻區利用率之間的兩兩相關係數如矩陣（4-18)、(4-19）和（4-20）所示。

$$\mathbf{A}=\begin{bmatrix} a_{11} & \cdots & a_{16} \\ \vdots & \ddots & \vdots \\ a_{61} & \cdots & a_{66} \end{bmatrix}=\begin{bmatrix} 1 & 0 & 0 & 0 & 0 & 0 \\ 0 & 1 & 0 & 0 & 0 & 0 \\ 0 & 0 & 1 & 0 & 0 & 0 \\ 0 & 0.69 & 0 & 1 & 0 & 0 \\ 0 & 0 & 0 & 0 & 1 & 0 \\ 0 & 0 & 0 & 0 & 0 & 1 \end{bmatrix} \tag{4-18}$$

$$\mathbf{A}=\begin{bmatrix} a_{11} & \cdots & a_{16} \\ \vdots & \ddots & \vdots \\ a_{61} & \cdots & a_{66} \end{bmatrix}=\begin{bmatrix} 1 & 0 & 0 & 0 & 0 & 0 \\ 0 & 1 & 0 & 0 & 0 & 0 \\ 0 & 0 & 1 & 0 & 0 & 0 \\ 0 & 0.67 & 0 & 1 & 0 & 0 \\ 0 & 0 & 0 & 0 & 1 & 0 \\ 0 & 0.53 & 0 & 0 & 0 & 1 \end{bmatrix} \tag{4-19}$$

$$\mathbf{A}=\begin{bmatrix} a_{11} & \cdots & a_{16} \\ \vdots & \ddots & \vdots \\ a_{61} & \cdots & a_{66} \end{bmatrix}=\begin{bmatrix} 1 & 0 & 0 & 0 & 0 & 0 \\ 0 & 1 & 0 & 0 & 0 & 0 \\ 0 & 0 & 1 & 0 & 0 & 0 \\ 0 & 0.68 & 0 & 1 & 0 & 0 \\ 0 & 0 & 0 & 0 & 1 & 0 \\ 0 & 0 & 0 & 0 & 0 & 1 \end{bmatrix} \tag{4-20}$$

如矩陣（4-18）、（4-19）和（4-20）顯示，三種工況下 MOV 和光刻區之間的相關係數的值都非常高，接近於 0.7。由此得出結論 3。

結論 3：MOV 和光刻區利用率的正相關性非常大，在以後的調度中優化 MOV 一定要考慮光刻區的利用率對 MOV 的影響。

4.3.3 考慮派工規則的性能指標相關性分析

本節的處理步驟和 4.3.2 節類似。本節中設備相關性能指標相關性以及生產線相關性能指標相關性的處理結果和 4.3.2 節中部分（1）和（2）一致。此處不再給出結果矩陣。得出結論 4 和 5。

結論 4：不同派工規則下，同一個加工區的設備利用率之間的相關性大。因此可定義，工作區的利用率是區中的設備利用率的平均值。

結論 5：不同派工規則下三個性能指標之間的相關係數非常小，接近於 0。說明它們之間的相關性非常低，不能相互替代，由此這三個指標均應作為衡量調度演算法優劣的性能指標。

然後在不同派工規則下考慮所有短期性能指標（WIP、MOV、TP 以及光刻區利用率、濕刻區利用率和乾刻區利用率）兩兩相關性結果如矩陣（4-21）所示。

$$\mathbf{A}=\begin{bmatrix} a_{11} & \cdots & a_{16} \\ \vdots & \ddots & \vdots \\ a_{61} & \cdots & a_{66} \end{bmatrix}=\begin{bmatrix} 1 & 0 & 0 & 0 & 0 & 0 \\ 0 & 1 & 0 & 0 & 0 & 0 \\ 0 & 0 & 1 & 0 & 0 & 0 \\ 0 & 0 & 0 & 1 & 0 & 0 \\ 0 & 0 & 0 & 0 & 1 & 0 \\ 0 & 0 & 0 & 0 & 0 & 1 \end{bmatrix} \tag{4-21}$$

實際上此處應該有五個矩陣，分別代表在 FIFO、EDD、SPT、LS 以及 CR 不同派工規則下的結果。但是在每種派工規則下的結果矩陣是一致的，所以此處僅列出一個矩陣。

由矩陣（4-21）可以得出結論 6。

結論 6：六個性能指標之間的相關性均小於 0.5，意味著它們之間的兩兩相關性非常弱，可以忽略。

因此它們之間沒有可以兩兩替換或者兩兩之間影響非常大的情況。這也意味著，在今後的調度優化中（僅考慮派工規則的情況下），如果將加工區利用率作為衡量標準，光刻區、濕刻區以及乾刻區利用率應該分別予以考慮，且 WIP、MOV 與 TH 值均對這三個指標沒有直接大的影響。

4.3.4 綜合考慮工況以及派工規則的性能指標相關性分析

把三種工況和五種派工規則結合起來對整個生產線所有性能指標進行相關性分析，結果如矩陣（4-22）所示：

$$\mathbf{A}=\begin{bmatrix} a_{11} & \cdots & a_{16} \\ \vdots & \ddots & \vdots \\ a_{61} & \cdots & a_{66} \end{bmatrix}=\begin{bmatrix} 1 & 0 & 0 & 0 & 0 & 0 \\ 0 & 1 & 0 & 0 & 0 & 0 \\ 0 & 0 & 1 & 0 & 0 & 0 \\ 0 & 0 & 0 & 1 & 0 & 0 \\ 0 & 0 & 0 & 0 & 1 & 0 \\ 0 & 0 & 0 & 0 & 0 & 1 \end{bmatrix} \tag{4-22}$$

由矩陣（4-22）可以得出結論 7。

結論 7：六個性能指標之間的相關性均小於 0.5。意味著它們之間的兩兩相關性非常弱，可以忽略。這也意味著，它們之間沒有可以兩兩替換或者兩兩之間影響非常大的情況，因此今後的調度優化中，考慮情況和結論 6 相似。

4.3.5 長期性能指標和短期性能指標相關性分析

本節進行短期性能指標 MOV 以及長期性能指標 CT、TH 和 ODR 之間的相關性分析。

只考慮三種工況情況下 MOV 與 CT、TH 和 ODR 之間相關性結果：隨著工況的增加，MOV 和 CT 的相關係數分別為 0.52、0.50 和 0.45。其他的相關係數接近於零。

只考慮五種派工規則情況下 MOV 與 CT、TH 和 ODR 之間相關性結果：不同的派工規則下 MOV 和長期指標相關性不同。如 FIFO 和 LS 規則下，MOV 和 CT 有強的相關性。在 LS 下，MOV 和 TP 有很強的相關性。

綜合三種工況和五種派工規則一起考慮的情況下：CT 和 ODR 之間呈負相關。

對長期性能指標和短期性能指標相關性分析，得出結論 8。

結論 8：MOV 和 CT 的關係受工況大小的影響，CT 和 ODR 呈負相關。

4.3.6 基於 MIMAC 生產線的性能指標相關性分析

（1）設備利用率相關性分析

選擇 MIMAC 模型下設備利用率高於 0.8 的共 19 個設備，見表 4-3。

表 4-3　MIMAC 設備利用率大於 0.8 的設備

設備	設備
WC10123_DNS_3_1	WC13621_IPC_3200_1
WC10123_DNS_3_2	WC13621_IPC_3200_2
WC11029_ASM_C1_D1_1	WC15122_LTS_1_1
WC11029_ASM_C1_D1_2	WC15122_LTS_1_2
WC11125_ASM_E1_E2_H4_1	WC17041_KEITH450—425_1
WC11125_ASM_E1_E2_H4_2	WC17041_KEITH450—425_2
WC12022_AUTO_CL_dot_1	WC17041_KEITH450—425_3
WC12022_AUTO_CL_dot_2	WC20550_CAN_0_52_i_line_1
WC13024_AME_4_5_7_8_1	WC20550_CAN_0_52_i_line_2
WC13024_AME_4_5_7_8_2	

其設備利用率相關係數矩陣如式(4-23) 所示。

$$\boldsymbol{A}=\begin{bmatrix}
1&0&0&0&0&0&0&0&0&0&0&0&0&0&0&0&0&0&0\\
0.61&1&0&0&0&0&0&0&0&0&0&0&0&0&0&0&0&0&0\\
0&0&1&0&0&0&0&0&0&0&0&0&0&0&0&0&0&0&0\\
0&0&0.78&1&0&0&0&0&0&0&0&0&0&0&0&0&0&0&0\\
0&0&0&1&1&0&0&0&0&0&0&0&0&0&0&0&0&0&0\\
0&0&0&0&0.87&1&0&0&0&0&0&0&0&0&0&0&0&0&0\\
0&0&0&0&0&0&1&0&0&0&0&0&0&0&0&0&0&0&0\\
0&0&0&0&0&0&0.76&1&0&0&0&0&0&0&0&0&0&0&0\\
0&0&0&0&0&0&0&0&1&0&0&0&0&0&0&0&0&0&0\\
0&1&0&0&0&0&0&0&0.67&1&0&0&0&0&0&0&0&0&0\\
0&0&0&0&0&0&0&0&0&0&1&0&0&0&0&0&0&0&0\\
0&0&0&0&0&0&0&0&0&0&0.70&1&0&0&0&0&0&0&0\\
0&0&0&0&0&0&0&0&0&0&0&0&1&0&0&0&0&0&0\\
0&1&0&0&0&0&0&1&0&0&0&0&0&1&0&0&0&0&0\\
0&0&0&0&1&1&0&0&0&0&0&0&0&0&1&0&0&0&0\\
0&0&0&0&1&1&0&0&0&0&0&0&0&0&0.89&1&0&0&0\\
0&0&0&0&0&0&0&0&0&0&0&0&0&0&0.57&0.79&1&0&0\\
0&0&0&0&0&0&0&0&0&0&0&0&0&0&0&0&0&1&0\\
0&0&0&0&0&0&0&0&0&0&0&0&0&0&0&0&0&0.78&1
\end{bmatrix} \tag{4-23}$$

由矩陣（4-23）可以看出，同一個設備組中的兩臺或者三臺設備利用率相關性非常大，均已超過 0.5。

結論 9：設備組利用率可以利用這個設備組內的設備利用率均值來表示。調度過程中可以用設備組的加工負荷來衡量設備組內設備的瓶頸程度。

（2）短期指標 MOV、WIP 和 TH 相關性分析

所得資料如 4.3.2 小節中生產線相關性能指標所得出的結果一致，即：MOV、WIP 和 TH 三者相關係數接近於 0，相關性可以忽略，三者不能相互替換。

（3）短期和長期性能指標相關性分析

① 只考慮五種派工規則

FIFO、EDD、SPT、CR 和 LS 下的 MOV 和 TH、CT、ODR 的關係如下：

$$\boldsymbol{A}=\begin{bmatrix} a_{11} & \cdots & a_{14} \\ \vdots & \ddots & \vdots \\ a_{41} & \cdots & a_{44} \end{bmatrix}=\begin{bmatrix} 1 & 0.51 & 0.55 & -0.40 \\ 0.51 & 1 & 0.17 & -0.34 \\ 0.55 & 0.17 & 1 & -0.67 \\ -0.40 & -0.34 & -0.67 & 1 \end{bmatrix} \tag{4-24}$$

$$\boldsymbol{A}=\begin{bmatrix} a_{11} & \cdots & a_{14} \\ \vdots & \ddots & \vdots \\ a_{41} & \cdots & a_{44} \end{bmatrix}=\begin{bmatrix} 1 & 0.60 & 0.51 & -0.36 \\ 0.60 & 1 & 0.17 & -0.28 \\ 0.51 & 0.17 & 1 & -0.70 \\ -0.36 & -0.28 & -0.70 & 1 \end{bmatrix} \tag{4-25}$$

$$\boldsymbol{A}=\begin{bmatrix} a_{11} & \cdots & a_{14} \\ \vdots & \ddots & \vdots \\ a_{41} & \cdots & a_{44} \end{bmatrix}=\begin{bmatrix} 1 & 0.54 & 0.56 & -0.41 \\ 0.54 & 1 & 0.17 & -0.29 \\ 0.56 & 0.17 & 1 & -0.71 \\ -0.41 & -0.29 & -0.71 & 1 \end{bmatrix} \tag{4-26}$$

$$\boldsymbol{A}=\begin{bmatrix} a_{11} & \cdots & a_{14} \\ \vdots & \ddots & \vdots \\ a_{41} & \cdots & a_{44} \end{bmatrix}=\begin{bmatrix} 1 & 0.59 & 0.53 & -0.47 \\ 0.59 & 1 & 0.14 & -0.30 \\ 0.53 & 0.14 & 1 & -0.75 \\ -0.47 & -0.30 & -0.75 & 1 \end{bmatrix} \tag{4-27}$$

$$\boldsymbol{A}=\begin{bmatrix} a_{11} & \cdots & a_{14} \\ \vdots & \ddots & \vdots \\ a_{41} & \cdots & a_{44} \end{bmatrix}=\begin{bmatrix} 1 & 0.59 & 0.52 & -0.40 \\ 0.59 & 1 & 0.16 & -0.27 \\ 0.52 & 0.16 & 1 & -0.76 \\ -0.40 & -0.27 & -0.76 & 1 \end{bmatrix} \tag{4-28}$$

由以上5個矩陣可以看出：MOV和TH的相關係數介於0.5～0.6之間，說明MOV和TH有較強的正相關，MOV越大生產線出片量越大。

MOV和CT之間相關係數介於0.52～0.56之間。按常理，兩者關係應該為負相關，但是此處結論為正相關。可以說明MOV和CT其實沒有直接的相關性，會極大地受到調度策略或者WIP水準的影響。

MOV和ODR之間相關係數介於−0.36～−0.47之間。按常理，兩者關係應該為正相關，但是此處結論為負相關。可以說明兩者之間也沒有直接的相關性，會極大地受到調度策略或者WIP水準的影響。

長期性能指標之間CT和ODR相關係數介於−0.67～−0.76之間，呈很強的負相關，說明工件加工週期越短，交貨率越高。

② 考慮五種工況

五種工況（WIP數量分別為4000片、5000片、6000片、7000片和8000片）下MOV和TH、CT、ODR之間的關係如下：

$$\boldsymbol{A}=\begin{bmatrix} a_{11} & \cdots & a_{14} \\ \vdots & \ddots & \vdots \\ a_{41} & \cdots & a_{44} \end{bmatrix}=\begin{bmatrix} 1 & 0.05 & 0.68 & -0.39 \\ 0.05 & 1 & 0.23 & -0.42 \\ 0.68 & 0.23 & 1 & -0.81 \\ -0.39 & -0.42 & -0.81 & 1 \end{bmatrix} \tag{4-29}$$

$$\mathbf{A}=\begin{bmatrix} a_{11} & \cdots & a_{14} \\ \vdots & \ddots & \vdots \\ a_{41} & \cdots & a_{44} \end{bmatrix}=\begin{bmatrix} 1 & 0.34 & 0.67 & -0.30 \\ 0.34 & 1 & 0.19 & -0.39 \\ 0.67 & 0.19 & 1 & -0.61 \\ -0.30 & -0.39 & -0.61 & 1 \end{bmatrix} \quad (4\text{-}30)$$

$$\mathbf{A}=\begin{bmatrix} a_{11} & \cdots & a_{14} \\ \vdots & \ddots & \vdots \\ a_{41} & \cdots & a_{44} \end{bmatrix}=\begin{bmatrix} 1 & 0.59 & 0.52 & -0.36 \\ 0.59 & 1 & 0.17 & -0.28 \\ 0.52 & 0.17 & 1 & -0.72 \\ -0.36 & -0.28 & -0.72 & 1 \end{bmatrix} \quad (4\text{-}31)$$

$$\mathbf{A}=\begin{bmatrix} a_{11} & \cdots & a_{14} \\ \vdots & \ddots & \vdots \\ a_{41} & \cdots & a_{44} \end{bmatrix}=\begin{bmatrix} 1 & 0.64 & 0.51 & -0.47 \\ 0.64 & 1 & 0.15 & -0.28 \\ 0.51 & 0.15 & 1 & -0.72 \\ -0.47 & -0.28 & -0.72 & 1 \end{bmatrix} \quad (4\text{-}32)$$

$$\mathbf{A}=\begin{bmatrix} a_{11} & \cdots & a_{14} \\ \vdots & \ddots & \vdots \\ a_{41} & \cdots & a_{44} \end{bmatrix}=\begin{bmatrix} 1 & 0.67 & 0.51 & -0.31 \\ 0.67 & 1 & 0.17 & -0.36 \\ 0.51 & 0.17 & 1 & -0.57 \\ -0.31 & -0.36 & -0.57 & 1 \end{bmatrix} \quad (4\text{-}33)$$

以上可以看出 MOV 和 TH 的相關係數隨著 WIP 數量的增加（由 4000 片到 8000 片）而增加（0.05、0.34、0.59、0.64、0.67），說明隨著 WIP 的增加，MOV 增大可以直接影響 TH 的增速。MOV 和 TH 之間的相關性受工況影響比較大。

MOV 和 CT 關係，隨著 WIP 的增大，相關係數分別為 0.68、0.66、0.52、0.51 和 0.51，說明 WIP 數量的增多，引起生產線堵塞也多，使得加工週期越來越長，而 MOV 增加的越來越緩慢。

長期性能指標之間：CT 和 ODR 呈較大的負相關。說明 CT 的減小能直接引起 ODR 的增大。

結論 10：輕載時 MOV 對 TH 影響較小，可以在輕載的時候考慮 MOV 對調度的影響，當滿載和超載時再轉向考慮 TH 對調度的影響。

4.4 基於皮爾遜係數的性能指標相關性分析

相關性分析是指對兩個或多個具備相關性的變數元素進行分析，進而評價兩個變數的相關程度。進行相關性分析的前提是各變數元素之間需存在一定的關聯關係。在本節中，將採用皮爾遜相關係數對性能指標進行相關性分析。在統計學中，皮爾遜積矩相關係數ρ_{XY}用於度量兩個變數 X 和 Y 之間的相關關係。其中，$-1 \leqslant \rho_{XY} \leqslant +1$。「+1」表示絕對正相關，「−1」表示絕對負相關。兩個變數之間的皮爾遜相關係數定義為兩個變數之間的協方差和標準差之比，如式(4-34)所示。

$$\rho_{XY}=\frac{E(XY)-E(X)E(Y)}{\sqrt{E(X^2)-E^2(X)}\sqrt{E(Y^2)-E^2(Y)}} \tag{4-34}$$

利用皮爾遜相關係數公式，計算短期性能指標之間的相關係數，可剔除大量無關變數或相關性很小的變數。

本節對上文所提取出的短期性能指標分別和日移動步數 MOVE 計算皮爾遜相關係數，示意圖如圖 4-12所示。因為 MOVE 是衡量半導體生產線運作性能的重要指標，其值越高，說明半導體生產線的加工能力越高，設備的利用率也越高，同時也表明生產線完成的加工任務數越高。分別求和 MOVE 的相關係數，可以知道某一短期性能指標對總移動量的影響大小，並繪出相關係數隨時間的變化趨勢，從而為後續的研究提供幫助。

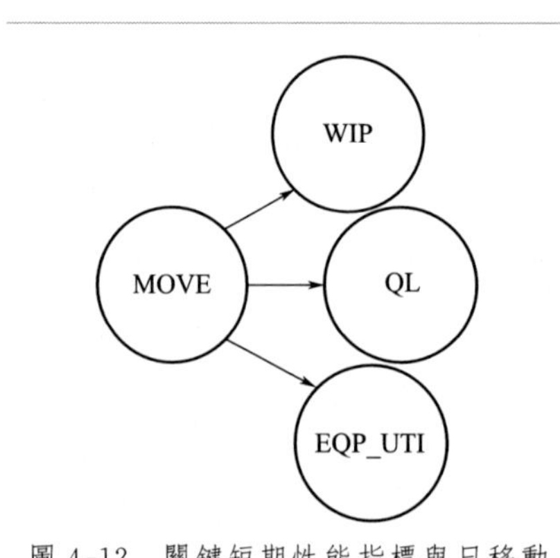

圖 4-12　關鍵短期性能指標與日移動步數的皮爾遜係數示意圖

本節分別計算每月短期性能指標 WIP、QL、EQP_UTI 與 MOVE 的相關係數，得出相應的相關係數隨時間的變化趨勢。

4.4.1 日在製品數-日移動步數

將企業生產線中日在製品數量 WIP、日總移動步數 MOVE 對應起來，用皮爾遜相關係數公式求出它們的相關係數。

表 4-4 顯示了月均在製品數量和平均日移動步數，以及當月 WIP 和 MOVE 的相關係數。圖 4-13 是 WIP 與 MOVE 相關係數隨時間變化趨勢圖。從圖中可以看到 WIP 與 MOVE 的相關係數隨時間先變小後變大。由此可得出以下結論。

① 年初和年末在製品數量 WIP 和 MOVE 的係數接近 1，即絕對相關。經分析，這可能是因為在每一年的年初和年末時，生產線處於保養階段，實際投入生產線的工件數量不多，生產線上的在製品基本都在設

備上進行加工，緩衝區的等待工件較少，故日移動步數 MOVE 和當前在製品數量 WIP 呈近似絕對相關。

② 在年中時，生產線滿負荷運轉，生產能力得到充分利用。隨著訂單的增多，大量晶圓片被投入生產線。等待加工的晶圓片數量增加，生產線不能及時響應，對日移動步數 MOVE 產生影響的因素增多。所以日在製品數量 WIP 這個單一變數對 MOVE 的影響相對減輕。

表 4-4 WIP 與 MOVE 相關係數

月份	WIP	MOVE	WIP 與 MOVE 的相關係數
1	2211	1093	0.995078
2	1940	1920	0.912262
3	2462	2474	0.778509
4	2607	2553	0.439893
5	2822	2731	0.616548
6	2860	2757	0.675293
7	2660	2714	0.831717
8	2045	2190	0.532963
9	2276	2266	0.929078
10	4502	2849	0.942395
11	3307	3082	0.731972
12	2484	2499	0.989875

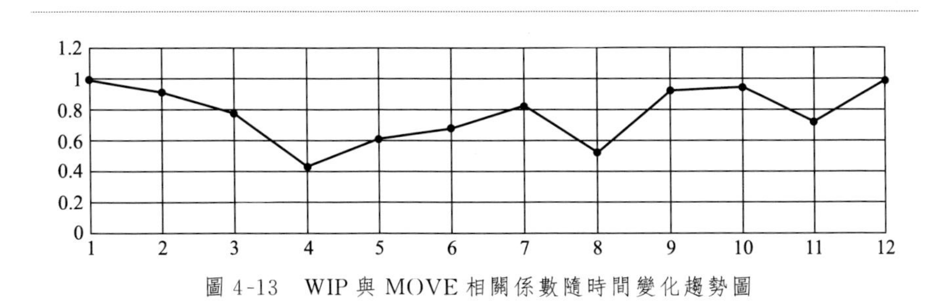

圖 4-13 WIP 與 MOVE 相關係數隨時間變化趨勢圖

4.4.2 日排隊隊長-日移動步數

針對日排隊隊長 QL 和對應日期的日移動步數 MOVE，用皮爾遜相關係數公式求出月排隊隊長 QL 和 MOVE 的相關係數。表 4-5顯示了月均排隊隊長和對應平均日移動步數，及對應的當月 QL 和 MOVE 的相關係數。圖 4-14 是 QL 與 MOVE 相關係數隨時間變化趨勢圖。由圖表得到以下結論。

① 排隊隊長 QL 和總移動步數 MOVE 的相關係數隨時間的變化趨勢，和上述在製品數量 WIP 和總移動步數 MOVE 的關係曲線類似。在年初和年末時 QL 和 MOVE 的相關係數較大，趨近年中時相關性逐漸下降，在 4 月份時甚至產生接近於 0 的相關係數。當工廠生產能力利用率大時，對總移動步數 MOVE 影響較大的因素增多，故單一變數排隊隊長 QL 對 MOVE 的影響就減輕。即在 WIP 數量較多時，單一變數對 MOVE 的影響沒有 WIP 數量較少時的影響大。

② 將兩張相關係數表進行對比可以看出，QL 與 MOVE 的相關係數小於 WIP 與 MOVE 的相關係數。由此可知，QL 對 MOVE 的影響小於 WIP 對 MOVE 的影響。

表 4-5 QL 與 MOVE 相關係數

月份	QL	MOVE	QL 與 MOVE 的相關係數
1	585	1093	0.922042
2	980	1920	0.850559
3	1224	2474	0.498895
4	1336	2553	−0.13827
5	1416	2731	0.342783
6	1508	2757	0.281906
7	1345	2714	0.628853
8	1001	2190	0.284201
9	1088	2266	0.879445
10	2957	2849	0.877105
11	692	3082	0.500919
12	1248	2499	0.974065

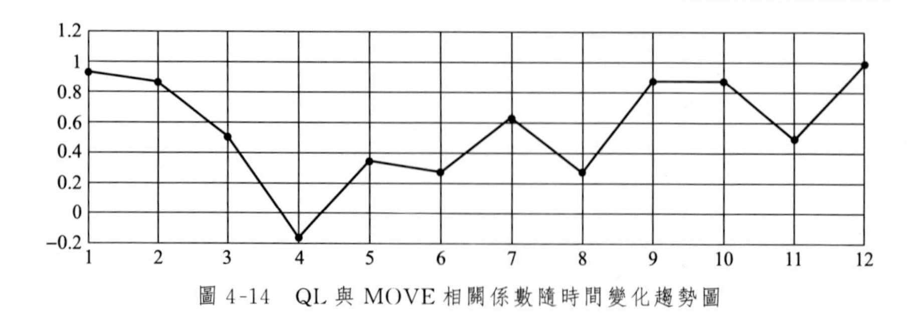

圖 4-14 QL 與 MOVE 相關係數隨時間變化趨勢圖

4.4.3 日設備利用率-日移動步數

圖 4-15 給出了 3 月份統計的部分設備利用率平均值的柱狀圖。由於每個月用到的設備眾多，受篇幅所限，對設備利用率這裡不再一一列出。

由圖 4-15 可以看到同一個月裡不同設備利用率差異很大，有的高近 70%，有的低至 1%，不同設備的利用率對整個工廠運作效率的影響大小顯然是不同的，因此用所有設備的平均利用率用於後續建立關係模型是不妥當的。但是半導體生產線設備眾多，且每個月所使用的設備也各不相同，每一個都考慮是不合適也不可取的，這會使得模型的複雜程度提升，弱化模型的可解釋性。這裡需要建立的是宏觀上長短期性能指標的關係模型，因此本文選取部分每個月都需要被利用且對結果影響較大的、可能成為瓶頸的設備作為代表，進行建模工作。

① 針對設備利用率和相對應統計時段的總移動步數 MOVE，用皮爾遜相關係數公式求出 12 個月中都使用到的設備的利用率和對應 MOVE 的相關係數。

② 對這些設備的相關係數分別求平均值，從高到低進行排序，排序後選取排名前 20%的設備，共 18 臺。這些設備與對應的日移動步數的相關係數均大於 0.3。

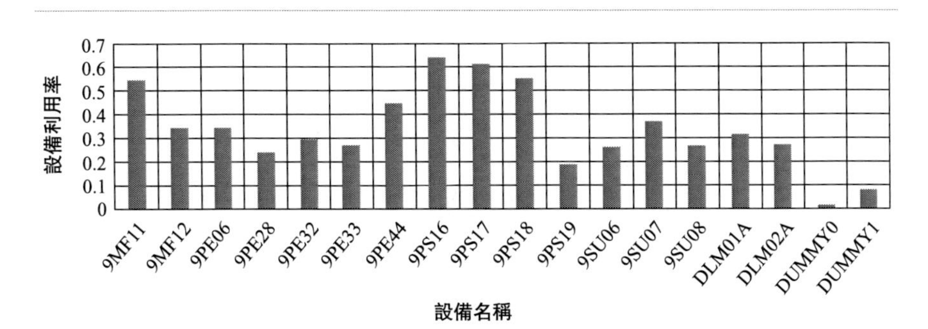

圖 4-15　3 月份部分設備利用率柱狀圖

換言之，所選取的設備每個月都會被使用，且使用率相對較高，對 MOVE 的影響也更大。選取這些設備利用率作為後續建立關係模型時的代表指標。表 4-6 是所選取的利用率較高的設備，按照利用率進行降序排列。

表 4-6 設備利用率與 MOVE 部分相關係數

設備號	該設備利用率 EQP_UTI 和 MOVE 的相關係數
2CL01	0.38009121
7MF04	0.376364211
9CL20	0.368829691
5853	0.363484259
1703	0.350515607
5854	0.349603378
9PS18	0.325888881
5856	0.325549177
5852	0.322465894

4.5 半導體製造系統性能指標資料集

根據上述對實際半導體生產線歷史資料進行的相關性分析，不難發現，在一個實際半導體製造系統內，各長短期性能指標之間的相關係數在全年中波動顯著，各指標之間的內聯關係複雜。基於前述相關性分析結果以及各長短期性能指標自身特點，針對三種預測性能指標（加工週期、準時交貨率和工件等待時間）分別篩選與 MOVE 相關較高的短期性能指標作為模型輸入特徵，並建立相應的訓練集和測試集。

4.5.1 加工週期和對應短期性能指標的訓練集

針對實際半導體製造系統的生產線特點，依據已完工工件進入生產線的時間，將長期性能指標 CT 與篩選過的短期性能指標對應起來，形成訓練集。這樣作為預測模型輸入的短期性能指標一共有 22 個。

$$CT_i = \mathscr{F}(WIP_t, QL_t, MOVE_t, TH_t, EQI\_UTI_{1-18}) \quad (4\text{-}35)$$

其中，CT_i 表示工件 i 的加工週期；t 表示該卡工件進入生產線的時間；WIP_t、QL_t、$MOVE_t$、TH_t 分別表示某卡工件進入生產線日的全生產線日在製品數量 WIP、日排隊隊長 QL、日總移動步數 MOVE、日出片量 TH，EQI_UTI_{1-18} 表示上文相關性分析中選取的當日 18 個設備的利用率。

基於不同生產情況的生產模型假設，將設計並改進符合生產模型特點的預測演算法，建立這22個短期性能指標與加工週期的關係模型。

該企業的生產線上共有8種產品，兩條生產線，分別是5in（1in＝25.4mm）晶圓片和6in晶圓片生產線。5in線的產品有P1～P3三種，6in線的有P4～P8五種。某些產品的產量較少，能採集到的樣本資訊也較少。表4-7是各版本晶圓片能採集到的完工資料樣本容量。每次建模隨機選擇資料的80％作為訓練集，剩下20％作為測試集。

表4-7　各版本產品資料容量

產品類型	資料樣本容量/卡
P1	64
P2	43
P3	55
P4	328
P5	121
P6	94
P7	98
P8	123

4.5.2 準時交貨率和對應短期性能指標的訓練集

同樣地，訓練集按照已完工工件進入生產線的時間對長期性能指標ODR（區分產品版本號）搜尋對應的短期性能指標。其中長期性能指標ODR用滾動循環方式產生。表4-8是用於產品P4的準時交貨率的部分訓練集。由表可知，由於該生產線準時交貨率普遍較高且較穩定，所以對於準時交貨率資料集暫不考慮設備利用率的影響，即只考慮短期性能指標中的日WIP、日TH、日MOVE和日QL與ODR的關係。

$$ODR_{t,i}=\mathscr{F}(WIP_t, QL_t, MOVE_t, TH_t) \tag{4-36}$$

其中，$ODR_{t,i}$表示第i個工件所屬產品類型的平均加工週期T內該類型產品第t天到第$t+T$天內的準時交貨率；WIP_t、QL_t、$MOVE_t$、TH_t分別表示全生產線日WIP、日QL、日MOVE、日TH。

表 4-8　P4 預測準時交貨率部分訓練集

在製品 WIP	排隊隊長 QL	總移動量 MOVE	出片量 TH	準時交貨率 ODR
1628	1519	853	136	0.933333
1677	1565	878	142	0.833333
1754	1638	919	142	0.933333
1822	1715	951	143	0.933333
1883	1779	981	142	0.933333
1888	1786	985	144	0.966667
1866	1761	975	140	0.933333
1866	1761	975	140	0.933333

4.5.3 等待時間和對應短期性能指標的訓練集

訓練集按照已完工工件的卡號 ID 將短期性能指標等待時間 Waiting Time（區分產品版本號）與對應的其他上述 22 個短期性能指標，包括全生產線日 WIP、日 TH、日 MOVE 和日 QL 與 18 個典型設備的平均設備利用率連繫起來。

$$WT_i = \mathscr{F}(WIP_t, QL_t, MOVE_t, TH_t, EQI\_UTI_{1-18}) \quad (4\text{-}37)$$

其中，WT_i 表示工件 i 在生產線全生命週期內在緩衝區等待加工的時間和；t 表示該卡工件進入生產線的時間；WIP_t、QL_t、$MOVE_t$、TH_t 分別表示某卡工件進入生產線日的全生產線日在製品數量、日排隊隊長、日移動步數、日出片量；EQI_UTI_{1-18} 表示相關性分析中選取的當日 18 個設備的利用率。

4.6 本章小結

本章詳細介紹了半導體生產線長短期性能指標的特點。使用某實際半導體企業的歷史生產資料針對各關鍵長短期性能指標結合半導體實際生產場景對相關性分析結果進行了討論。根據相關性分析結果，為三種作為預測目標的性能指標建立了合理的訓練集和測試集，為接下來的針對不同生產情況和不同性能指標的預測模型的建立做好資料準備。

參考文獻

[1] Pan C R, Zhou M C, Qiao Y, et al. Scheduling cluster tools in semiconductor manufacturing: Recent advances and challenges. IEEE Transactions on Automation Science and Engineering, 2017, 15(2): 586-601.

[2] 王中杰,吳啓迪. 半導體生產線控制與調度研究. 計算機集成製造系統, 2002, 8(8): 607-611.

[3] 曹國安,游海波,蔣增強,等. 基於 TOC 的半導體生產線動態分層規劃調度方法. 組合機床與自動化加工技術, 2008(10).

[4] 施斌,喬非,馬玉敏. 基於模糊 Petri 網推理的半導體生產線動態調度研究. 機電一體化, 2009, 15(4): 29-32.

[5] 王令群,陸小芳,鄭應平. 基於多 Agent 技術的半導體生產線動態調度研究. 計算機工程, 2007, 33(13): 4-6.

[6] 吳啓迪,馬玉敏,李莉等. 數據驅動下的半導體生產線動態調度方法. 控制理論與應用, 2015, 32(9): 1233-1239.

[7] 喬非,許瀟紅,方明,等. 半導體晶圓生產線調度的性能指標體系研究. 同濟大學學報:自然科學版, 2007, 35(4): 537-542.

[8] Mönch L, Fowler J W, Dauzère-Pérès S, et al. A survey of problems, solution techniques, and future challenges in scheduling semiconductor manufacturing operations. Journal of scheduling, 2011, 14(6): 583～599.

[9] 馬玉敏,喬非,陳曦,等. 基於支持向量機的半導體生產線動態調度方法. 計算機集成製造系統, 2015, 21(3): 733-739.

[10] Lee Y F, Jiang Z B, Liu H R. Multiple-objective scheduling and real-time dispatching for the semiconductor manufacturing system. Computers & Operations Research, 2009, 3: 866-884.

[11] Baez Senties O, Azzaro-Pantel C, Pibouleau L. A neural network and a genetic algorithm for multiobjective scheduling of semiconductor manufacturing plants. Industrial and Engineering Chemistry Research, 2009, 21: 9546-9555.

[12] Tang J, Wang X, Kaku I, et al. Optimization of parts scheduling in multiple cells considering intercell move using scatter search approach. Journal of Intelligent Manufacturing, 2009, 21 (4): 525-537.

[13] Li D, Meng X, Li M, et al. An ACO-based intercell scheduling approach for job shop cells with multiple single processing machines and one batch processing machine. Journal of Intelligent Manufacturing, 2016, 27(2): 283-296.

[14] Elmi A, Solimanpur M, Topaloglu S, et al. A simulated annealing algorithm for the job shop cell scheduling problem with intercellular moves and reentrant parts. Computers & Industrial Engineering, 2011, 61(1): 171-178.

[15] 賈鵬德,吳啓迪,李莉. 性能指標驅動的半導體生產線動態派工方法. 計算機集成製造系統, 2014, 20(11).

[16] 蘇國軍,汪雄海. 半導體製造系統改進 Petri網模型的建立及優化調度. 系統工程理論與實踐, 2011, 31(7): 1372-1377.

[17] 張懷,江志斌,郭乘濤,等. 基於 EOPN 的晶圓製造系統實時調度仿真平臺. 上海交通大學學報, 2006, 40(11): 1857-1863.

第5章
資料驅動的半
導體製造系統
投料控制

半導體製造系統具有複雜的重入型工藝流程、混合加工模式、高度的不確定性及產品和技術更新快等特點，被譽為最複雜的製造系統。目前，半導體晶圓製造系統的調度問題可分為投料調度、派工規則調度、批加工設備調度、瓶頸設備調度、設備維護調度和重調度六個方面。由於早期的晶圓製造廠在製品水準較高，派工規則便於應用並且使在製品的水準有了比較明顯的改善，企業已經對它有了較高的認可，因此派工規則在隨後的數十年裡成為研究的重點，而忽視了對投料策略的研究。然而，隨著派工規則研究的成熟，在製品水準的改善遇到了瓶頸，人們又回過頭來重新審視對投料策略的研究，相應地，關於投料策略的研究在近幾年有興起的趨勢。

5.1 半導體製造系統常用投料控制策略

投料控制是半導體製造系統調度的重要組成部分，處於半導體製造系統調度體系的前端，在整個半導體製造過程調度中占據重要地位，投料控制影響著其他類型的調度，對提高半導體製造系統的整體性能具有重要意義[1-3]。

半導體製造系統具有以下幾個特點：

① 矽片加工對環境有著近乎苛刻的要求，整個過程要在「潔淨室」條件下進行，暴露在空氣中的時間越長，被汙染的可能性越大[4]；

② 矽片有「最長等候時限」的限制，在設備前等待加工的時間超過「時限」，將導致裝置失效而重做[5]；

③ 對於面向訂單的多品種、小批量、帶「回流」的資源受限型矽片加工線，需要滿足客戶對交貨期的多種不同的要求[6]。

因此，投料數量過多，過高的 WIP 數量一方面會降低矽片合格率，另一方面也將造成製造週期延長；而投料數量過少會引起某些設備閒置，造成系統資源的浪費[7]。可見，投料策略的優劣對半導體製造系統性能有重要影響。

投料控制決定了投入生產線產品的種類、數量以及投料時刻，以便盡可能起生產系統的生產能力[8]。投料控制的目的是使整條生產線上的關鍵設備利用率處於較高水準，同時盡可能地增加生產線單位時間的產量，減少產品的加工週期以提升企業的效益[9]。因此投料控制在整個多重入生產過程調度中占據重要地位，對提高複雜多重入生產系統的整體性能具有重要意義。

現階段國外對多重入生產系統投料策略的研究主要集中在兩個方向：常用投料控制與改進的投料控制[10]。

5.1.1 常用投料控制

總體而言，當前複雜多重入生產系統主要採用常用的投料控制方法，如圖 5-1 所示，可分為靜態投料控制策略與動態投料控制策略。

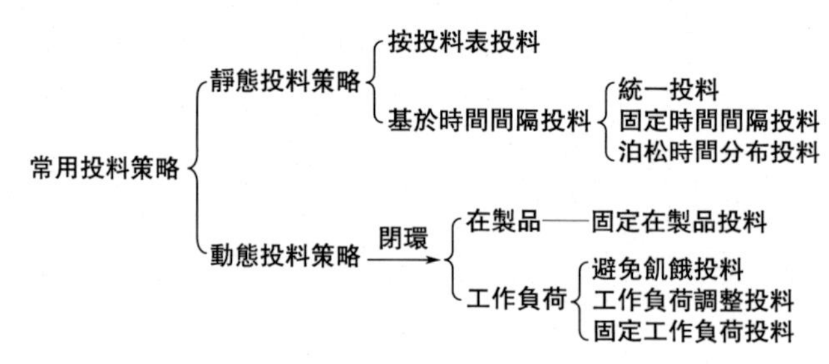

圖 5-1 投料策略的分類

5.1.1.1 靜態投料控制策略

靜態投料控制策略是在沒有考慮生產線即時資訊回饋的情況下進行投料，屬於開環投料策略。具體可分為基於時間間隔投料與基於投料清單表投料兩種[11]。

基於投料清單表投料是將訂單按照交貨期緊急程度設定優先級次序，設定每個訂單的投料時間點，根據投料時刻將對應的訂單投入生產線[12]。

基於時間間隔的投料策略包括固定時間間隔投料（Constant Time，CONTime）、泊松時間分布投料（Exponential Time，EXPTime）和統一投料（Uniform Release，UNIF）。

CONTime 保持生產線上的投料時間間隔不變，即投料遵循式(5-1)：

$$T \leqslant \lfloor 24/R_{\mathrm{d}} \rfloor \tag{5-1}$$

式中，T 為投料間隔時間，h；R_{d}為每天確定的投料工件總數。

EXPTime 的時間間隔則是按照 Poisson 分布得到的。

UNIF 是指在某一時刻把某一段時間內的待投料工件按照一定的順序全部投入生產線，而無需考慮將投料分批投入生產線。這種投料方法需要在充分分析生產線性能的基礎上設定投料工件的優先級，並按此優先級決定其投料順序，具有簡單快速的優點，無需根據生產線上的情況調整投料決策，能夠簡化投料機制、提高響應速度。其缺點是沒有一套科學準確的機制設定投料順序[13]。

基於時間間隔投料策略有一定的優越性，即簡單、易於實現。其缺點是不考慮生產線實際狀況，容易引起工件的積壓。

5.1.1.2 動態投料控制策略

動態投料控制策略是一種根據生產線實際狀況回饋的閉環投料機制。根據生產線所回饋即時資訊的不同，動態投料控制策略可分為固定在製品投料策略（Constant WIP，CONWIP）和基於固定工作負荷的投料策略[14]。

(1) 固定在製品投料策略（CONWIP）

① 生產線固定在製品投料策略　CONWIP 投料策略是一種典型的閉環投料策略。其基本思想是盡量控制在製品數量保持在理想水準，即當一個工件離開系統時，一個同類的新工件才有權進入系統，從而保持生產線上在製品數量不變。CONWIP 策略能夠有效地控制庫存和產量，從而控制整個生產[15]。在 CONWIP 投料策略中，如何確定理想在製品數量是關鍵，如果理想在製品數量過高，則無法有效地控制生產線；若理想在製品數量過低，就可能降低生產線的產能。

確定 CONWIP 投料策略下的理想在製品數量常用公式(5-2) 表示：

$$\mathrm{TH}(\omega)=\omega r_{\mathrm{b}}/(\omega+W_{0}-1) \tag{5-2}$$

式中，ω 表示生產線期望在製品數量；$\mathrm{TH}(\omega)$表示目標在製品數量下希望獲得的生產率；r_{b} 表示瓶頸設備所在加工中心的加工速率，即每個時間單位在瓶頸設備加工中心上完成加工的卡數；W_0 表示瓶頸設備所在加工中心的加工能力，$W_0=r_{\mathrm{b}}T_0$，T_0 是加工中心的平均加工時間之和。

例 5-1　已知生產線有四個加工中心，即光刻、刻蝕、氧化、注入，各加工中心的技術參數如表 5-1 所示。理想生產率為 0.33 卡/h，求生產線最理想 WIP 水準。

解　由理想生產率 $\mathrm{TH}(\omega)$ 為 0.33 卡/h，按表 5-1 中的資料，可以得到

$$r_{\mathrm{b}}=1/[(2+2.5)/2]=0.44(\text{卡/h})$$

$$T_0=(2+2.5)/2+(1.1+1.3)/2+(1.2+1.4+1.5)/3+(0.3+0.4)/2=6.3(\mathrm{h})$$

$$W_0 = r_b T_0 = 0.44 \times 6.3 = 3(\text{卡})$$

則由式(5-2) 可得

$$\omega \cdot \text{TH}(\omega) + W_0 \cdot \text{TH}(\omega) - \text{TH}(\omega) = \omega r_b$$

$$\omega = \text{TH}(\omega)(1 - W_0)/[\text{TH}(\omega) - r_b] = 0.33 \times (1-3)/(0.33 - 0.44) = 6(\text{卡})$$

即該生產線上理想 WIP 水準為 6 卡。

表 5-1 模型中加工中心的技術參數

加工中心	狀態	設備	程式	加工時間	程式	加工時間	程式	加工時間
光刻	瓶頸	STP	M1	2h	M2	2.5h		
刻蝕	非瓶頸	EH1	M1	1h	M2	1.2h		
		EH2	M1	1.1h	M2	1.3h		
氧化	非瓶頸	BTU	M1	1.2h	M2	1.4h	M3	1.5h
薄膜	非瓶頸	IMP	M1	0.3h	M2	0.4h		

CONWIP 投料控制的侷限性有三方面：一是只從宏觀上控制整條生產線的在製品數量，但是，一條生產線上有很多加工區，僅關注整條生產線的在製品數量而不控制各個加工區的在製品數量，就很可能出現某些加工區在製品數量過多，而某些加工區在製品數量過少的情況，這對於整個生產線的運作來說是不利的；二是當生產線上存在多種產品版本時，特別是加工流程有很大區別時，很難按照公式確定合適的在製品數量；三是由於只控制在製品的數量，而未考慮在製品的加工程度，極端情況下，大部分工件可能都處於第一層電路的加工階段或都處於最後一層電路的加工階段，因此，CONWIP 投料策略並不能夠完全滿足生產線控制要求和訂單動態變化需要。

② 分層固定在製品投料　為了克服 CONWIP 投料策略無法控制在製品加工程度的不足，提出了分層固定在製品投料（Layerwise CONWIP，LCONWIP）的策略。該投料策略的思想來源於半導體製造過程的特點[16]。在半導體製造過程中，半導體元件是層次化的結構，每一層都是以類似的方式生產。因此，LCONWIP 將為生產線上每層加工的在製品數量設置理想值。

在最簡單的情況下，可以按照公式(5-2) 確定生產線的理想在製品數量，然後按照工件加工的層次，將此理想在製品值平均分配到各層在製品上，作為各層理想在製品值，如公式(5-3) 所示：

$$\omega_i = \omega / n \tag{5-3}$$

其中，ω_i 是第 i 層理想在製品值，$i=1,\cdots,n$，n 是所加工半導體產品的總層數，一般統計為整體光刻次數；ω 是整條生產線理想在製品值。

仍以例 5-1 為例，假設該生產線上生產兩種產品版本，各產品版本的加工流程如表 5-2 所示，則該生產線上產品版本 1 的加工層數為 3 層，產品版本 2 的加工層數為 2 層。由例 5-1 可知，該生產線的最佳在製品值為 6 卡，將此 6 卡平均分配到兩種產品版本上，即每種產品版本的在製品目標值為 3 卡。再使用公式(5-2)，可以進一步確定每層的目標在製品值，即產品版本 1 的第 1 層、第 2 層、第 3 層的目標在製品分別為 1 卡；而產品版本 2 的第 1 層為 1 卡，第 2 層為 2 卡（在出現小數時要取整，並且將較大值放在最後的層數上）。

表 5-2　產品加工流程

產品版本	工序	設備(程式)
版本 1(B1)	S1	STP(M1)
	S2	EH1(M1)、EH2(M1)
	S3	BTU(M1)
	S4	STP(M2)
	S5	IMP(M1)
	S6	BTU(M3)
	S7	STP(M2)
	S8	EH1(M2)、EH2(M2)
版本 2(B2)	S1	STP(M1)
	S2	EH1(M1)、EH2(M1)
	S3	BTU(M3)
	S4	STP(M2)
	S5	IMP(M2)
	S6	EH1(M2)、EH2(M2)

(2) 基於工作負荷的投料策略

基於工作負荷的投料策略具體可分為固定工作負荷（Constant Load，CONLOAD），避免飢餓（Starvation Avoidance，SA）和工作負荷調整（Workload Regulation，WR）三種投料策略。

① 固定工作負荷投料策略（CONLOAD）

與 CONWIP 和 LCONWIP 投料策略僅關注在製品數目不同，CONLOAD 投料策略更關注瓶頸設備的工作負荷，具體定義為保持瓶頸設備的工作負荷處於某一固定值下的投料控制方法，例如可以設定瓶頸設備的目標負荷為其日加工能力的 90%。

在半導體製造生產線上，每卡新工件的投入都會增加生產線的整體負荷，與此同時，相應增加瓶頸設備的工作負荷[17]。因此，只有當所有在生產線的瓶頸設備前排隊工件所需工時的總和低於該瓶頸設備的目標負荷時，才能夠投入新工件。

CONLOAD 投料策略的優點是其參數設置比傳統的 CONWIP 投料策略更直觀，並且更能夠適應產品品種的變化。

② 避免飢餓投料策略（SA）

避免飢餓投料策略的內涵是在控制 WIP 水準的同時盡可能提高瓶頸設備的利用率，其核心思想非常簡單，即為了降低庫存，不希望投入新工件，而不投入新工件的最終結果是瓶頸設備飢餓，沒有完工工件[18]。因此，必須及時投入新工件至生產線以避免瓶頸設備因缺乏工件而空閒。

瓶頸設備的排隊工件問題與庫存問題類似。在庫存控制中，其主要目標是達到庫存成本與缺貨成本之間的折中。如果客戶需要與訂單提前期（即訂單訂貨時間與訂單交付時間之間的延遲時間）是確定的，則庫存控制非常簡單[19]。然而，在實際中需要與訂單提前期是不確定的。為了保證能夠及時滿足客戶需要，在庫存控制中提出了安全庫存的概念。在再訂貨點庫存控制系統中，如果庫存降低到了安全庫存以下，就會下新的訂單以保證安全庫存。如果安全庫存足夠大，就會以充分大的機率保證新的訂單能夠及時到來以避免庫存缺貨。

設 T_E 與 T_R 分別為耗盡庫存與補充庫存的時間，耗盡庫存的期望時間 $E(T_E)$ 可以用實際庫存 I 與需要率 $\bar{d}$ 的比值獲得，如公式(5-4)所示：

$$E(T_E)=I/\bar{d} \tag{5-4}$$

如果 $T_E<T_R$，就會出現缺貨的現象。為了避免缺貨，當庫存滿足如下條件時就要下新的訂單，如公式(5-5)所示：

$$I<\bar{d}\times T_R+ss \tag{5-5}$$

其中，ss 表示安全庫存。

類似地，在半導體生產線上，瓶頸設備庫存的變化來自於不確定的需要（設備的故障與修復時間是不確定的）、新投入工件到達瓶頸設備的不確定的提前期和來自於其他工作中心的 WIP。在 SA 中，首先定義虛擬庫存的概念，用於表示在瓶頸設備前等待加工工件以及在給定時間內將會到達瓶頸設備等待加工的工件的總工作時數。給定時間一般使用新投入工件首次到達瓶頸設備的預計時間表示。另外，在瓶頸工作中心處於修復狀態的設備的預期修復時間內能夠完成的工件數也作為虛擬庫存的一部分。與庫存控制相同，當虛擬庫存下降到事先既定的水準之下時，就需要投入新的工件到生產線。

顯然，SA 的目標是使新投放工件能夠及時到達瓶頸設備以避免瓶頸設備出現飢餓。安全虛擬庫存是系統的控制參數，提高安全虛擬庫存能夠增加平均庫存水準，但也會降低瓶頸設備因缺少工件而出現空閒的機率，並且能夠提高產量。

透過以上分析，下面給出只有一個瓶頸工作中心的單產品生產線上避免飢餓投料策略（SA）的正式定義。設瓶頸工作中心為 B，在該工作中心處有 m 臺相同設備，其平均修復時間為MTTR_B。

設當前工序為 i 的工件的數目（包括正在加工的工件和正在排隊等待加工的工件）為 K_i。第 i 道工序使用加工工作中心 w_i 完成，加工時間為 d_i。設 i_0 為首次訪問 B 的工序數目，如公式(5-6) 所示。

$$i_0=\min\{i \mid w_i=B\} \tag{5-6}$$

設 S_B 為瓶頸工作中心能夠完成的工序集合，如公式(5-7) 所示：

$$S_B=\{i \mid w_i=B\} \tag{5-7}$$

設 F 為第一次訪問 B 之前的所有工序的集合，如公式(5-8) 所示：

$$F=(1,\cdots,i_0-1) \tag{5-8}$$

定義 L 是從第一道工序到第一次訪問 B 之間的工序的整體加工時間，如公式(5-9) 所示：

$$L=\sum_{i=1}^{i_0-1} d_i \tag{5-9}$$

設 n_i 是當前工序為 i 的工件下一次訪問 B 的工序的數目，再定義 P 為距下一次訪問 B 之前的工序的加工時間之和小於 L 的工序的集合，如公式(5-10) 所示：

$$P=\{i \mid \sum_{j=1}^{n_i-1} d_j<L\} \tag{5-10}$$

設 $Q=F\cup P\cup S_B$ 是關鍵工序的集合，再定義 $N(B)$是瓶頸工作中心中正在修復的設備的臺數。猜想整體設備修復時間如公式(5-11) 所示：

$$R=\mathrm{MTTR}_B\times N(B) \tag{5-11}$$

則瓶頸工作中心的虛擬庫存 W 定義如公式(5-12) 所示：

$$W=(R+\sum_{i\in Q}K_i\, d_{n_i})/m \tag{5-12}$$

若瓶頸工作中心的虛擬庫存小於 αL，如公式(5-13) 所示：

$$W<\alpha L(\alpha>0) \tag{5-13}$$

其中，α 為滿意係數，可以人為設定，則瓶頸設備存在飢餓的危險，因此要求新工件投入生產線。

以上定義的是生產線上只有一個固定的瓶頸工作中心時避免飢餓投料策略。在實際半導體製造環境中，瓶頸工作中心的位置可能會隨著同時線上上流動的產品的品種混合不同而發生漂移，此時可以將 SA 的思想擴展到有多個瓶頸的環境，即如果所有工作中心的工件排隊水準降到安全虛擬庫存水準以下，則進行投料。

③ 工作負荷調整投料策略　工作負荷調整投料策略的核心思想是透過投料使半導體製造生產線各個加工區的工作負荷得到調整，從而達到最佳性能[20]。工作負荷調整一般與產能的調整連繫在一起，工作負荷發生變化，那麼產能也可能會發生變化[21]。工作負荷調整投料策略希望達到的目標就是能夠透過工作負荷調整來增加整條生產線的產能。

工作負荷調整包括三個方面：工作負荷描述、工作負荷預測和工作負荷控制。工作負荷描述需要考慮到生產負荷的測量和建模；工作負荷預測是指透過對資料的觀測和測量來預測資源未來使用情況；工作負荷控制是指把預測需要考慮進產能計劃中，並且持續監控工作負荷運行情況，作出可能的負荷調整。

對於特定的半導體製造生產線，每天每時每刻都會有某些加工區處於瓶頸狀態。某一加工區處於瓶頸狀態，那麼必然有很多工件卡在這一加工區前等待加工，影響工件加工週期的最大因素就是工件的等待加工時間[22]。對於整條生產線來說，某些加工區等待加工工件增多，那麼其他加工區可能會出現比較空閒的情況，這些空閒加工區的設備也就不能得到充分利用。透過投料來調整各個加工區的工作負荷，可以期望獲得優化的半導體製造性能，這正是工作負荷調整策略的目標之所在。

5.1.2 改進的投料控制策略

改進的投料控制策略主要有兩種思路：1）綜合投料策略；2）分產品分層控制投料策略。綜合投料策略包含兩層思想：一是多種常用投料策略的集成；二是投料與派工的組合或集成[23]。分產品分層控制投料策略的提出是因為考慮到同一生產線上混雜著多種產品同時在加工，如採用 CONWIP 等常用投料控制策略因沒有考慮產品的種類及加工進度，造成 WIP 過多地集中在某一個加工區域，影響生產線的產出率[24]。

Qi 等[25-27]在 CONWIP 和 CONLOAD 的基礎上，提出了一種新的動態投料策略—WIPLCtrl，該方法克服了 CONLOAD 只考慮瓶頸設備負載的缺點。WIPLCtrl 投料控制策略將生產線上所有工件的剩餘加工時間總和（WIPLoad）作為衡量指標，透過閉環控制系統即時監控生產線上的 WIPLoad 的值，隨之調整投料策略。作者將 WIPLCtrl 投料控制策略應用於實際的半導體多重入生產線上，根據生產線產量高低兩種情況，分別與 WR、CONWIP 與 UNIF 相比。當生產線產量較低時，WIPLCtrl 投料控制策略獲得的平均加工週期最小；當生產線的產量相對較高時，WIPLCtrl 投料控制策略能夠獲得更小的平均加工週期，相較於其他三種投料策略其優勢更顯著。而且，隨著生產線的擾動的增大，WIPLCtrl 投料控制策略的可靠性和魯棒性也最高。

Bahaji 等[28]透過仿真研究了 CONWIP、推動式投料控制策略與常用的派工規則等各種不同的組合，仿真結果指出了各種組合的優缺點，並對其適用範圍作了詳細的描述。Wang 等[29]提出了一種複合優先級的派工規則（Compound Priority Dispatching，CPD），該派工規則在派工的同時，考慮了在製品管理與投料控制，綜合了當前生產線初始狀態、在製品數量和上下游工藝資訊，提出了工件的複合優先級計算公式，仿真結果表明相較於派工規則 FIFO 和 SRPT，CPD 能夠顯著減少生產線平均排隊時間（Mean Total Queue Time，MTQT），並且增加生產線產出率。針對性能指標即時優化投料計劃，Li 等[30]提出了一種基於元模型的蒙特卡羅仿真方法來捕獲半導體製造系統中動態、隨機的行為仿真，結果表明，該方法可以有效改善投料計劃，提高生產線的性能。Chen 等[31]針對動態投料控制策略中的閾值往往是根據試湊法確定，沒有根據即時狀態資訊作出動態調整，提出了基於極限學習機的投料控制策略。它主要是建立工件資訊、生產線即時狀態與投料控制策略的學習機制。仿真表明該策略可以改善出片量和加工週期這兩個性能指標。但不能很好地應對瓶頸漂移的情況。

Yao 等[32]首次提出了將派工規則與投料策略相結合的概念（Decentralized WIP and Speed Control Policy，DW&SCP）。在派工規則方面，根據設備利用率和派工複雜度熵值，將生產線上的設備分成三類：非瓶頸設備、熵值較小的瓶頸設備和熵值較大的瓶頸設備。這三類設備分別採用在製品控制與產量控制兩種派工方法的不同組合作為其派工規則。在投料控制策略方面，前期採用 CONWIP 投料控制，後期採用固定時間間隔投料方法，從而平衡了在製品數量與投料速率之間的矛盾。仿真結果表明該方法在平均加工週期、平均加工週期方差和服務水準上都要優於下一排隊最小批量（Fewest Lots in the Next Queue，FLNQ）、最短加工時間（Shortest Process Time，SPT）、設備預期最少加工量（Least Amount of Expected Work per Machine，LAEW/M）等派工規則與UNIF、EXPTime、CONWIP投料控制策略之間的任何一種組合。

Sun等[33]首次提出了基於子訂單概念的動態分類在製品（Dynamic Classified WIP，DC-WIP）投料控制策略。子訂單是指根據產品類型將客戶的訂單劃分成多個子訂單，這樣每個子訂單就只包括一種類型的產品。來自同一個訂單的各個子訂單在客戶重要程度和訂單緊急程度上有相同的屬性，但是在訂單大小、加工週期和利潤預期方面又有所不同，因此作者又採用基於模糊演算法優先級排序方法，得到各個子訂單的優先級。最後透過約束理論（Theory of Constraints，TOC）與Little公式求得每個子訂單的最佳在製品值（WIP_i）。DC-WIP的投料思想是根據子訂單的優先級依次判斷當前子訂單在生產線上的在製品數量$WIP_{(avr)i}$是否滿足$WIP_{(avr)i}=WIP_i$，如成立則投放該子訂單的產品，直至滿足$WIP_{(avr)i}=WIP_i$。基於WIP投料控制策略應用在mini-fab模型中，透過將該投料策略與CONTime、AVR-WIP（即每個子訂單的WIP_i均相等）相比可知，DC-WIP投料控制策略在準時交貨率和平均加工週期方面均要優於其他兩種投料策略。

5.1.3 現階段投料控制策略的侷限性

透過對上述研究發現，常用投料控制策略和改進投料控制策略均有一定的侷限性。

在常用投料控制策略中，靜態投料控制策略往往沒有考慮生產線上的即時狀態資訊，而動態投料控制策略雖然考慮了即時狀態資訊，但是往往只考慮到即時狀態資訊中的一個方面，如CONWIP只考慮了生產線在製品數量，WR只考慮了瓶頸設備上的工作負荷。此外，動態投料控制策略中的閾值往往是根據試湊法確定，沒有根據即時狀態資訊作出動態調整，所以常用的靜態投料方法和動態投料方法均沒有完全考慮到生產線上的即時狀態，具有一定的片面性。

改進投料控制策略是在常用投料控制策略的基礎上，綜合了各種投料控制策略優點，但是效果與實用性往往是相互矛盾的，即投料策略的效果與實用性往往成負相關性。這種投料方式的效果可能顯著，但是其複雜的決策機制往往需要大量的計算時間，影響投料決策的效率。

因此，研究一種綜合考慮投料訂單資訊與生產線即時狀態資訊且具有優化能力的投料控制策略是很有必要的。

5.2 基於極限學習機的投料控制策略

極限學習機（Extreme Learning Machine，ELM）是最近幾年發展起來的一種新型的前饋神經網路學習方法，應用十分廣泛，如旋轉機械的故障診斷、人臉辨識和動作辨識等。ELM 具有訓練速度快、可獲得全局最佳解的優點，同時具有良好的泛化性能，所以本節採取 ELM 作為投料控制策略的學習機制。

ELM 的典型結構如圖 5-2 所示。它由 n 個輸入層節點，l 個隱含層節點和 m 個輸出層節點組成。其中，輸入層權值 ω_{ij} 表示輸入層節點 i 和隱含層節點 j 之間的增益，如公式(5-14) 所示：

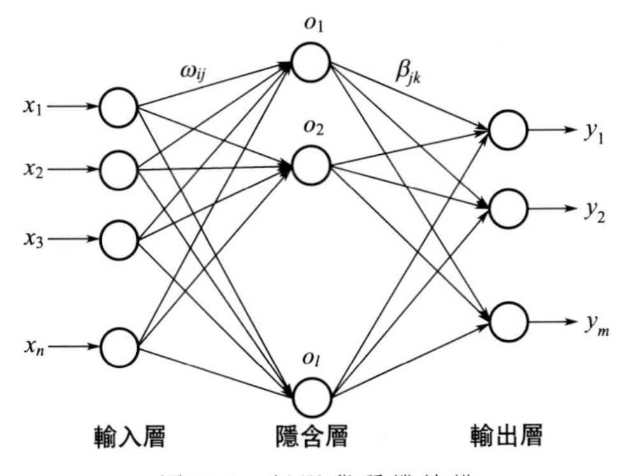

圖 5-2 極限學習機結構

$$\boldsymbol{\omega}_{n\times l}=\begin{bmatrix}\omega_{11} & \omega_{12} & \cdots & \omega_{1l}\\ \omega_{21} & \omega_{22} & \cdots & \omega_{2l}\\ \vdots & \vdots & \ddots & \vdots\\ \omega_{n1} & \omega_{n2} & \cdots & \omega_{nl}\end{bmatrix} \tag{5-14}$$

式(5-15) 中，輸出層權值 β_{jk} 表示第 j 個隱含層神經元與第 k 個輸出之間的增益。

$$\boldsymbol{\beta}_{l\times m}=\begin{bmatrix}\beta_{11} & \beta_{12} & \cdots & \beta_{1m}\\ \beta_{21} & \beta_{22} & \cdots & \beta_{2m}\\ \vdots & \vdots & \ddots & \vdots\\ \beta_{l1} & \beta_{l2} & \cdots & \beta_{lm}\end{bmatrix} \tag{5-15}$$

$b_{l\times 1}$表示隱含層的閾值，如式(5-17) 所示：

$$\boldsymbol{b}_{l\times 1}=[b_1 \quad b_2 \quad \cdots \quad b_l]' \tag{5-16}$$

ELM 演算法無需疊代訓練和學習資料，隨機初始化輸入層權值矩陣 $\boldsymbol{\omega}_{n\times l}$ 和隱含層閾值矩陣 $\boldsymbol{b}_{l\times 1}$。設訓練集有 Q 個樣本，輸入矩陣為 $\boldsymbol{X}$，輸出矩陣為 $\boldsymbol{Y}$，分別可以如式(5-17) 和式(5-18) 表示：

$$\boldsymbol{X}_{n\times Q}=\begin{bmatrix} x_{11} & x_{12} & \cdots & x_{1Q} \\ x_{21} & x_{22} & \cdots & x_{2Q} \\ \vdots & \vdots & \ddots & \vdots \\ x_{n1} & x_{n2} & \cdots & x_{nQ} \end{bmatrix} \tag{5-17}$$

$$\boldsymbol{Y}_{m\times Q}=\begin{bmatrix} y_{11} & y_{12} & \cdots & y_{1Q} \\ y_{21} & y_{22} & \cdots & y_{2Q} \\ \vdots & \vdots & \ddots & \vdots \\ y_{m1} & y_{m1} & \cdots & y_{mQ} \end{bmatrix} \tag{5-18}$$

設隱含層的激活函數為 $g(x)$，一般取 Sigmoid 函數，則可知該網路的輸出如公式(5-19) 和公式(5-20) 所示：

$$\boldsymbol{T}_{m\times Q}=[\boldsymbol{t}_1,\boldsymbol{t}_2,\cdots,\boldsymbol{t}_Q] \tag{5-19}$$

$$\boldsymbol{t}_j=\begin{bmatrix} t_{1j} \\ t_{2j} \\ \vdots \\ t_{mj} \end{bmatrix}=\begin{bmatrix} \sum_{i=1}^{l}\beta_{i1}g(\omega_i x_j+b_i) \\ \sum_{i=1}^{l}\beta_{i2}g(\omega_i x_j+b_i) \\ \vdots \\ \sum_{i=1}^{l}\beta_{im}g(\omega_i x_j+b_i) \end{bmatrix} \tag{5-20}$$

為了得到 β_{jk}，公式(5-19) 和公式(5-20) 可以簡化為公式(5-21)，其中 $\boldsymbol{H}$ 為極限學習機的隱含層輸出矩陣，具體形式如公式(5-22)。這樣，β_{jk} 就可以透過公式(5-23) 得到，其中 $\boldsymbol{H}^+$ 是隱含層輸出矩陣的 Moore-Penrose 廣義逆。

$$\boldsymbol{H\beta}=\boldsymbol{T} \tag{5-21}$$

$$\boldsymbol{H}=\begin{bmatrix} g(\omega_1 x_1+b_1) & g(\omega_2 x_1+b_2) & \cdots & g(\omega_l x_1+b_l) \\ g(\omega_1 x_2+b_1) & g(\omega_2 x_2+b_2) & \cdots & g(\omega_l x_2+b_l) \\ \vdots & \vdots & \ddots & \vdots \\ g(\omega_1 x_Q+b_1) & g(\omega_2 x_Q+b_2) & \cdots & g(\omega_l x_Q+b_l) \end{bmatrix} \tag{5-22}$$

$$\boldsymbol{\beta}_{l\times m}=\boldsymbol{H}^+\boldsymbol{T} \tag{5-23}$$

最後，透過建立起來的 ELM 模型，輸入測試集就可以得到相應的輸出。

上述 ELM 模型的建立過程，如圖 5-3 所示。

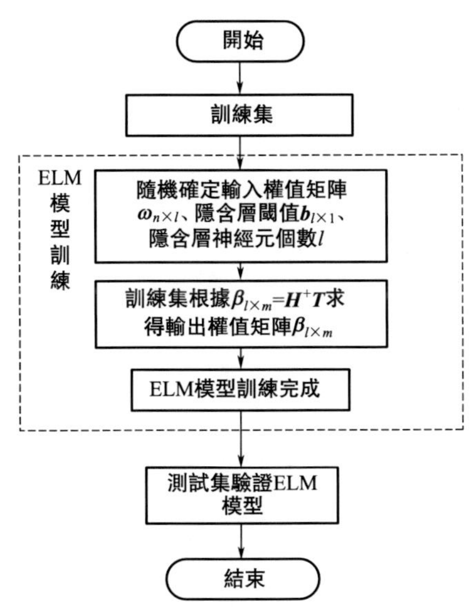

圖 5-3　極限學習機模型構建流程

5.2.1 基於極限學習機確定投料時刻的投料控制策略

5.2.1.1 確定投料時刻的簡單控制策略

確定投料時刻的簡單控制策略主要包括 FIFO、EDD、CONWIP、SA、WIPCTRL 和 WR，本節在實際半導體生產線 BL 模型上進行仿真並比較這些策略的優劣，選取出片量和平均加工週期作為性能指標來評價這些策略性能。模型運行 90 天，其中前 30 天作為預熱期，仿真結果如表 5-3 所示，其中 TH_CMP 和 CT_CMP 表示各策略與 FIFO 在 TH 和 CT 性能指標上的比較。

表 5-3　簡單投料策略的比較

Strategy	TH/lot	TH_CMP	CT/h	CT_CMP
FIFO	371	0.00%	991	0.00%
EDD	371	0.00%	989	0.20%
CONWIP	381	2.70%	988	0.30%
SA	383	3.20%	955	3.63%
WIPCTRL	382	2.96%	981	1.01%
WR	385	3.77%	954	3.73%

由表 5-3 可知，靜態投料控制策略 FIFO 和 EDD 的出片量相等，但 EDD 策略的平均加工週期比 FIFO 稍微優越，降低了 0.20%。CONWIP、SA、WIPCTRL 和 WR 策略較 FIFO 策略在出片量和平均加工週期性能上都有所提高，出片量分別提高了 2.70%、3.20%、2.96% 和 3.77%，平均加工週期上分別提高了 0.30%、3.63%、1.01% 和 3.73%。

綜上所述，動態投料控制策略的性能遠優於靜態投料控制策略，這是因為動態投料控制策略考慮了生產線即時狀態，能夠根據即時狀態作出投料調整，而在所有的動態投料控制策略中，WR 策略性能最佳。

實際加工過程中，產品比例和生產線即時狀態是不斷變化的，但是常用動態投料控制策略通常會限制生產線上或瓶頸加工區上的工作負荷閾值或在製品閾值保持不變。一般情況下，動態投料控制策略是透過試湊法設定不同閾值進行仿真，選取性能較好的仿真所對應的閾值作為最終動態投料控制策略中的閾值，但該閾值無法反映即時狀態資訊的改變，即雖然動態投料控制策略能夠根據即時狀態作出調整，但由於不能即時調整閾值，所以普通動態投料控制策略作出的這種調整是有限的。此外，普通動態投料控制策略中考慮的即時狀態通常只有一種，不能全面考慮到即時狀態。

由上述比較結果可知 WR 投料控制策略的性能最佳，所以本節將在 WR 策略上作改進。同時為了解決上述兩個問題（閾值不隨即時狀態變動和即時狀態考慮有限），我們提出了基於極限學習機推導動態閾值的 WR 方法（Workload Regulation with Extreme Learning Machine, WRELM）。

5.2.1.2 基於 ELM 的 WR 投料控制

如前所述，普通 WR 方法中的閾值是透過試湊法得到的。但在實際生產線中，產品比例是不斷變化的，普通 WR 方法不能夠反映這一情況，因此需要提出一個能夠考慮即時狀態閾值的 WR 方法。

為了設定動態閾值，首先需要建立考慮即時狀態資訊的學習機制。這種學習機制以多個即時狀態作為輸入，動態閾值作為輸出，既實現了 WR 中閾值隨即時狀態的動態調整，又考慮到了多個即時狀態資訊。建立學習機制的流程如圖 5-4 所示，具體如下。

步驟 1： 樣本採集。

首先，選取不同固定閾值的 WR 方法來進行仿真。其目的是為了盡可能覆蓋不同即時狀態下的最佳 WR 閾值，即最後所生成模型 WRELM 中的閾值會根據即時狀態的改變而改變，進而促使生產線性能達到最佳。

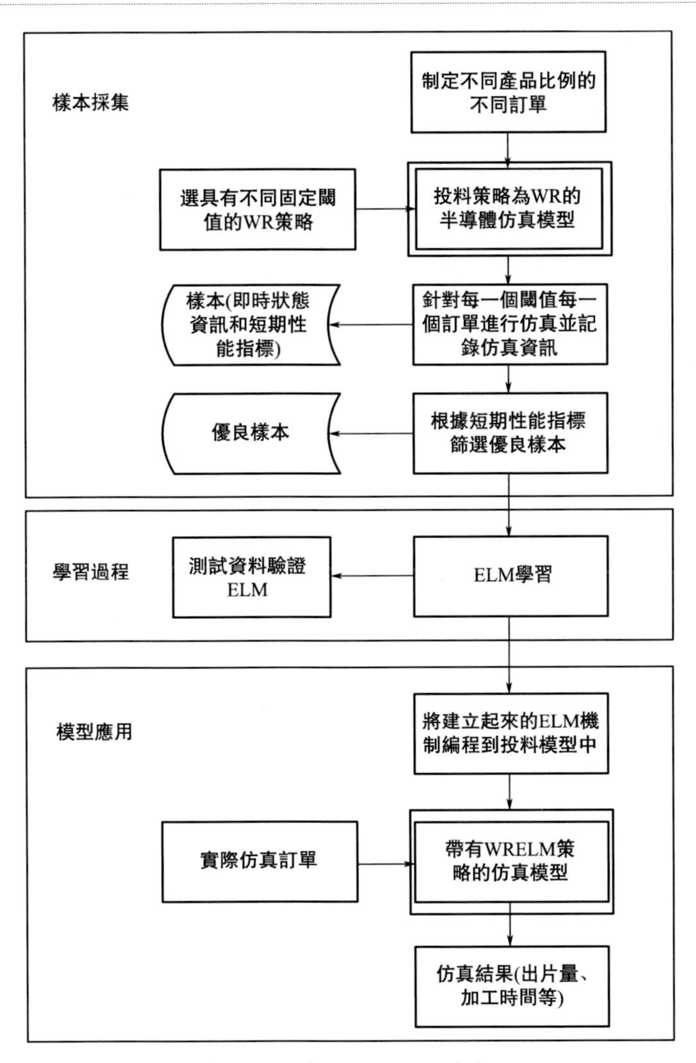

圖 5-4　建立 WRELM 流程

其次，對於每一個閾值選取含有不同產品比例的訂單。不同產品比例的訂單投入到生產線中會使即時狀態盡可能多樣化，最終模型中的學習機制便可以適用於不斷變化的即時狀態以達到最後性能指標最佳化。

最後，記錄即時狀態資訊和短期性能指標。即時狀態資訊包括不同種類在製品的數量和不同加工階段在製品的數量。短期性能指標包括每天的加工步數（日 MOV）和瓶頸設備利用率。短期性能會影響最終的性能指標 TH 和 CT。這些資料記錄將作為訓練集。

步驟 2：學習過程。

確定 ELM 模型的輸入和輸出。這裡，我們選取即時狀態作為輸入，WR 閾值作為輸出。但並不是選取所有的即時狀態和 WR 閾值作為輸入和輸出，首先會根據短期性能指標的優劣選取優異的樣本，然後選取與優良樣本相對應的即時狀態和 WR 閾值作為 ELM 的輸入和輸出。

接下來在 MATLAB 中實現 ELM 建模過程，並將優良樣本資料添加到 MATLAB 代碼中，透過 MATLAB 仿真記錄 ELM 的 $\boldsymbol{\omega}_{n\times l}$、$\boldsymbol{\beta}_{l\times m}$ 和 $\boldsymbol{b}_{l\times 1}$。其中，$\boldsymbol{\omega}_{n\times l}$ 和 $\boldsymbol{b}_{l\times 1}$ 是隨機產生的，而 $\boldsymbol{\beta}_{l\times m}$ 可以根據公式(5-23)得出。

透過上面步驟，ELM 學習機制中的參數都已經確定，最後只要透過測試樣本來判斷 ELM 學習機的精度是否達到要求。

步驟 3：模型應用。

確定 ELM 參數後，便可以在調度仿真系統中實現學習機制，包括 ELM 參數的記錄和算術表達式代碼的實現。實現了考慮 ELM 的優化仿真系統後，在實際仿真中，極限學習機的輸出（WR 的閾值）將會根據多個即時狀態和學習機制動態改變，克服了普通動態投料控制策略中的不足之處。

5.2.1.3 仿真結果比較

這裡的仿真是在 BL 模型上進行的。在實驗中選取了五種不同的工件，每類工件在瓶頸設備上都有不同的加工時間，這樣可以保證不同訂單在瓶頸設備上產生不同的即時狀態，如表 5-4 所示。根據預先的仿真，瓶頸設備上的負荷值在 0 分和 900 分之間，性能結果較好，所以這裡選擇從 0 分到 900 分範圍內間隔 100 的 10 個數值作為 WR 方法中不同固定閾值。其中，當閾值為 0 分時，訂單不會根據瓶頸設備上的工作負荷進行投料，只會依據事先排好順序的訂單進行投料，此時的投料規則就是 FIFO。同時，在每個閾值下，選擇 22 種具有不同比例工件的訂單來進行 22 次仿真，每個訂單仿真 1 次，共 220 次仿真。

表 5-4　不同工件在瓶頸設備上的加工次數

工件名	瓶頸設備加工次數/次
UF100300	5

續表

工件名	瓶頸設備加工次數/次
V16N50	9
1117F6	12
8563	15
YTD0325	22

這裡每次仿真進行 90 天，其中前 30 天為預熱期，目的是使生產線上的各個加工區達到穩定狀態。從第 31 天開始記錄即時狀態資訊和短期性能指標，共採集 13200(60×220) 組樣本資料，選取 560 組高日加工步驟數和高利用率的樣本作為訓練集，其中閾值為 200 分的一部分優良樣本見表 5-5。

表 5-5　訓練集範例

日加工步驟數/步	Utilization	不同工件在製品數量比例	不同加工階段在製品數量比例	閾值/分
37500	0.7025	30:33:34:62:29	21:27:26	200
39050	0.7229	35:74:45:49:49	27:23:20	200
38825	0.7075	34:72:41:48:48	29:21:25	200
3760	0.7138	45:46:46:132:44	19:25:24	200
39775	0.7135	45:46:46:131:44	86:24:20	200
35700	0.7010	34:44:73:46:48	25:22:25	200
36175	0.7039	55:58:74:86:59	30:22:21	200
36100	0.7050	48:56:55:82:86	18:27:23	200
36225	0.7055	34:37:33:46:49	30:24:22	200
36125	0.7343	34:39:33:49:52	28:25:21	200

將在製品數量（不同工件+不同工藝）作為 ELM 的輸入，其對應的閾值被選作輸出，然後透過 MATLAB 仿真建立 ELM 機制，經過測試集測試驗證已建立 ELM 的精確性。同時將矩陣 $\boldsymbol{\omega}_{n\times l}$、$\boldsymbol{b}_{l\times 1}$、$\boldsymbol{\beta}_{l\times m}$ 記錄到 BL 仿真系統中。

建立起極限學習機後，透過仿真來比較 WRELM 與其他簡單投料規則。已知簡單投料規則中的 WR 投料策略性能最佳，所以只需將 WRELM 與 WR 進行比較即可。同樣在 BL 模型上仿真 90 天，前 30 天作為預熱期。在具有不同閾值的多個 WR 策略中選取代表一般性能和最佳性能的兩個仿真結果作為比較。Order$i$ ($1\leqslant i\leqslant 5$) 表示具有不同工件比例的 5 個訂單。仿真結果及結果比較分別如表 5-6 和表 5-7 所示。為了使結果更加直觀，圖 5-5 和圖 5-6 以柱狀圖的形式將比較結果進行統計。其中，WR1、WR2 分別表示最佳性能和平均性能；TH_IMP_WR1 和 CT_IMP_WR1 分別表示相對於 WR1，WRELM 在 TH 和 CT 上提高的百分比；TH_IMP_WR2 和 CT_IMP_WR2 分別表示相對於 WR2，WRELM 在 TH 和 CT 上提高的百分比。

表 5-6 WR 和 WRELM 的仿真結果

訂單	WR1		WR2		WRELM	
	TH/lot	CT/h	TH/lot	CT/h	TH/lot	CT/h
Order1	371	338	357	348	371	325
Order2	355	348	336	382	356	324
Order3	367	319	362	345	373	300
Order4	397	320	386	400	398	317
Order5	356	324	345	400	359	321

表 5-7 WR 和 WRELM 仿真結果比較

訂單	TH_IMP_WR1	TH_IMP_WR2	CT_IMP_WR1	CT_IMP_WR2
Order1	0.00%	3.93%	3.84%	6.61%
Order2	0.00%	5.95%	6.90%	15.18%
Order3	1.63%	3.04%	5.96%	13.04%
Order4	0.23%	3.11%	0.94%	20.75%
Order5	0.84%	4.05%	0.93%	19.75%

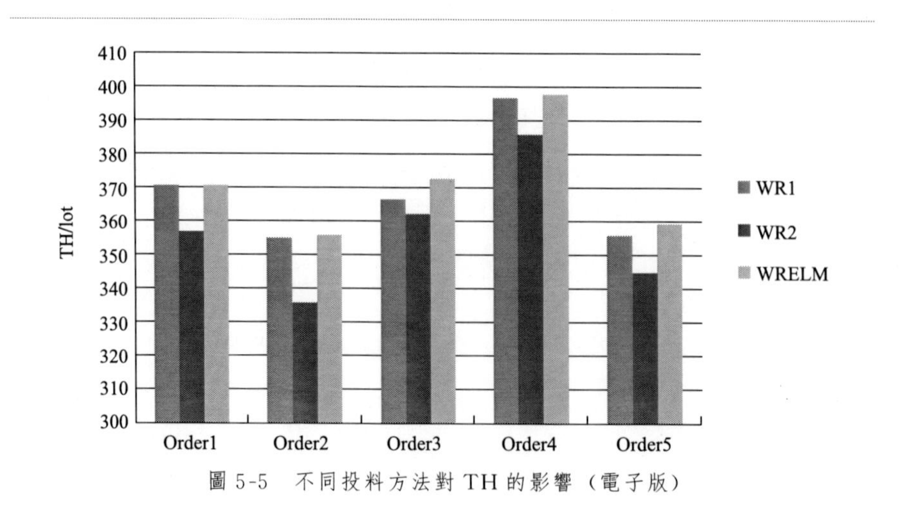

圖 5-5 不同投料方法對 TH 的影響（電子版）

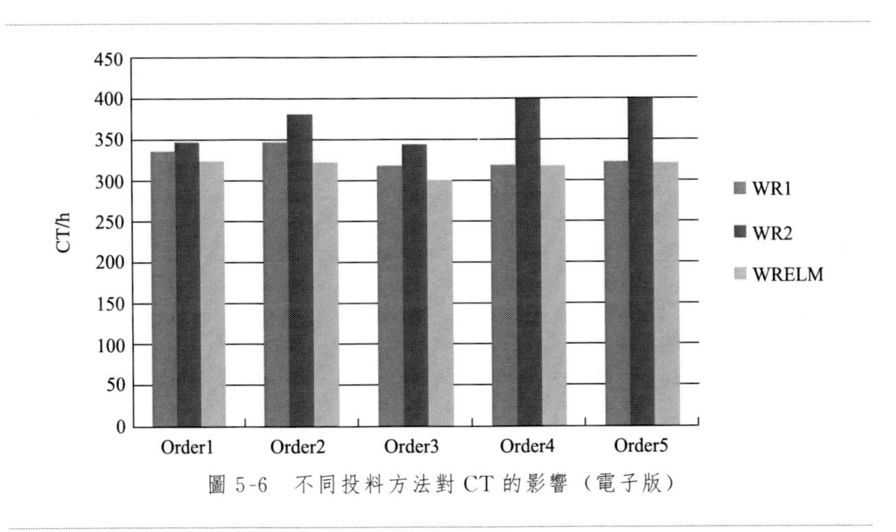

圖 5-6 不同投料方法對 CT 的影響（電子版）

由表 5-6、表 5-7、圖 5-5 和圖 5-6 可以得到以下幾點結論。

① order1 和 order2 中，WRELM 的 TH 和 WR1 的 TH 相等；WRELM 的 CT 要稍低於 WR1 的 CT，即 WRELM 可以有效改差 CT。訂單 order3、order4、order5 中，WRELM 的 TH 和 CT 都要優於 WR1 的 TH 和 CT，但優勢不明顯，這是因為 WR1 的閾值取值是在 WR 策略中最佳異的。

② 相對於 WR2，WRELM 策略的仿真性能有明顯改善。在幾次仿真中，相對於 WR2，WRELM 在 TH 上最大改善幅度為 5.94%，最小為 3.04%；在 CT 上最大改善幅度為 20.75%，最小改善幅度也有 6.61%。

③ 總體來說，WRELM 的性能和 WR1 差不多；但相對於 WR2，WRELM 在 TH 和 CT 上分別能提高 4.03%和 15.40%。

5.2.2 基於極限學習機確定投料順序的投料控制策略

投料策略主要用來確定何時投入多少數量的何種工件到生產線上。上述 WRELM 投料控制策略主要是對投料時刻進行把控，本節另外提出一種基於極限學習機來控制投料順序的投料策略（Release Plan with ELM，RPELM）。

當某種工件在生產線上遇到加工阻塞時，需要延遲投入這種工件到生產線，否則會造成生產線更加阻塞，從而使出片量、準時交貨量等性能指標變差。考慮投料順序的普通投料策略主要有 FIFO 和 EDD，但兩者僅考慮了訂單資訊，忽略了生產線即時狀態資訊。RPELM 則協同考慮訂單資訊和生產線即時狀態資訊來決定投料順序。

5.2.2.1 影響投料的訂單資訊分析

對工件來說，其固有屬性主要包括加工步數、淨加工時間、訂單給定的平均加工週期以及是否為緊急工件。工件的加工步數表明工件流程的長短，加工步數越多說明其被派工次數越多，會更大機率增加工件在加工區上的等待時間，影響工件的平均加工週期。淨加工時間表示工件在無阻塞的情況下完成所有加工所需的時間，淨加工時間越小說明工件在生產線上的滯留時間越少，平均加工週期越短。平均加工週期越小說明工件流動性越快，設備利用率更高，生產線產能越高。針對緊急工件，應優先投入生產線進行加工以優化緊急工件的準時交貨率（HLODR）和平均加工週期（CT）。

綜上，選取影響投料的訂單資訊有 4 個因素：淨加工時間、訂單平均加工週期、加工步數和是否為緊急工件。

5.2.2.2 考慮緊急工件的派工規則

由於考慮了緊急工件，所以首先需要在仿真模型中區分緊急工件和普通工件。通常來說，緊急工件是由於交貨期緊張而需要優先投入到生產線中的工件，所以設定緊急工件的交貨期小於普通工件。這裡定義普通工件交貨期為投料時刻加上工件平均加工週期，緊急工件交貨期為投料時刻加上工件平均加工週期與一個係數的乘積，該係數為 0.8～1 之間的一個隨機數。普通工件和緊急工件交貨期如公式(5-24）和公式(5-25）所示。

$$DueDate(i)=ReleaseTime(i)+CT(i) \tag{5-24}$$

$$HotLotDueDate(i)=ReleaseTime(i)+CT(i)*random(0.8,1) \tag{5-25}$$

式中，$DueDate(i)$ 為工件 i 的交貨期；$HotLotDueDate(i)$ 為緊急工件 i 的交貨期；$ReleaseTime(i)$ 為工件 i 的投料時刻；$CT(i)$ 為工件 i 的給定加工時間；$random(0.8,1)$ 為位於區間［0.8，1］之內的隨機數。

一般情況下，研究投料控制策略時不考慮複雜派工規則，只是簡單採用 FIFO，也就說先進入加工區的工件優先進行加工，而不考慮工件的緊急程度。但生產線加入緊急工件且投料策略考慮緊急工件，所以派工規則必須考慮到緊急工件。這裡對常規 FIFO 派工規則進行改進：使派工規則首先判斷加工區是否有緊急工件，如果有緊急工件，按照 FIFO 規則從這些緊急工件中選出最早到加工區的工件進行加工；如果沒有緊急工件則按照 FIFO 規則選出工件進行加工。

類似的還有批加工，通常情況下，在批加工設備所處的加工區中，首先按照 FIFO 挑選出一類工件進行組批加工。但在有緊急工件的情況下，首先會按照 FIFO 將緊急工件納入組批範圍，如果緊急工件數量少於組批工件數量，則按照 FIFO 選取同類普通工件與緊急工件進行組批；若沒有緊急工件，則簡單地按照 FIFO 挑選工件進行組批。

為了驗證緊急工件對派工效果的影響，在緊急工件比例為 10%，在製品數量為 2500 情況下基於 MIMAC 仿真模型進行仿真實驗。所採取的投料控制策略分別為 FIFO、EDD 和 RPELM（RPELM 將會在下文作詳細介紹），仿真目的是為了觀察派工規則改變前後的仿真性能變化。仿真共進行 90 天，其中前 30 天為預熱期，仿真結果如表 5-8 所示，仿真結果性能改變比例見表 5-9 所示。

表 5-8　改進派工規則前後仿真比較

性能指標	改進派工規則前仿真結果			改進派工規則後仿真結果		
	FIFO	EDD	RPELM	FIFO	EDD	RPELM
TH/lot	582	587	586	582	581	582
CT/h	351	348	347	356	354	351
ODR	46.76%	47.43%	50.67%	48.77%	48.76%	52.41%
HLODR	37.50%	57.50%	52.76%	90.70%	100%	100%

表 5-9　派工規則改變前後仿真性能改變比例

性能指標	FIFO	EDD	RPELM
TH	0.00%	−1.02%	−0.68%
CT	−1.43%	−1.72%	−1.15%
ODR	2.01%	1.33%	1.74%
HLODR	53.20%	42.50%	48.50%

從表 5-9 可以看出派工規則改變前後，TH 性能指標稍微變差但不明顯。CT 性能指標變差較明顯，投料規則為 FIFO、EDD、RPELM 情況下分別降低−1.43%，−1.72%和−1.15%。但是 ODR 和 HLODR 性能都有所改善，尤其是 HLODR 性能呈現大幅度提升。在投料規則為 FIFO、EDD、RPELM 的情況下，ODR 分別改善 2.01%、1.33% 和

1.74%；而 HLODR 則分別改善了 53.20%，42.50%和 48.50%。可見改進的派工規則對於緊急工件交貨率的提升能造成明顯作用，並且對整體的性能指標而言利遠大於弊。所以在 MIMAC 仿真中，涉及緊急工件的情況下，將會採用改進的派工規則。

5.2.2.3 多元線性迴歸方程式確定投料優先級

影響投料的訂單因素有淨加工時間、訂單平均加工時間、加工步數和是否為緊急工件。為了確定這四個因素與投料順序的關係，可以採用多元線性迴歸方程式來確定工件的投料優先級。

線性迴歸是一種經過深入研究並在實際應用中廣泛使用的表達式

其數學表達式如式(5-26) 所示。

$$Y=\alpha_1 x_1+\alpha_2 x_2+\cdots+\alpha_m x_m \tag{5-26}$$

其中，$\alpha_1,\alpha_2,\cdots,\alpha_m$ 表示偏迴歸係數。

對於普通工件可以利用式(5-26) 來表述工件的投料優先級和訂單資訊表之間的關係；但對於緊急工件則需要額外增加一個參數來進一步提高緊急工件的投料優先級，如式(5-27) 所示。

$$P_i=a\times\frac{CT_i}{\max(CT_i)}+b\times\frac{T_i}{\max(T_i)}+c\times\frac{Steps_i}{\max(Steps_i)}+IsHotLot(i) \tag{5-27}$$

其中，P_i、CT_i、T_i和$Steps_i$分別表示工件優先級、訂單給定的平均加工週期、訂單給定的淨加工時間和工件Lot_i的加工步數。式(5-27) 中 $IsHotLot(i)$ 的值則根據工件Lot_i是否為緊急工件來確定，若工件為緊急工件，則值為 1，否則值為 0。a、b 和 c 分別代表的是工件Lot_i的CT_i、T_i和$Steps_i$分別對應的權重係數，這些權重是以即時狀態資訊作為輸入，透過 ELM 學習機制推導出來的，所以 RPELM 同時考慮到了訂單資訊和即時狀態資訊。

5.2.2.4 基於極限學習機確定投料順序

在上一節中，已經得出了訂單資訊與工件投料優先級的多元線性迴歸方程式。為了從即時狀態中探勘工件資訊權重，需要建立極限學習機。基於 ELM 和多元線性迴歸方程式確定投料順序的仿真模型構建流程如圖 5-7所示，主要步驟如下。

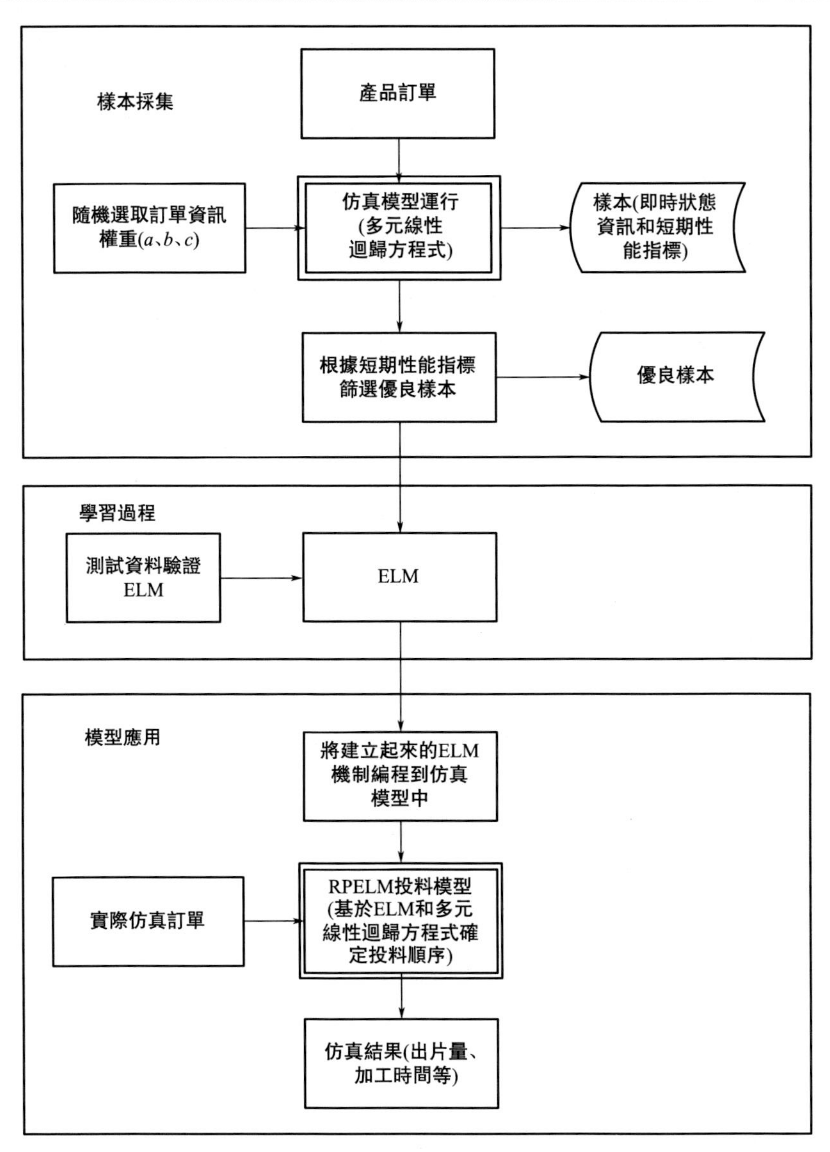

圖 5-7　構建 RPELM 投料模型的流程圖

步驟 1：樣本採集。

首先，隨機選取權重係數 a、b 和 c。將隨機生成的 a、b 和 c 應用到多元線性迴歸方程式中，得到工件投料優先級，然後根據工件投料優先級進行仿真產生樣本。

記錄樣本資料。樣本資料是指即時狀態資訊和短期性能指標。即時狀態資訊包括不同工件在生產加工階段的前段、中段和後段的數量。短期性能指標包括瓶頸設備利用率、日加工步數（MovPerDay）、日出片量（THPerDay）和日準時交貨率（ODRPerDay）。這些短期性能指標能夠反映長期性能指標：TH、CT、ODR 和 HLODR 等。

步驟 2： 學習過程。

首先，選擇 ELM 的訓練集。選取對應於優良短期性能指標的即時狀態和訂單資訊權重係數分別作為 ELM 的輸入和輸出。然後在 MATLAB 上編程，仿真運行建立極限學習機制。

其次，採用測試樣本集對建立起來的學習機制進行測試，檢查 ELM 學習機制的精度是否達到要求。

步驟 3： 模型應用。

在調度仿真系統中實現學習機制，包括 ELM 參數的記錄和算術表達式代碼的實現。完成以上步驟後，工件優先級便會根據訂單資訊、即時狀態資訊和 ELM 機制即時改變。

5.2.2.5 仿真結果比較

為了比較 RPELM 和 FIFO、EDD 投料策略的優劣，在 MIMAC 模型上分別採用 FIFO、EDD 和 RPELM 進行仿真並比較仿真結果。每次仿真進行 90 天，其中前 30 天為預熱期，派工規則為改進的 FIFO。

MIMAC 模型有 9 種工件，選擇它們在加工前段、中段和後段的數量作為即時狀態，共有 27 個即時狀態資訊。同時，選取 TH、CT、ODR 和 HLODR 作為性能評價指標。

為了使結果更具有說服力，分別在生產線在製品數量固定為 2500 片、3500 片、4500 片和 5500 片的情況下進行仿真，仿真結果見表 5-10，為了使仿真結果更加直觀將其以柱狀圖的形式進行展示，如圖 5-8～圖 5-11所示。

表 5-10 不同在製品數量下的 FIFO、EDD 和 RPELM 投料策略仿真結果

workload (unit)	FIFO				EDD				RPELM			
	TH/lot	CT/h	ODR	HLODR	TH/lot	CT/h	ODR	HLODR	TH/lot	CT/h	ODR	HLODR
2500	582	356	48.77%	90.70%	581	354	48.76%	100%	582	356	52.41%	100%
3500	674	408	49.53%	75.00%	671	409	48.91%	71.43%	671	408	52.85%	78.57%
4500	646	635	48.79%	76.67%	644	654	48.74%	76.67%	646	634	52.51%	78.58%
5500	704	831	47.62%	54.16%	698	842	48.01%	54.16%	705	829	49.79%	54.16%

表 5-11 不同在製品數量下的 FIFO、EDD 和 RPELM 投料策略仿真結果比較

workload (unit)	RPELM 相對於 FIFO 性能提高幅度				RPELM 相對於 EDD 性能提高幅度			
	TH	CT	ODR	HLODR	TH	CT	ODR	HLODR
2500	0.00%	0.00%	3.64%	9.30%	0.17%	−0.57%	3.65%	0.00%
3500	−0.45%	0.00%	3.32%	3.57%	0.00%	0.24%	3.94%	7.14%
4500	0.00%	0.16%	3.72%	1.91%	0.31%	3.06%	3.77%	1.91%
5500	0.14%	0.24%	2.17%	0.00%	1.00%	1.54%	1.78%	0.00%

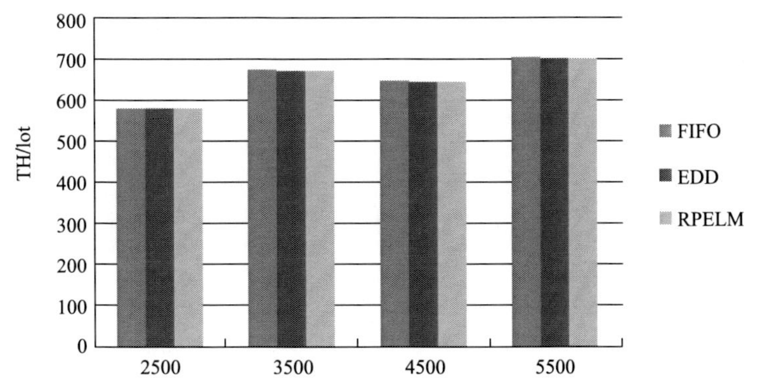

圖 5-8 FIFO、 EDD 和 RPELM 下 TH 比較（電子版）

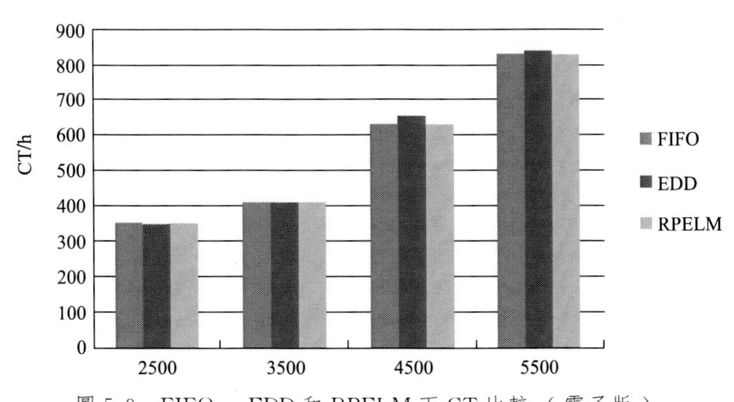

圖 5-9 FIFO、 EDD 和 RPELM 下 CT 比較（電子版）

由表 5-10、表 5-11、圖 5-8～圖 5-11 可以得到如下結論。

① 從圖 5-8 中，可以看出各種策略在同一在製品水準下的 TH 幾乎沒有改變，策略之間最大的變動幅度是在 5500 片時 RPELM 較 EDD 改進的 1.00%，這是由於在製品數量限制了生產線的加工能力，即限制了生產線出片量。同時可以看出 TH 隨著在製品數量的提高大致呈現上升

趨勢，這是因為生產線固定在製品數量的提高意味生產線加工能力變強、產能提高；但也能發現 WIP 為 4500 片時的出片量比 WIP 為 3500 片的時候低，這是由於在製品數量的提高會導致生產線上工件阻塞加劇從而影響出片量。因此，生產線出片量受生產線加工能力以及生產線阻塞情況共同影響。

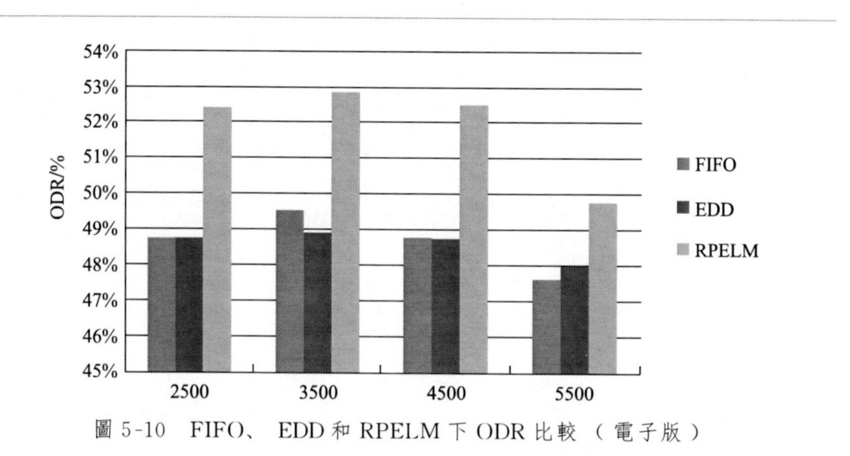

圖 5-10 FIFO、 EDD 和 RPELM 下 ODR 比較 （電子版）

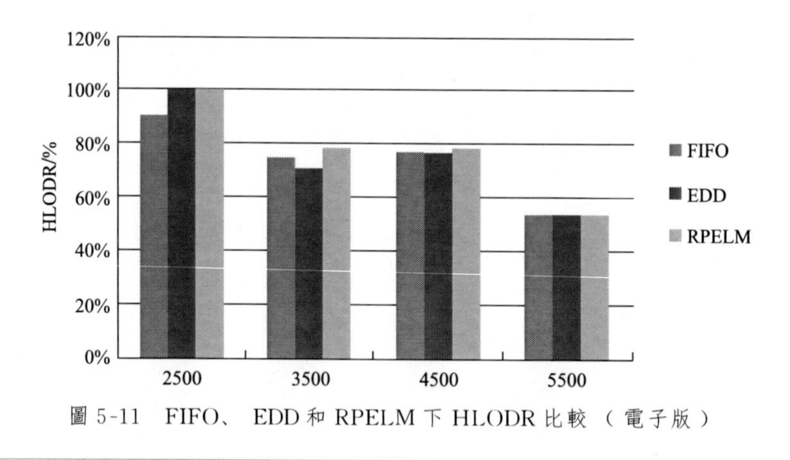

圖 5-11 FIFO、 EDD 和 RPELM 下 HLODR 比較 （電子版）

② 從圖 5-9 中可以看出，RPELM 的 CT 較 FIFO 和 EDD 的 CT 有所改進，但不明顯。同時可以發現，隨著固定在製品數量的上升，各種投料策略下的 CT 性能均有所下降，這是由於生產線固定在製品數量上升會加劇生產線上工件加工的阻塞，工件在加工區等候加工時間整體延長，導致 CT 性能指標下降。

③ 圖 5-10 表明 RPELM 投料控制策略可以改進 ODR 指標。在固定在製品數量為 2500 片、3500 片、4500 片和 5500 片下，相對於 FIFO，

RPELM 能夠提高 3.64%，3.32%，3.72%和 2.17%；相對於 EDD，RPELM 能夠提高 3.65%，3.94%，3.77%和 1.78%。這說明 RPELM 考慮即時狀態資訊後能夠即時作出應對策略進而提高 ODR。但與此同時也能發現 ODR 性能隨著固定在製品數量的上升而下降，這同樣是由於生產線阻塞加劇所致。

④ 圖 5-11 表明當生產線是輕載的時候，RPELM 能夠明顯提高緊急工件交貨率；WIP 數量為 2500 片、3500 片、4500 片時，相對於 FIFO，RPELM 在 HLODR 性能上分別提高了 9.30%、3.57%、1.91%；WIP 數量為 3500 片和 4500 片的情況下，相對於 EDD，RPELM 在 HLODR 上提高了 7.14%和 1.91%。同時，也可以發現 HLODR 的性能改善會隨著生產線在製品數量的提高而減弱。究其原因，同樣是由於生產線阻塞加劇，從而使緊急工件的交貨期整體下降。

整體來講，與 FIFO 和 EDD 相比，RPELM 投料策略能取得更好性能指標。尤其是當生產線為輕載時，RPELM 能夠有效改善工件準時交貨率和緊急工件準時交貨率。很明顯，這是由於 RPELM 考慮到了生產線的即時狀態作出即時調整所取得的成果。

5.3 基於屬性選擇的投料控制策略優化

在 RPELM 策略中，直接選取了不同種類工件在不同加工階段的工件數量作為即時狀態，因為根據經驗這些對於改變投料順序是至關重要的；但事實上，還有很多生產線屬性會影響投料順序。由於很多屬性相關性很強，同時也有一些屬性對於性能指標沒有影響，所以需要從相關性很強的一類屬性集中選取代表，並且從屬性集中剔除那些對性能指標沒有很大影響的屬性。

5.3.1 投料相關屬性集

半導體製造系統由於其自身的複雜特性，生產線上的即時狀態往往非常多，其中影響投料策略的生產線屬性也不在少數，需要探勘對投料控制策略有較大影響的即時狀態屬性。首先需要選出生產線上的屬性集，除了選取不同工件在生產線前、中、後階段的數量之外，還選取了生產線日在製品數量、日加工步數、日加工時間、瓶頸設備上的日加工步驟、瓶頸設備上的等待加工的工件數量作為即時狀態資訊。具體表現在

MIMAC 仿真模型上的屬性集如表 5-12～表 5-20 所示。

表 5-12　生產線屬性集

序號	屬性名稱	屬性含義
1	WIPPerDay	生產線 WIP
2	MovPerDay	生產線 Mov
3	ThPerDay	生產線出片量
4	ProTimrPerDay	生產線加工時間
5	PreWIP1	前 1/3 第 1 種產品在製品數量
6	PreWIP2	前 1/3 第 2 種產品在製品數量
7	PreWIP3	前 1/3 第 3 種產品在製品數量
8	PreWIP4	前 1/3 第 4 種產品在製品數量
9	PreWIP5	前 1/3 第 5 種產品在製品數量
10	PreWIP6	前 1/3 第 6 種產品在製品數量
11	PreWIP7	前 1/3 第 7 種產品在製品數量
12	PreWIP8	前 1/3 第 8 種產品在製品數量
13	PreWIP9	前 1/3 第 9 種產品在製品數量
14	MidWIP1	中 1/3 第 1 種產品在製品數量
15	MidWIP2	中 1/3 第 2 種產品在製品數量
16	MidWIP3	中 1/3 第 3 種產品在製品數量
17	MidWIP4	中 1/3 第 4 種產品在製品數量
18	MidWIP5	中 1/3 第 5 種產品在製品數量
19	MidWIP6	中 1/3 第 6 種產品在製品數量
20	MidWIP7	中 1/3 第 7 種產品在製品數量
21	MidWIP8	中 1/3 第 8 種產品在製品數量
22	MidWIP9	中 1/3 第 9 種產品在製品數量
23	BehWIP1	後 1/3 第 1 種產品在製品數量
24	BehWIP2	後 1/3 第 2 種產品在製品數量
25	BehWIP3	後 1/3 第 3 種產品在製品數量
26	BehWIP4	後 1/3 第 4 種產品在製品數量
27	BehWIP5	後 1/3 第 5 種產品在製品數量
28	BehWIP6	後 1/3 第 6 種產品在製品數量
29	BehWIP7	後 1/3 第 7 種產品在製品數量

續表

序號	屬性名稱	屬性含義
30	BehWIP8	後 1/3 第 8 種產品在製品數量
31	BehWIP9	後 1/3 第 9 種產品在製品數量

表 5-13　Buffer11021 _ ASM _ A1 _ A3 _ G1 加工區屬性集

序號	屬性名稱	屬性含義
32	Mov	Buffer11021_ASM_A1_A3_G1 加工區 Mov
33	Queue	Buffer11021_ASM_A1_A3_G1 加工區排隊隊長
34	Utilization	Buffer11021_ASM_A1_A3_G1 加工區利用率

表 5-14　Buffer1024 _ ASM _ A4 _ G3 _ G4 加工區屬性集

序號	屬性名稱	屬性含義
35	Mov	Buffer1024_ASM_A4_G3_G4 加工區 Mov
36	Queue	Buffer1024_ASM_A4_G3_G4 加工區排隊隊長
37	Utilization	Buffer1024_ASM_A4_G3_G4 加工區利用率

表 5-15　Buffer11026 _ ASM _ B2 加工區屬性集

序號	屬性名稱	屬性含義
38	Mov	Buffer11026_ASM_B2 加工區 Mov
39	Queue	Buffer11026_ASM_B2 加工區排隊隊長
40	Utilization	Buffer11026_ASM_B2 加工區利用率

表 5-16　Buffer11027 _ ASM _ B3 _ B4 _ D4 加工區屬性集

序號	屬性名稱	屬性含義
41	Mov	Buffer11027_ASM_B3_B4_D4 加工區 Mov
42	Queue	Buffer11027_ASM_B3_B4_D4 加工區排隊隊長
43	Utilization	Buffer11027_ASM_B3_B4_D4 加工區利用率

表 5-17　Buffer11029 _ ASM _ C1 _ D1 加工區屬性集

序號	屬性名稱	屬性含義
44	Mov	Buffer11029_ASM_C1_D1 加工區 Mov
45	Queue	Buffer11029_ASM_C1_D1 加工區排隊隊長
46	Utilization	Buffer11029_ASM_C1_D1 加工區利用率

表 5-18　Buffer11030 _ ASM _ C2 _ H1 加工區屬性集

序號	屬性名稱	屬性含義

續表

序號	屬性名稱	屬性含義
47	Mov	Buffer11030_ASM_C2_H1 加工區 Mov
48	Queue	Buffer11030_ASM_C2_H1 加工區排隊隊長
49	Utilization	Buffer11030_ASM_C2_H1 加工區利用率

表 5-19 Buffer17221 _ K _ SMU236 加工區屬性集

序號	屬性名稱	屬性含義
50	Mov	Buffer17221_K_SMU236 加工區 Mov
51	Queue	Buffer17221_K_SMU236 工區排隊隊長
52	Utilization	Buffer17221_K_SMU236 加工區利用率

表 5-20 Buffer17421 _ HOTIN 加工區屬性集

序號	屬性名稱	屬性含義
53	Mov	Buffer17421_HOTIN 加工區 Mov
54	Queue	Buffer17421_HOTIN 加工區排隊隊長
55	Utilization	Buffer17421_HOTIN 加工區利用率

5.3.2 屬性選擇

屬性選擇是從全部特徵中挑選出一些最有效的特徵以降低特徵空間維數，主要包括 4 個基本步驟：候選特徵子集的生成（搜尋策略）、評價準則、停止準則和驗證方法。屬性選擇的基本方法有以下幾種。

(1) 均方誤差評價法

求出各個比較列（非標準列）與標準列的測量值之差，再求各次差值的均方和。均方差計算公式為

$$R_k = \frac{1}{n}\sum_{i=1}^{n}(x_{ki} - x_{0i})^2 \tag{5-28}$$

其中，x_0 為標準資料，n 為有效資料個數。R_k 值越小說明該非標準資料與標準資料的差異越小。

(2) 頻譜分析法

首先將標準資料與非標準資料進行傅立葉變換，然後計算各個非標準資料與標準資料的均方差。

$$R_k = \frac{1}{n}\sum_{i=1}^{n}(\mathrm{fft}(x_{ki}) - \mathrm{fft}(x_{0i}))^2 \tag{5-29}$$

其中，x_0 為標準資料，n 為有效資料個數。R_k 值越小說明該非標準資料與標準資料的差異越小。

(3) 相關係數評價

相關係數計算公式：

$$\rho_{XY}=\mathrm{Cov}(X,Y)/(\sqrt{D(X)}\sqrt{D(Y)}) \tag{5-30}$$

其中

$$\mathrm{Cov}(X,Y)=E((X-E(X))(Y-E(Y))) \tag{5-31}$$

$$D(X)=E((X-E(X))^2)=E(X^2)-(E(X))^2 \tag{5-32}$$

分別為 X、Y 的協方差和方差。相關係數法可表示兩列資料的相關性，其值越接近 1，說明資料越相近。

(4) 擬合優度評價方法

根據最小二乘資料擬合的評價標準，這裡採用擬合優度評價參數 R^2。

擬合優度 R^2 的計算公式為

$$R^2=1-\mathrm{SSE}/\mathrm{SST} \tag{5-33}$$

其中

$$\mathrm{SSE}=\sum_{i=1}^{n}(X_{ki}-X_{0i})^2 \tag{5-34}$$

$$\mathrm{SST}=\sum_{i=1}^{n}X_{0i}^2-\frac{1}{n}(\sum_{i=1}^{n}X_{ki})^2 \tag{5-35}$$

R^2 越大，說明擬合效果越好。

用非標準列資料去擬合標準資料，根據擬合優度評價標準進行評價，其值越接近於 1 說明該列與標準值越接近。

除了以上基本的屬性選擇演算法之外，還有一些改進的屬性選擇演算法，如基於支持向量機預分類的屬性選擇演算法、基於極大連通子圖的相關度屬性選擇演算法、基於分形維數和蟻群演算法的屬性選擇演算法和基於核函數參數優化的屬性選擇演算法等。

5.3.3 經過屬性選擇後的仿真

5.3.3.1 基於 MIMAC 的仿真驗證

為了保證性能指標的優異，需要選取與性能指標密切相關的生產線屬性作為即時狀態。這裡為了保證 RPELM 方法在各個性能指標上的優勢，首先選取與投料性能指標 TH 相關性最大的屬性作為即時狀態集。例如在 MIMAC 上選擇 25 個最終的即時狀態，分別用相關係數法、均方誤差評價法、頻譜分析法和擬合優度評價法選擇的結果如表 5-21 所示。

表 5-21 屬性選擇後的屬性集

相關係數法	3 4 5 6 7 12 13 23 24 25 26 27 28 29 32 33 35 41 43 46 49 50 51 54 55
均方誤差評價法	4 6 7 8 9 10 11 12 13 15 16 17 18 20 21 22 25 26 27 28 29 30 38 49 55
頻譜分析法	4 6 7 8 9 10 11 12 13 15 16 17 18 21 22 25 26 27 28 29 30 38 49 50 55
擬合優度評價法	4 6 7 8 9 10 11 12 13 15 16 17 18 20 21 22 25 26 27 28 29 30 38 49 55

表 5-21 中的序號分別對應表 5-12～表 5-20 中序號所對應的屬性。可以發現均方誤差評價法和擬合優度評價法所選出的屬性集完全一樣，頻譜分析法選出的屬性集和均方誤差選出的屬性絕大部分是重合的。相關係數法選出的屬性集雖然和另外三種演算法選出的屬性集有所差異，但基本也是一致的。

分別將這四種屬性選擇方法選出的屬性應用到 RPELM 投料策略上並進行仿真由於均方誤差評價法和擬合優度評價法在這裡選出的屬性集相同，故只對均方誤差法屬性選擇後的 RPELM 進行仿真。仿真運行 320 天，其中前 30 天作為預熱期，仿真結果如表 5-22 和表 5-23 所示。其中 RPELM_FS 表示考慮屬性選擇的 RPELM 投料策略。

表 5-22 FIFO、EDD 和屬性選擇後 RPELM 的仿真結果

指標	FIFO	EDD	RPELM	RPELM_FS		
				相關係數法	均方誤差評價法	頻譜分析法
TH/lot	2396	2393	2394	2398	2398	2395
CT/h	352	351	351	350	350	351
ODR	25.39%	26.15%	26.41%	28.41%	26.74%	26.71%
HLODR	45.22%	46.23%	46.97%	47.23%	47.74%	49.75%

表 5-23 屬性選擇後的 RPELM 策略與 FIFO、EDD 比較

指標	RPELM_FS								
	相關係數法			均方誤差評價法			頻譜分析法		
Policies	FIFO	EDD	RPELM	FIFO	EDD	RPELM	FIFO	EDD	RPELM
TH/lot	0.08%	0.21%	0.17%	0.08%	0.01%	0.17%	−0.04%	0.08%	0.04%
CT/h	0.57%	0.28%	0.28%	0.57%	0.28%	0.28%	0.28%	0.00%	0.00%
ODR	3.02%	2.26%	1.69%	0.35%	0.59%	0.33%	1.32%	0.56%	0.30%
HLODR	2.01%	1.00%	0.26%	2.52%	1.51%	0.77%	4.53%	3.52%	2.78%

由表 5-22 和表 5-23 可以得出如下幾點結論。

① 經過屬性選擇後的 RPELM_FS 方法相對於 FIFO 和 EDD 在性能指標上均有所改進，其中考慮相關係數法的 RPELM_FS 對 ODR 和 HLODR 改進效果明顯：相對於 FIFO 提高幅度分別為 3.02%和 2.01%；相對於 EDD 提高幅度分別為 2.26%和 1.00%；TH 和 CT 也有所改善，但效果並不明顯。

② 分別考慮均方誤差法和頻譜分析法的 RPELM_FS 相對於 FIFO 和 EDD 也能在 ODR 和 HLODR 進行改進，並且對 HLODR 的改進幅度要大於相關係數法，尤其是經過頻譜分析法屬性選擇後的 RPELM 相對於 FIFO 和 EDD 在 HLODR 上能夠改善 4.53%和 3.52%，改善效果明顯。但是它們對 ODR 的改善不如相關係數法明顯。

③ 相對於 RPELM，RPELM_FS 在性能指標上也能有所改善，但不明顯。其中相對於 RPELM，考慮相關係數法的 RPELM_FS 在 ODR 改善較大，提高幅度為 1.69%；相對於 RPELM，考慮頻譜分析法的 RPELM_FS 在 HLODR 上改善較大，提高幅度為 2.78%。

5.3.3.2 基於 BL 的仿真驗證

為了驗證經過屬性選擇後的 RPELM 的有效性，同樣在 BL 模型上進行仿真驗證。每次仿真都進行 300 天，其中有 30 天的預熱期。同時，仿真也採用了不同的派工規則，分別有 FIFO、EDD、SPT、LPT、SPRT 和 LS，這樣可以來確定 RPELM_FS 適合哪種派工規則。

這裡選取了不同工件在不同加工階段的數量、日 WIP、日加工步數、日生產時間、瓶頸設備加工步數、瓶頸設備排隊隊長作為屬性樣本集，總共有 38 維屬性。每次 RPELM_FS 仿真都利用了相關係數法選出 9 種屬性作為即時狀態。同時，選取 TH（出片量）、CT（平均加工時間）、VAR（the variance of CT，CT 的方差）、HLCT（the CT of hot-lots，緊急工件的平均加工週期）、HLVAR（the variance of the hot-lots' CT，緊急工件加工時間的方差）、CLCT（the CT of common-lots，普通工件的加工時間）、CLVAR（the variance of the common-lots' CT，普通工件加工時間的方差）、ODR（交貨期）、HLODR（緊急工件交貨期）作為性能指標，其中重點關注 TH、CT、ODR 和 HLODR 四個性能指標。仿真結果如表 5-24～表 5-29 所示。其中 C_FIFO 和 C_EDD 分別表示考慮不同屬性選擇演算法後的 RPELM_FS 的仿真結果與 FIFO 和 EDD 的比較。

表 5-24　派工規則為 FIFO 仿真結果比較

指標	FIFO	EDD	RPELM_FS	C_FIFO	C_EDD
TH/lot	2065	2070	2070	0.24%	0.00%
CT/h	1150	1148	1148	0.17%	0.00%
VAR	435.62	434.08	433.42	0.51%	0.15%
HLCT/h	1135	1131	1131	0.35%	0.00%
HLVAR	363.80	361.93	361.82	0.54%	0.03%
CLCT/h	1150	1149	1149	0.09%	0.00%
CLVAR	443.22	441.64	440.92	0.52%	0.16%
ODR	46.79%	48.63%	48.82%	1.03%	0.19%
HLODR	20.95%	24.76%	27.62%	6.67%	2.86%

表 5-25　派工規則為 EDD 仿真結果比較

指標	FIFO	EDD	RPELM_FS	C_FIFO	C_EDD
TH/lot	2007	2001	1996	−0.55%	−0.25%
CT/h	865	859	860	0.58%	−0.12%
VAR	661.22	641.77	649.56	1.76%	−1.21%
HLCT/h	802	804	802	0.00%	0.25%
HLVAR	537.49	535.09	531.39	1.10%	0.69%
CLCT/h	870	864	865	0.57%	−0.12%
CLVAR	672.35	651.52	659.89	1.85%	−1.13%
ODR	57.54%	58.91%	59.31%	1.77%	0.40%
HLODR	69.39%	68.70%	67.34%	−2.05%	−1.36%

表 5-26　派工規則為 SPT 仿真結果比較

指標	FIFO	EDD	RPELM_FS	C_FIFO	C_EDD
TH/lot	2085	2080	2084	−0.05%	0.19%
CT/h	979	973	975	0.41%	−0.21%
VAR	374.15	377.71	373.0625	0.29%	1.23%
HLCT/h	1025	1018	1020	0.49%	−0.20%
HLVAR	459.84	448.21	452.61	1.57%	−0.98%
CLCT/h	973	967	969	0.41%	−0.21%
CLVAR	364.37	369.49	363.92	0.12%	1.51%
ODR	42.39%	43.51%	43.54%	1.15%	0.03%
HLODR	37.56%	40.64%	40.64%	3.08%	0.00%

表 5-27 派工規則為 LPT 仿真結果比較

指標	FIFO	EDD	RPELM_FS	C_FIFO	C_EDD
TH/lot	2048	2047	2044	−0.20%	−0.15%
CT/h	973	974	975	−0.21%	−0.10%
VAR	383.26	382.84	382.88	0.10%	−0.01%
HLCT/h	964	973	974	−1.04%	−0.10%
HLVAR	367.04	364.02	367.59	−0.15%	−0.98%
CLCT/h	975	974	975	0.00%	−0.10%
CLVAR	384.91	384.2	384.79	0.03%	−0.15%
ODR	48.73%	49.26%	48.80%	0.07%	−0.46%
HLODR	30.90%	31.43%	33.71%	2.81%	2.28%

表 5-28 派工規則為 SPRT 仿真結果比較

指標	FIFO	EDD	RPELM_FS	C_FIFO	C_EDD
TH/lot	2387	2381	2387	0.00%	0.25%
CT/h	701	709	705	−0.57%	0.56%
VAR	285.50	307.45	288.25	−0.88%	6.24%
HLCT/h	583	613	611	−4.80%	0.33%
HLVAR	227.46	273.01	230.80	−1.47%	15.46%
CLCT/h	717	721	717	0.00%	0.55%
CLVAR	291.6	301.64	294.44	−0.97%	2.39%
ODR	45.32%	48.78%	43.26%	−2.06%	−5.52%
HLODR	52.42%	54.20%	48.22%	−4.20%	−5.98%

表 5-29 派工規則為 LS 仿真結果比較

指標	FIFO	EDD	RPELM_FS	C_FIFO	C_EDD
TH/lot	2179	2183	2180	0.05%	−0.14%
CT/h	778	783	777	0.13%	0.77%
VAR	481.97	478.99	484.24	−0.47%	−1.10%
HLCT/h	903	906	902	0.11%	0.44%
HLVAR	791.74	814.54	818.00	−3.32%	−0.42%
CLCT/h	768	772	766	0.26%	0.78%
CLVAR	452.48	447.72	452.59	−0.02%	−1.09%
ODR	52.72%	53.45%	54.32%	1.60%	0.87%
HLODR	59.38%	60.63%	60.00%	0.62%	−0.63%

從表 5-24～表 5-29 中可以得到以下結論。

① 不論採取何種派工規則，在不同投料規則下的 TH 幾乎不變，這是由生產線上的固定在製品數量限制所決定的。除了派工規則 SPRT 和

FIFO外，在其他派工規則下使用 RPELM_FS 所得的性能指標 CT、HLCT、CLCT、VAR、HLVAR 和 CLVAR 相對於 FIFO 和 EDD 投料規則均略有改善，某些性能指標反而下降。

② 派工規則為 SPRT 時，相對於 FIFO 和 EDD，RPELM_FS 的 CT、ODR 和 HLODR 這些重要性能指標是明顯下降的，這說明 RPELM 不適用於派工規則為 SPRT 的半導體生產線。

③ 派工規則為 FIFO 時，相對於 FIFO 和 EDD，RPELM_FS 的各項指標均有不同幅度的提升：相對於 FIFO 的 ODR 和 HLODR，RPELM_FS 能夠分別提升 1.03％和 6.67％；相對於 EDD 的 HLODR，RPELM_FS 能夠提升 2.86％。

④ 派工規則為 SPT 時，相對於 FIFO，RPELM_FS 在 ODR 性能上能夠提高 1.15％，在 HLODR 性能上能夠提高；但相對於 EDD 投料策略沒有明顯優勢。派工規則為 LPT 時，相對於 FIFO 和 EDD，RPELM_FS 在 HLODR 性能指標上能夠分別改善 2.81％和 2.28％，但對於其他性能指標幾乎沒有提升。

⑤ 派工規則為 SPRT 和 LS 時，相對於 FIFO 和 EDD，RPELM_FS 在性能指標上幾乎沒有優勢，在某些性能指標上反而有較為明顯的下降。

綜上所述，當 RPELM_FS 和派工規則 FIFO 一起使用時，能夠全面改善半導體生產系統的性能指標。當生產線比較關注 ODR 或者 HLODR 時，RPELM_FS 還可以與派工規則 SPT 和 LPT 同時採用。當派工規則為 LPT 或者 EDD 時，若投料規則採用 RPELM_FS 對生產線不會有所改善。需要注意的是派工規則 SPRT 和投料規則 RPELM_FS 不應當同時採取，因為同時採用這兩種規則取得的總體效果很差。造成以上結果是由極限學習機對資料的敏感性導致，極限學習機對派工規則為 FIFO 時仿真產生的資料比較有效，而對採用其他派工規則時運行仿真產生的資料有效性較弱，尤其是對採用 SPRT 派工規則仿真產生的資料。

5.3.3.3 緊急工件比例的影響

訂單中不同的緊急工件比例會影響生產線的性能指標，所以生產線調度策略（投料控制策略和派工規則）應考慮訂單中緊急工件比例這一因素。為了驗證 RPELM_FS 是否適用於具有不同緊急工件比例訂單半導體生產線，選取了 4 組具有不同緊急工件比例的訂單，並在 BL 模型上進行了仿真研究。仿真 300 天，其中前 30 天作為預熱期，仿真結果如表 5-30和表 5-31 所示。

表 5-30 不同緊急工件比例下的投料策略仿真結果

序號	FIFO				EDD				RPELM_FS			
	TH/lot	CT/h	ODR	HLODR	TH/lot	CT/h	ODR	HLODR	TH/lot	CT/h	ODR	HLODR
1	2065	949	46.84%	18.90%	2072	948	48.53%	23.17%	2075	946	48.23%	23.17%
2	2065	949	47.39%	26.75%	2072	949	47.57%	28.93%	2073	945	47.70%	28.96%
3	2065	949	46.98%	25.56%	2072	947	48.51%	30.00%	2069	947	49.72%	32.22%
4	2065	949	42.65%	20.00%	2072	948	43.35%	24.29%	2075	946	43.14%	24.29%

表 5-31 不同緊急工件比例下的投料策略仿真結果比較

序號	RPELM_FS 相對於 FIFO 性能提高幅度				RPELM_FS 相對於 EDD 性能提高幅度			
	TH/lot	CT/h	ODR	HLODR	TH/lot	CT/h	ODR	HLODR
1	0.48%	0.32%	1.39%	4.27%	0.14%	0.21%	−0.30%	0.00%
2	0.39%	0.42%	0.31%	2.21%	0.05%	0.42%	0.13%	0.03%
3	0.19%	0.21%	2.74%	6.66%	−0.14%	0.00%	1.21%	2.22%
4	0.48%	0.32%	0.49%	4.29%	0.14%	0.21%	−0.21%	0.00%

由表 5-30 和表 5-31，可以得到以下幾點結論。

① FIFO 和 EDD 投料規則所生成的 TH 和 CT 性能指標是相同的。可見在投料規則為 FIFO 和 EDD 的情況下，訂單中的緊急工件比例不會對出片量和平均加工時間有影響，因為緊急工件比例不會影響這兩種投料規則下的半導體調度。但是 RPELM_FS 投料規則是和緊急工件比例有連繫的，所以在 4 組不同緊急工件比例生產線仿真下的 TH 是不同的。

② 在第 1 組仿真中，RPELM_FS 的 ODR 和 HLODR 相對於 FIFO，分別提高 1.39%和 4.27%，但相對於 EDD 卻沒有提高。第 2 組和第 4 組仿真結果和第 1 組是一致的，但 RPELM 相對於 FIFO 的提高幅度不同，其中 RPELM_FS 相對於 FIFO 在 ODR 上提高幅度最大為 1.39%，在 HLODR 性能指標上提高幅度最大為 4.29%。

③ 在第 3 組緊急工件比例下，不同於其他三組 RPELM_FS 的 ODR 和 HLODR 相較於 FIFO 和 EDD 投料規則都有提高，相較於 FIFO 提高幅度分別是 2.74%和 6.66%，相較於 EDD 投料策略分別提高 1.21%和 2.22%。

從以上結論可以推斷出 RPELM _ FS 適用於具有不同緊急工件比例訂單的半導體生產線。

5.4 本章小結

本章首先分析了與工件投料優先級相關的屬性集，包括整個生產線上的工件屬性和加工區屬性，然後利用相關係數法進行屬性選擇，最後將選擇後的即時狀態應用到RPELM_FS投料控制策略中並在MIMAC仿真模型上進行仿真。結果表明，相對於FIFO、EDD和RPELM，經過屬性選擇後的RPELM_FS方法能夠進一步提高系統性能。此外，為了更進一步說明RPELM_FS策略的正確性以及屬性選擇方法的實用性，在BL模型上結合不同派工規則進行了仿真，得出RPELM_FS適用於派工規則為FIFO、SPT和LPT的半導體生產線模型。最後探討了緊急工件比例對RPELM_FS投料策略的影響。

參考文獻

[1] Liu W,Chua T J,Cai T X. Practical lot release methodology for semiconductor back-end manufacturing. Production Planning & Control,2005,16(3):297-308.

[2] Wang K J,Chiu C C,Gong D D. Efficient job-release play development for semiconductor assembly and testing in GA. Conference on Machine Learning and Cybernetic, 2010:1205-1210.

[3] 吳啓迪，喬非，李莉，等．半導體製造系統調度．北京：電子工業出版社，2006.

[4] 李友，蔣志斌，李娜，等．晶圓製造系統投料控制綜述．工業工程與管理，2011,16(6):108-114.

[5] 趙奇，吳智銘．半導體生產調度與仿真研究[D]. 上海：上海交通大學管理科學與工程，2010.

[6] Spearman M L, Woodruff D L, Hoop W J. CONWIP: a pull alternative to kanban. International Journal Of Production Research,1990,28(5):879-894.

[7] Lozinski C,Glassey C R. Bottleneck starvation indicators for shop floor control. Semiconductor Manufacture, 1989, 1(1):36-46.

[8] Glassery C R, Resende M G C. Close-loop job release control for VLSI circuits manufacturing. Semiconductor Manufacture, 1998,1(4):147-153.

[9] Wein L M. Scheduling semiconductor wafer fabrication. Semiconductor Manufacture,1998,1(2):115-130.

[10] Kim Y D,Lee D H,Kim J U. A Simulation study on lot release control, mask scheduling, and batch scheduling in semiconductor wafer fabrication facili-

ties. Journal of Manufacturing Systems, 1998,17(2):107-117.

[11] Li Y,Jiang Z B. A pull VPLs based release policy and dispatching rule for semiconductor wafer fabrication. 8th IEEE International Conference on Automation Science and Engineering,2012:396-400.

[12] Kim J, Leachman R C, Suhn B. Dynamic release control policy for the semiconductor wafer fabrication lines. Journal of the Operational Research Society,1996,47(12):1516-1525.

[13] Khaled S, Kilany E. Wafer lot release policies based on the continuous and periodic review of WIP levels. IEEE International Conference on Industrial Engineering and Engineering Management,2011:1700-1704.

[14] Chung S H, Lai C M. Job releasing and throughput planning for wafer fabrication under demand fluctuating make-to-stock environment. International Journal Advanced Manufacture Technology, 2006, 31:316-327.

[15] Wu C C,Hsu P H,Lai K J. Simulated-annealing heuristics for the single-machine scheduling problem with learning and unequal job release times. Journal of Manufacturing Systems,2011,30:54-62.

[16] Adil B,Mustafa G. A simulation based approach to analyses the effects of job release on the performance of a multistage job-shop with processing flexibility. International Journal of Production Research,2011,49(2):585-610.

[17] Chua T J,Liu M W,Wang F Y. An intelligent multi-constraint finite capacity-based lot release system for semiconductor backend assembly environment. Robotics and Computer-Integrated Manufacturing, 2007,23:326-338.

[18] Wang K J,Chiu C C,Gong D C,et al. An efficient job-releasing strategy for semiconductor turnkey factory. Production Planning & Control, 2011, 22 (7): 660-675.

[19] Rezaie K,Eivazy H,Nazari-Shirkouhi S. A novel release policy for hybrid make-to-stock/make-to-order semiconductor manufacturing systems. Computer Society, 2009:443-447.

[20] Logy A E K,Khaled S E K,Aziz E E S. Modeling and simulation of re-entrant flow shop scheduling:an application in semiconductor manufacturing. IEEE International Conference on Automation Science and Engineering,2009:211-216.

[21] Jr A Z,Hodgson T J,Weintraub A J. Integrated job release and shop-floor scheduling to minimize WIP and meet duedates. International Journal of Production Research,2003,41(1):31-45.

[22] Wang Z J,Chen J. Release control for hot orders based on TOC theory for semiconductor manufacturing line. Proceedings of the 7th Asian Control Conference,2009: 1154-1157.

[23] Kim Y D, Kim J U, Lim S K. Due-date based scheduling and control policies in a multiproduct semiconductor wafer fabrication facilities. IEEE Transactions On Semiconductor Manufacturing, 1998, 11 (1): 155-164.

[24] Wang Z T,Qiao F,Wu Q D. A new compound priority control strategy in semiconductor wafer fabrication. IEEE Transactions On Semiconductor Manufacturing,2005:80-83.

[25] Qi C, Appa I S,Stanley B G. An efficient new job release control methodology. International Journal of Production Research,2009,47(3):703-731.

[26] Qi C, Appa I S, Stanley B G. Impact of production control and system factors in semiconductor wafer fabrication. IEEE Trans. Semiconductor Manufacture, 2008, 21(3):376-389.

[27] Qi C, Appa I S. Job release based on WIP-LOAD control in semiconductor wafer fabrication. Electronics Packaging Technology Conference, 2005:665-670.

[28] Bahaji N, Kuhl M E. A simulation study of new multiobjective composite dispatching rules, CONWIP, and push lot release in semiconductor fabrication. International Journal of Production Research, 2008, 46(14):3801-3824(24).

[29] Wang Z T, Wu Q D, Qiao F. A lot dispatching strategy integrating WIP management and wafer start control. IEEE Transactions on Automation Science and Engineering, 2007, 4(4):579-583.

[30] Li M Q, Yang F, Uzsoy Reha, et al. A metamodel-based Monte Carlo simulation approach for responsive production planning of manufacturing systems. Journal of Manufacturing Systems, 2016, 38:114-133.

[31] Chen Z B, Pan X W, Li L, et al. A New Release Control Policy (WRELM) for Semiconductor Wafer Fabrication Facilities. IEEE 11th International Conference on Networking, Sensing and Control (ICNSC), 2014:64-68.

[32] Yao S Q, Jiang Z B, Li N, et al. A decentralized VPLs based control policy for semiconductor manufacturing. IEEE International Conference on Industrial Engineering and Engineering Management, 2010:1251-1255.

[33] Sun R J, Wang Z J. DC-WIP——A new release rule of multi-orders for semiconductor manufacturing lines. International Conference on System Simulation and Semiconductor Manufacture, 2008:1395-1399.

第6章

資料驅動的半導體製造系統動態調度

自從 1990 年代以來，伴隨著製造業資訊化的發展，生產過程中積累了大量的資料，資料探勘也開始在製造業中得到應用。國外學者在生產調度問題傳統建模及優化方法的基礎上，採用特徵分析、資料探勘和仿真等技術手段，從實際調度環境中的大量歷史資料、即時資料和相關調度仿真資料中提取對改善複雜生產過程調度性能指標有關鍵作用的調度資訊，並利用上述資訊建立基於資料的生產過程相關調度模型或動態確定生產過程相關調度模型的關鍵參數。資料探勘能夠從相關資料中獲得知識來改進決策和提高產量，資料可視化能夠給決策者一個更直觀的認識，幫助決策者更好地理解和利用調度規則。

6.1 動態派工規則

動態派工規則（Dynamic Dispatching Rule，DDR）是借鑑自然界蟻群中個體間基於資訊素的間接通訊實現群體行為優化的現象，根據半導體製造生產線的設備特性，得到的一種兼顧整條生產線的派工規則。

6.1.1 參數與變數定義

首先，對 DDR 的參數與變數進行如下定義：

i　可用設備索引號

id　設備 i 的下游設備索引號

im　設備 i 的選單索引號

iu　設備 i 的上游設備索引號

k　批加工設備 i 上排隊工件組批索引號

n　時刻 t 在設備 i 前排隊的工件索引號

t　派工決策點，即派工時刻

v　下游設備 id 的工藝選單索引號

B_i　批加工設備 i 的加工能力

B_{id}　下游設備 id 的加工能力

D_n　工件 n 的交貨期

F_n　工件 n 的平均加工週期（加工時間與排隊時間之和）與加工時間的比值

M_i	設備 i 上的工藝選單數目
N_{id}	在下游設備 id 前排隊的工件數目
N_{im}	在設備 i 前排隊使用工藝選單 im 的工件數目
P_i^n	工件 n 在設備 i 上的占用時間
P_{im}	工藝選單 im 在設備 i 上的加工時間
P_{id}^n	工件 n 在下游設備 id 上的占用時間
P_{id}^v	下游設備 id 上工藝選單 v 的加工時間
Q_i^n	設備 i 上的排隊工件 n 的停留時間
R_i^n	工件 n 在設備 i 上的剩餘加工時間
S_n	工件 n 的選擇機率
T_{id}	下游設備 id 每天的可用時間
Γ_k	工件組批 k 的選擇機率
$\tau_i^n(t)$	設備 i 在時刻 t 要處理工件 n 的緊急程度
$\tau_{id}^n(t)$	在時刻 t 能夠完成工件 n 下一步工序的下游設備 id 的負載程度
x_i^B	二進制變數。如果設備 i 在時刻 t 是瓶頸設備，$x_i^B=1$；否則，$x_i^B=0$
x_{id}^I	二進制變數。如果下游設備 id 在時刻 t 處於空閒狀態，$x_{id}^I=1$；否則，$x_{id}^I=0$
x_n^H	二進制變數。如果工件 n 在時刻 t 是緊急工件，$x_n^H=1$；否則$x_n^H=0$
x_n^{im}	二進制變數。如果工件 n 在設備 i 上採用工藝選單 m，$x_n^{im}=1$；否則$x_n^{im}=0$
$x_{n,im}^{id}$	二進制變數。如果處理工件 n 下一步工序的下游設備 id 在時刻 t 處於空閒狀態，且該工件在設備 i 採用選單 im，$x_{n,im}^{id}=1$；否則$x_{n,im}^{id}=0$

6.1.2 問題假設

DDR 在求解派工問題中進行如下假設。

① 與派工相關的資訊是已知的，如工件加工時間、設備前排隊的 WIP 數、設備可用時間等，這些資料都可由企業的 MES 或其他自動化系統得到。

② 對於非批加工設備的派工決策主要關注點在工件的準時交貨率與 WIP 在生產線上的快速移動上。

③ 對於批加工設備的派工決策有兩個步驟：

a. 組批工件：在組批工件時有兩個主要約束，即只有使用設備上相同工藝選單的工件才能夠組批，以及組批工件數目不能超過設備的最大加工批量，另外還需折中考慮批加工設備的能力利用率與時間利用率；

b. 確定組批工件的優先級：這時，其關注點與非批加工設備相同。

④ 每批工件的加工時間與組成該批工件的數目無關。

⑤ 一旦設備開始了某批工件的加工，不能向該批增加工件或者從該批移出工件，設備將保持加工狀態直到完成加工。

6.1.3 決策流程

DDR 演算法的決策流程如圖 6-1 所示，具體步驟如下。

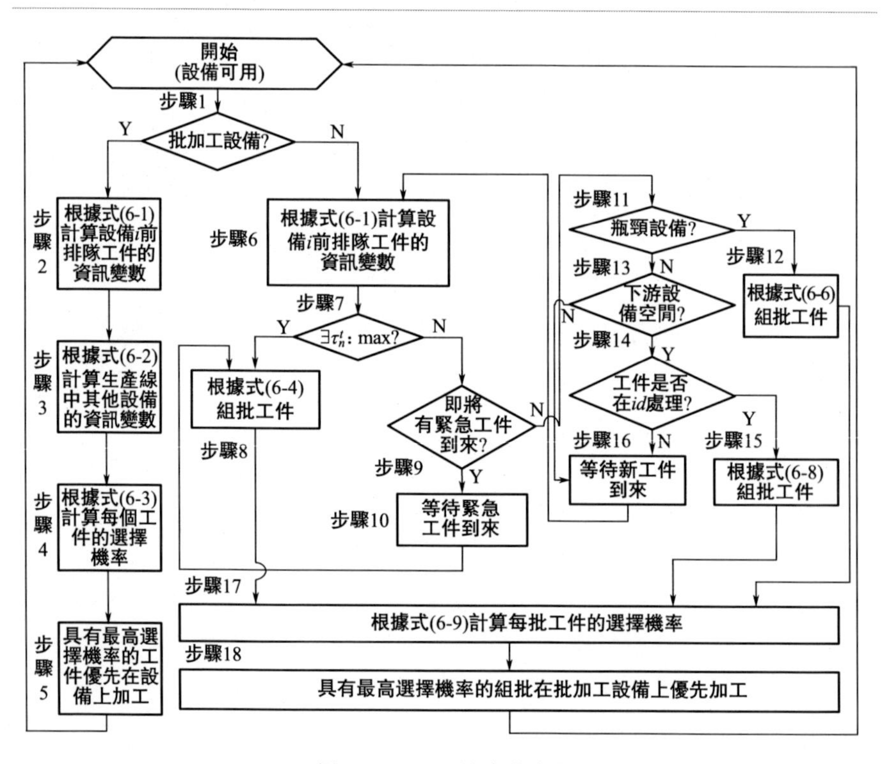

圖 6-1 DDR 的決策流程

步驟 1：當設備 i 在時刻 t 變為可用狀態時，確定設備是否為批加工設備。如果是，轉步驟 2；否則，轉步驟 6。

步驟 2：計算設備 i 前排隊工件的資訊變數。

$$\tau_i^n(t)=\begin{cases}\text{MAX} & R_i^n\times F_n\geqslant D_n-t\\ \dfrac{R_i^n\times F_n}{D_n-t+1}-\dfrac{P_i^n}{\sum_n P_i^n} & R_i^n\times F_n<D_n-t\end{cases}\tag{6-1}$$

公式(6-1)是為了滿足客戶準時交貨的要求而設計的。在 t 時刻，各WIP的理論剩餘加工時間與實際剩餘加工時間的比值越大，其交貨期便越短，相應地，該WIP的資訊變數值越高，越容易被設備選中優先加工。但是如果該WIP的理論剩餘加工時間已大於實際剩餘加工時間，說明該WIP極有可能拖期，則將其變為緊急工件，即在任何設備上都具有最高的加工優先級（MAX）。另外，各WIP對設備的占用時間也會影響其資訊變數值，即占用時間越短，資訊變數值越高，這樣可以加快WIP在設備上的移動，提高設備利用率。

步驟3：計算生產線上其他設備的資訊變數。

$$\tau_{id}^n(t)=\frac{\sum P_{id}^n}{T_{id}}\tag{6-2}$$

公式(6-2)意味著 t 時刻設備負載越重，其資訊變數越高。顯然，當 $\tau_i^n(t)\geqslant 1$ 時，表示設備的負載已超過其一天可用時間，即認為該設備處於瓶頸狀態。值得注意的是，在半導體生產線上可能存在多臺設備能夠完成WIP的特定工序，在這種情況下，T_{id} 的意義就是所有可完成WIP待加工工序的設備在一天內的可用加工時間之和。

步驟4：計算各排隊工件的選擇機率。

$$S_n=\begin{cases}Q_i^n & \tau_i^n(t)=\text{MAX}\\ \alpha_1\ \tau_i^n(t)-\beta_1\ \tau_{id}^n(t) & \tau_i^n(t)\neq\text{MAX}\end{cases}\tag{6-3}$$

式(6-3)意味著 t 時刻，在解決WIP競爭設備資源問題時，會同時考慮WIP的交貨期與占用設備程度以及該設備的下游設備的負載狀況，保證WIP的快速流動與準時交貨率。

步驟5：選擇具有最高選擇機率的工件在設備 i 上開始加工。

步驟6：使用公式(6-1)計算設備 i 前排隊工件的資訊變數。

步驟7：確定設備 i 前排隊工件是否有緊急工件。如果有，轉步驟8；否則，轉步驟9。

步驟8：按公式(6-4)組批工件。

$$\begin{gathered}\text{for } im=1\ to\ M_i\\ \text{if } 0\leqslant\sum x_n^{im}<B_i\\ \text{then Select}\{\min\{(B_i-\sum x_n^{im}),(N_{im}-\sum x_n^{im})\}\}\big|_{\max(Q_i^n)}\end{gathered}\tag{6-4}$$

$$\text{else if} \sum x_n^{im} \geqslant B_i$$
$$\text{then Select}\{B_i\} \big|_{\max\{(R_i^n \times F_n)-(D_n-t)\}}$$

公式(6-4) 意味著：對設備 i 的各工藝選單 im，如果緊急工件數小於B_i，檢查排隊設備 i 前的普通工件是否與緊急工件採用相同選單。如果滿足條件的普通工件數較少，按照工件等待時間越長越優先的原則選擇設備 i 前$B_i - \sum x_n^{im}$ 工件組批；否則，選擇所有滿足要求的普通工件(即$N_{im} - \sum x_n^{im}$) 組批。如果緊急工件數大於等於B_i，直接選出最緊急的且滿足最大加工批量的緊急工件並批。然後轉步驟 17 確定組批工件的加工優先級。

步驟 9：按照公式(6-1) 判斷上游設備 iu 上加工或剛剛完成加工、下一步要使用批加工設備 i 加工的工件是否為緊急工件。如果存在緊急工件，轉步驟 10；否則轉步驟 11。

步驟 10：等待緊急工件的到達，然後轉步驟 8 按公式(6-4) 組批工件。

步驟 11：按照公式(6-5) 確定設備 i 是不是瓶頸設備。如果是，轉步驟 12；否則轉步驟 13。

$$\text{If } \sum_{im} N_{im} \geqslant (24\,B_i / \min(P_{im})), \text{then } x_i^B = 1 \tag{6-5}$$

公式(6-5) 意味著如果批加工設備 i 的緩衝區內的排隊工件已超過其日最高加工能力（即 24h 內能夠加工的最多工件），則認為該設備處於瓶頸狀態。

步驟 12：按照公式(6-6) 組批工件，然後轉步驟 17 確定組批工件的加工優先級。

$$\text{Select}\{B_i\} \big|_{\max}(Q_i^n) \tag{6-6}$$

公式(6-6) 意味著按照排隊工件使用的批加工設備 i 的工藝選單 im 進行組批，若使用同一工藝選單的工件超過了最大加工批量，則按照等待時間長的工件優先的原則分別組批。

步驟 13：按照公式(6-7) 確定下游設備 id 是不是空閒設備。如果是，轉步驟 14；否則，轉步驟 16。

$$\text{If} \sum_{im} N_{id} \geqslant (24\,B_i / \min(P_{id}^v)), \text{then } x_{id}^I = 1 \tag{6-7}$$

公式(6-7) 意味著如果下游設備 id 的緩衝區內的排隊工件已低於其日最低加工能力（即 24h 內能夠加工的最少工件），則認為該設備處於空閒狀態。

步驟 14： 判斷設備 i 的排隊工件中是否存在其下一步工序要到空閒下游設備 id 等待加工的工件；如果存在，轉步驟 15；否則，轉步驟 16。

步驟 15： 按照公式(6-8) 組批工件。

$$\begin{aligned} &\text{for } im=1 \text{ to } M_i \\ &\text{if } 0 \leqslant \sum x_{n,im}^{id} < B_i \\ &\text{then Select}\{\min\{(B_i-\sum x_{n,im}^{id}),(N_{im}-\sum x_{n,im}^{id})\}\}\big|_{\max(Q_i^{\mu})} \\ &\text{else if } \sum x_{n,im}^{id} \geqslant B_i \\ &\text{then Select } \{B_i\}\big|_{\max(Q_i^{\mu})} \end{aligned} \tag{6-8}$$

公式(6-8) 意味著：對設備 i 的各工藝選單 im，檢查下一步工序要在空閒設備上加工的並使用該工藝選單的工件數目。如果小於設備的最大加工批量 B_i，檢查是否存在其他工件與這些工件使用相同的工藝選單，若滿足條件的工件數目較多，按照等待時間長的工件優先的原則，選出若干個非緊急工件以滿足最大加工批量；如果大於等於最大加工批量，直接選出排隊時間最長且滿足最大加工批量的工件並批。然後轉步驟 17 確定組批工件的加工優先級。

步驟 16： 等待新工件的到來，轉步驟 6 重新開始派工決策。

步驟 17： 按照公式(6-9) 確定各組批工件的優先級。

$$\Gamma_k=\alpha_2 \frac{N_{ik}^{h}}{B_i}+\beta_2 \frac{B_k}{\max(B_k)}-\gamma \frac{P_i^k}{\max(P_i^k)}-\sigma(N_{id}^k/(\sum_k N_{id}^k+1)) \tag{6-9}$$

其中，N_{ik}^{h} 是組批 k 中緊急工件數目；B_{k} 是組批 k 的組批大小；P_i^k 是組批 k 在設備 i 上的占用時間；N_{id}^k 是組批的下游設備的最大負載；$(\alpha_2,\beta_2,\gamma,\sigma)$ 是衡量這四項相對重要程度的指標。

公式(6-9) 的第一項是緊急工件在組批 k 的加工批量中所占比例，對應的是準時交貨率指標；第二項是組批 n 的加工批量與所有組批中最大加工批量的比值，對應的是加工週期、移動步數和設備利用率指標；第三項是組批 n 的加工時間與所有組批中最大加工時間的比值，對應的是工件對設備的占用時間，與加工週期指標相關，也可以展現移動步數指標；第四項是下游設備的負載程度，與設備利用率指標相關，也可以展現移動步數指標。因此，隨著關注指標的不同或者製造環境的變化，透過調整相應的參數$(\alpha_2,\beta_2,\gamma,\sigma)$，可以獲得期望性能指標。

步驟 18： 選擇具有最高選擇機率的組批工件在設備 i 上開始加工。

6.1.4 仿真驗證

以上海市某半導體生產製造企業 6in（1in＝25.4mm）矽片的大量生產線歷史資料為研究對象，根據企業實際需要，結合動態建模方法，利用西門子公司的 Tecnomatix Plant Simulation 軟體搭建始終與實際生產線保持一致的生產線仿真模型，對生產調度演算法進行仿真驗證。

該企業生產線目前有九大加工區，分別為：注入區、光刻區、濺射區、擴散區、乾法刻蝕區、濕法刻蝕區、背面減薄區、PVM 測試區和 BMMSTOK 鏡檢區，所使用的派工規則是基於人工的優先級調度方法，簡稱 PRIOR。其主旨思想是按照人工經驗來設定優先級，在最大程度上保證產品能夠按時交貨，即滿足交貨期指標。

由圖 6-1 可知，在 DDR 中，將與調度相關的資訊封裝在演算法內部，而後進行加權處理，透過調整這些權值（$\alpha_1, \beta_1, \alpha_2, \beta_2, \gamma, \sigma$）來實現 DDR 對變化環境的通用性。這就意味著，當（$\alpha_1, \beta_1, \alpha_2, \beta_2, \gamma, \sigma$）的取值不同時，得到的性能指標也不盡相同。

假定，DDR 的 6 個加權參數（$\alpha_1, \beta_1, \alpha_2, \beta_2, \gamma, \sigma$）值分別為：$\alpha_1=0.5$，$\beta_1=0.5$，$\alpha_2=0.25$，$\beta_2=0.25$，$\gamma=0.25$，$\sigma=0.25$。

設計如下 3 種情況，進行長達 3 個月的仿真驗證。

Case 1：採用企業的 PRIOR 規則。

Case 2：對生產線中所有無特殊限制的設備，將其調度規則替換為 DDR。

Case 3：只將生產線中無特殊限制且日設備利用率大於 60% 的設備調度規則替換為 DDR，其餘設備仍採用 PRIOR 規則。

分別從短期性能指標和長期性能指標兩個方面比較 Case1、Case2 和 Case3 對生產線的優化結果。其中短期性能指標包括：平均日移動步數（Move）和平均日設備利用率（Utility）；長期性能指標包括：出片量（Throughput）、平均加工週期（Cycle Time，CT）、理想加工時間/實際加工時間（Ideal Processing Time/Real Processing Time，IPT/RPT）。

由於 Move 值的數量級為10^3，出片量的數量級為$10^1 \sim 10^2$，平均加工時間的數量級為10^1，而 Utility 值和理想加工時間/實際加工時間的數量級為10^{-1}，故這裡統一以 Case 1 的值為基礎值，設為 1，Case 2 和 Case 3 表示對 Case 1 的改進程度。

實驗結果如圖 6-2 所示，其中 Throughput 表示出片量；CT 表示 Cycle Time，即加工時間；IPT/RPT 表示 Ideal Processing Time/Real

Processing Time，即理想加工時間與實際加工時間的比值。

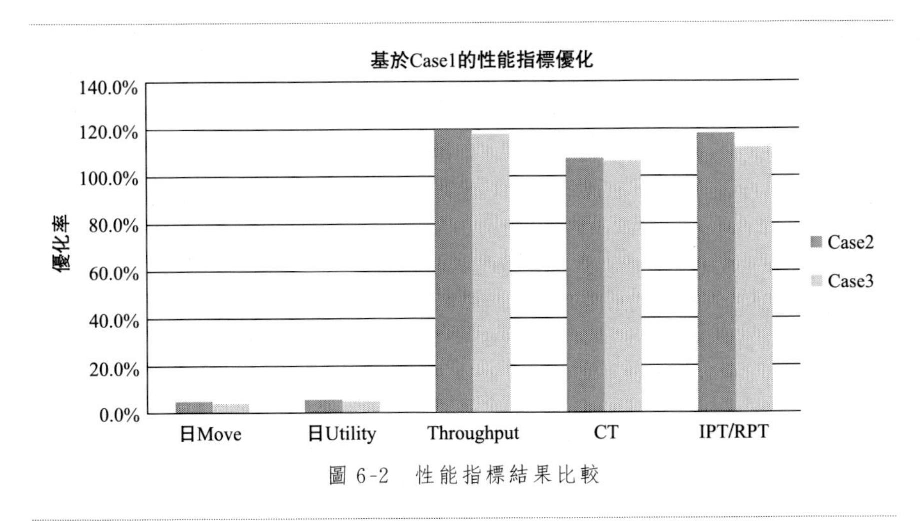

圖 6-2 性能指標結果比較

DDR 無論在短期性能指標還是長期性能指標上均要優於 PRIOR 規則，特別在後者尤為明顯：均在 PRIOR 規則的基礎上提高了 100%以上。但是，相較於僅對瓶頸設備採用 DDR，對所有設備均採用 DDR 的性能改進程度並不大。這是因為非瓶頸設備資源充足時，工件到達即可立即加工，而不需要在緩衝區排隊等待，因此，只需要採用簡單的 FIFO 規則即可。

表 6-1 仿真時間比較

案例	耗時/h
Case 1	3
Case 2	45
Case 3	6

由表 6-1 可知，仿真運行 90 天，所有設備均採用 DDR 的仿真時間是僅對瓶頸設備採用 DDR 的 7.5 倍，優化效果並不明顯。這是因為 DDR 計算繁雜，特別是步驟 9 的時間複雜度高達 $O(n^3)$，因此，在後續實驗中，均只對設備利用率大於 60%的設備調用 DDR 進行仿真。

6.2 基於資料探勘的演算法參數優化

6.2.1 總體設計

為了進一步優化生產線性能，本節將 DDR 參數與生產線實際工況連繫起來，改進為可隨生產線環境即時變化的 ADR，具體從以下三方面對 DDR 進行優化。

（1）負載狀態

在不同的負載狀態下，調整演算法參數（$\alpha_1, \beta_1, \alpha_2, \beta_2, \gamma, \sigma$）可獲得更佳的 Move 和 Utility 值。這裡預先定義 2 個與負載狀態相關的概念：需要產能（Required Capacity，RC）和可用產能（Available Capacity，AC）。

需要產能是指加工設備的緩衝區內等待加工工件所需的加工時間。對非批加工設備而言，需要產能是指設備前所有等待加工的工件所需加工時間的總和。但對於批加工設備而言，需要產能並不是簡單的相加，而是先要按照設備加工選單並批，而後將每次加工的時間相加。由於在實際的半導體生產過程中，同一個加工區的設備選單具有互替性，所以，需要產能也可以引申到加工區可互替設備群中。

可用產能是指加工設備可用的加工時間。從設備整體效能（Overall Equipment Efficiency，OEE）角度來看，除了宕機、預防保養時間對產能有一定影響外，對於像工程卡的處理時間、檔控片的處理時間等非正常的加工時間，均要從產能中扣除。此外，為了維持排程的穩定性，必須保留一部分保護性產能。因此，某臺設備一天可用產能可以由公式(6-10)表示，單位為 min。

$$AC=(1-DT-PM-EG-MD-PC)\times 1440 \tag{6-10}$$

其中，DT 為當機時間（Down Time）比例；PM 為預防保養時間比例；EG 為處理工程卡的時間比例；MD 為處理檔控片的時間比例；PC 為保護性產能的時間比例。

負載（Load）則可用 $RC/AC\times 100\%$ 表示。對生產線中當前每臺可用設備或加工區可互替設備群進行加權平均，就能得到生產線的負載狀態。

當生產線負載>100%時，認為當前生產線處於過載狀態；當生產線負載=100%時，認為當前生產線處於滿載狀態；當90%<生產線負載<100%，認為當前生產線處於重載狀態；當75%<生產線負載<90%，認為當前生產線處於欠載狀態；當生產線負載<75%，認為當前生產線處於輕載狀態。

(2) 與生產線性能相關的即時狀態

本研究背景是某企業半導體生產線。該線最關注的短期性能指標是Move和Utility，與之關係最為密切的兩個即時狀態是緊急工件比例和後1/3光刻工件比例。

緊急工件對生產線系統的穩定有一定影響，因為任一空閒設備，從緩衝區選擇加工工件時，倘若有緊急工件存在於緩衝區內，則必須優先加工，這就勢必對工件的正常加工順序產生一定的干擾和影響。所以，生產線緊急工件比例（r_h）是控制生產線系統穩定運行的一個重要的指標，其比例越小，則對生產線系統的干擾越少，從而在一定程度上使得生產線系統變得更為可控。

這裡所說的半導體通常是指電子晶片——由一層一層電氣連線構成的集成電路。晶片的每一層都需要進行光刻工藝，因此光刻工藝是衡量半導體產品完成階段的關鍵指標。這裡採用後1/3光刻工件比例（r_p，即光刻工藝剩餘1/3）這一即時狀態作為衡量出片數目的一個重要指標，其比例越高，則說明即將出片的WIP數量越大，從而在一定程度上緩解設備壓力。

將$(\alpha_1,\beta_1,\alpha_2,\beta_2,\gamma,\sigma)$值和$(r_h,r_p)$建立邏輯關係：

$$
\begin{aligned}
\alpha_1 &= a_1 r_h + b_1 r_p + c_1 \\
\beta_1 &= a_2 r_h + b_2 r_p + c_2 \\
\alpha_2 &= a_3 r_h + b_3 r_p + c_3 \\
\beta_2 &= a_4 r_h + b_4 r_p + c_4 \\
\gamma &= a_5 r_h + b_5 r_p + c_5 \\
\sigma &= a_6 r_h + b_6 r_p + c_6
\end{aligned} \tag{6-11}
$$

不難得出，只要選定較為合適的$(a_i,b_i,c_i,i\in\{1,\cdots,6\})$就能夠獲取最佳的$(\alpha_1,\beta_1,\alpha_2,\beta_2,\gamma,\sigma)$值，從而實現優化Move和Utility的目的。

(3) 單獨考慮與光刻區相關的即時狀態

考慮到r_h、r_p是生產線系統總體的即時狀態資訊，不能展現各個加工區的實際狀態，根據生產線狀態得到的$(\alpha_1,\beta_1,\alpha_2,\beta_2,\gamma,\sigma)$可能對某些加工區的設置會產生不利影響，所以，試圖對各個加工區的緊急工件比例和後 1/3 光刻工件比例獨立考慮。這裡優先考慮瓶頸加工區——光刻區。

將光刻區的緊急工件比例和後 1/3 光刻工件比例單獨記錄為(r_h_photo,r_p_photo),結合式(6-11)可以得到:

$$\begin{aligned}\alpha_1&=a_1\cdot r_h\_\text{photo}+b_1\cdot r_p\_\text{photo}+c_1\\\beta_1&=a_2\cdot r_h\_\text{photo}+b_2\cdot r_p\_\text{photo}+c_2\\\alpha_2&=a_3\cdot r_h+b_3\cdot r_p+c_3\\\beta_2&=a_4\cdot r_h+b_4\cdot r_p+c_4\\\gamma&=a_5\cdot r_h+b_5\cdot r_p+c_5\\\sigma&=a_6\cdot r_h+b_6\cdot r_p+c_6\end{aligned}\tag{6-12}$$

6.2.2 演算法設計

6.2.2.1 BP 神經網路

BP(Back Propagation)網路是於 1986 年由 Rumelhart 和 McCelland 為代表的科學小組提出的,基於誤差反向傳播演算法(即 BP 演算法)的多層前饋神經網路,是目前應用最廣泛的神經網路模型之一。

一個訓練好的 BP 網路,理論上能夠實現輸入和輸出間的任意非線性映射,能夠逼近任何非線性函數。因此,BP 網路具有很強的容錯性、自學習性和自適應性[1]。

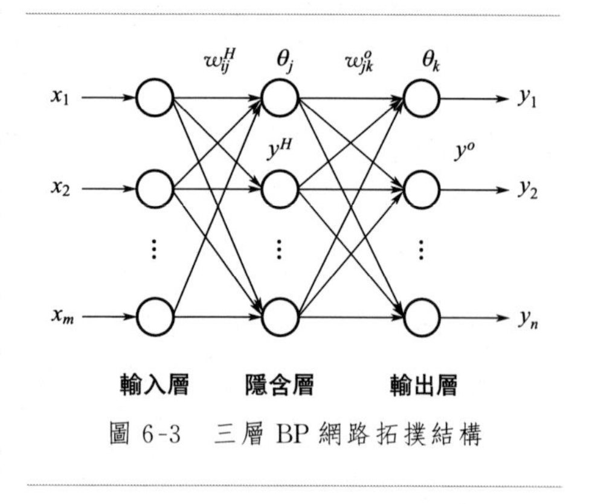

圖 6-3 三層 BP 網路拓撲結構

圖 6-3 為典型的三層 BP 網路的拓撲結構,由輸入層、隱含層、輸出層構成,同時還囊括了各層之間的傳遞函數和訓練函數等。BP 網路從輸入層到輸出層透過單向連接連通,只有前後相鄰兩層之間的神經元相互全連接,從上一層接收信號輸送給下一層神經元,同層神經元之間沒有連接,各神經元之間也沒有回饋[2]。

下面以對 DDR 參數優化的仿真實驗為例。

將($\alpha_1,\beta_1,\alpha_2,\beta_2,\gamma,\sigma$)值作為 BP 網路的輸入層的 6 個節點,需要優化的生產線性能指標(Move 和 Utility)作為 BP 網路的輸出層的 2 個節

點。其中，隱含層節點數的選擇對 BP 網路訓練具有一定的影響。若隱含層節點數太多，則訓練時間過長；而隱含層節點數太少，則容錯性差，泛化能力弱，對未經學習的測試樣本辨識能力差。所以，參照隱含層節點數公式 $h=\sqrt{m+n}+a$（a 為 1～10 之間的常數），將隱含層的節點數設定為 5。

對 BP 神經網路的傳遞函數，通常選取可微的單調遞增函數，如線性函數、對數 S 型函數和正切 S 型函數。本章選擇 S 型函數，以便把整個 BP 網路的輸出限制在一個很小的範圍內。

針對不同的應用，BP 網路提供了多種訓練函數。對於函數逼近網路，訓練函數 trainlm 收斂速度最快，收斂誤差小；對於模式辨識網路，訓練函數 trainrp 收斂速度最快；用變梯度演算法的訓練函數 trainscg 在網路規模比較大的場合性能都很好。本章解決的是函數擬合逼近問題，故採用 trainlm 作為 BP 網路的訓練函數。

如圖 6-4 所示，可以將 BP 網路演算法訓練過程歸結為如下步驟。

步驟 1：初始化網路權重。

每兩個神經元之間的網路連接權重ω_{ij}被初始化為一個很小的隨機數（例如－1.0～1.0、－0.5～0.5 等，可以根據問題本身而定），同時，每個神經元有一個偏置θ_i，也被初始化為一個隨機數。

對每個輸入樣本 x，按步驟 2 進行處理。

步驟 2：向前傳播輸入（前饋型網路）。

首先，根據訓練樣本 x 提供網路的輸入層，透過計算得到每個神經元的輸出。每個神經元的計算方法相同，都是由其輸入的線性組合得到，具體的公式為

$$O_j=\frac{1}{1+\mathrm{e}^{-S_j}}=\frac{1}{1+\mathrm{e}^{-(\sum_i\omega_{ij}O_i+\theta_j)}}$$

其中，ω_{ij}是由上一層的單元 i 到本單元 j 的網路權重；O_i是上一層的單元 i 的輸出；θ_j為本單元的偏置，用來充當閾值，可以改變單元的活性。從上面的公式可以看到，神經元 j 的輸出取決於其總輸入$S_j=\sum_i\omega_{ij}O_i+\theta_j$ 和激活函數$O_j=\dfrac{1}{1+\mathrm{e}^{-S_j}}$。該激活函數為 logistic 函數或 sigmoid 函數，能夠將輸入值映射到區間 0～1 上，由於該函數是非線性的和可微的，因此 BP 網路演算法可以對線性不可分的分類問題進行建模，大大擴展了其應用範圍。

```
//功能：BP網路訓練過程的偽代碼
procedure BPNN
    Initialization, include the ωij and θi
    for each sample X
        while not stop
            //forwards propagation of the input
            for each unit j in the hidden and output layer
                //calculate the output Oj;
                Oj=1/(1+e^(-Sj))=1/(1+e^(-(Σi ωij Oi+θj)))
            for each unit j in the output layer
                //calculate the error Ej;
              Ej=Oj(1-Oj)(Tj-Oj);
            //back propagation of the error
            for each unit j in the hidden layer
                //calculate the error Ej;
              Ej=Oj(1-Oj)Σk ωjk Ek
            //adjust the network parameters
            for each network weight ωij
                ωij=ωij+(l)OiEj;
            for each biased θj
                θj=θj+(l)Ej;
        end of while not stop
      end of for each sample X
    end of procedure
```

圖 6-4　BP 網路演算法偽代碼

步驟 3：反向誤差傳播。

經過步驟 2 最終將在輸出層得到實際輸出。該輸出可以透過與預期輸出相比較得到每個輸出單元 j 的誤差，如公式$E_j=O_j(1-O_j)(T_j-O_j)$所示，其中T_j是輸出單元 j 的預期輸出。得到的誤差需要從後向前傳播，前面一層單元 j 的誤差可以透過和它連接的後面一層的所有單元k的誤差計算所得，具體公式為

$$E_j=O_j(1-O_j)\sum_k \omega_{jk}E_k$$

重複以上過程可依次得到最後一個隱含層到第一個隱含層每個神經元的誤差。

步驟 4：網路權重與神經元偏置調整。

在處理過程中，向後傳播誤差和調整網路權重和神經元的閾值可以同時進行。但是為了方便起見，這裡先計算得到所有神經元的誤差，然後統一調整網路權重和神經元的閾值。

調整權重的方法是從輸入層與第一隱含層的連接權重開始，依次向

後進行，每個連接權重ω_{ij}根據公式$\omega_{ij}=\omega_{ij}+\Delta\omega_{ij}=\omega_{ij}+(l)O_iE_j$進行調整。

神經元偏置的調整方法是對每個神經元 j 按照公式$\theta_j=\theta_j+\Delta\theta_j=\theta_j+(l)E_j$進行更新。式中 l 是學習率，通常取 0～1 之間的常數。該參數也會影響演算法的性能，經驗表明，太小的學習率會導致學習進行得慢，而太大的學習率可能會使演算法出現振動，一個經驗規則是將學習率設為疊代次數 t 的倒數 $1/t$。

步驟 5：判斷結束。

對於每個樣本，如果最終的輸出誤差小於可接受的範圍或者疊代次數 t 達到了一定的閾值，則選取下一個樣本，轉到步驟 2 重新繼續執行；否則，疊代次數 t 加 1，然後轉向步驟 2 繼續使用當前樣本進行訓練。

本章將採用 BP 網路演算法用於訓練樣本資料，借助其優秀的預測能力，獲取較佳的動態派工規則參數來提高性能指標 Move 和 Utility。

6.2.2.2 粒子群演算法

粒子群演算法（Particle Swarm Optimization，PSO），是由 J. Kennedy 和 R. C. Eberhart 在 1995 年提出的一種演化演算法，來源於對一個簡化社會模型的模擬[3]。

粒子群演算法根據粒子的適應度值進行操作。每個粒子在 n 維搜尋空間以一定速度飛行，且飛行速度由個體的飛行經驗和群體的飛行經驗共同進行動態調整。

設種群的規模為 $popSize$；$x_i=(x_{i1},x_{i2},\cdots,x_{in})$為粒子 i 的當前位置；$v_i=(v_{i1},v_{i2},\cdots,v_{in})$為粒子 i 的當前速度；$P_i=(P_{i1},P_{i2},\cdots,P_{in})$為粒子 i 的個體最好位置，即粒子 i 的歷史最佳解。對於最小化問題而言，個體最好位置就是指適應度函數值最小的位置。群體用 $\min f(X)$ 表示群體目標函數，則在第 t 代，個體最好位置的更新公式表示為

$$P_i(t+1)=\begin{cases} P_i(t),\text{if } f(x_i(t+1))\geqslant f(P_i(t)) \\ x_i(t+1),\text{if } f(x_i(t+1))<f(P_i(t)) \end{cases} \tag{6-13}$$

群體中所有粒子經歷過的最好位置$P_g(t)$稱為全局最好位置，即整個種群目前找到的最佳解，即

$$\begin{aligned} &P_g(t)\in\{P_0(t),P_1(t),\cdots,P_s(t)\}\mid f(P_g(t)) \\ &=\min\{f(P_0(t)),f(P_1(t)),\cdots,f(P_s(t))\} \end{aligned} \tag{6-14}$$

基本粒子群演算法可以根據如下的演化公式來更新自己的速度和新的位置：

$$v_{ij}(t+1) = v_{ij}(t) + c_1 r_1(t)(P_{ij}(t) - x_{ij}(t)) + c_2 r_2(t)(P_{gj}(t) - x_{ij}(t)) \tag{6-15}$$

$$x_{ij}(t+1) = x_{ij}(t) + v_{ij}(t+1) \tag{6-16}$$

其中，$v_{ij}(t)$，$v_{ij}(t+1)$，$x_{ij}(t)$，$x_{ij}(t+1)$分別表示第 i 個粒子在第 t 代和第 $t+1$ 代的飛行速度和位置。下標 i 表示第 i 個粒子；j 表示速度（或位置）的第 j 維；t 表示第 t 代；c_1 和c_2 是學習因子，分別為個體粒子的加速常數和群體粒子的加速常數，通常c_1 、$c_2 \in [0,2]$；r_1 和r_2 是介於 [0,1] 之間的隨機數。

從公式(6-15）的速度更新公式可以看出，c_1 調整粒子在歷史最佳方向上的步長，c_2 調整粒子在全局最佳粒子方向上的步長。為了減少在演化過程中，粒子離開搜尋空間的可能性，通常，$v_{ij} \in [-v_{\max}, v_{\max}]$。

如圖 6-5 所示，粒子群演算法可以歸納為如下步驟。

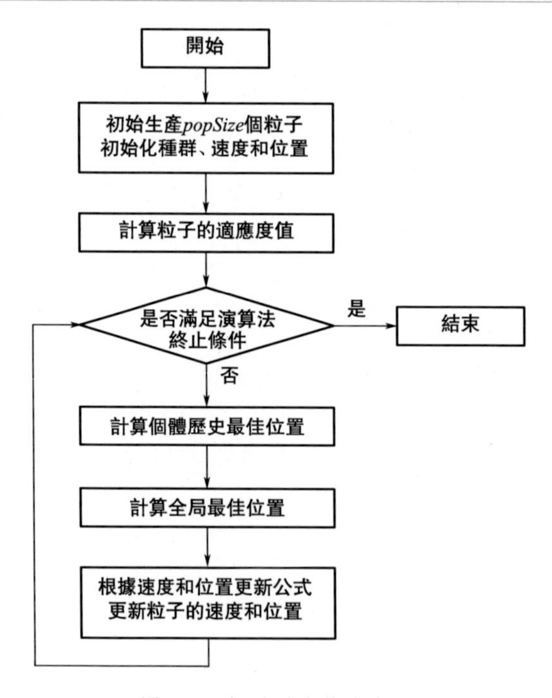

圖 6-5　粒子群演算法流程

步驟 1：初始化種群速度和位置。

步驟 2：計算每個粒子的適應度值。

步驟 3：將每個粒子的適應度值與該粒子經歷過的歷史最好位置P_i

比較，若當前適應度值好於P_i，則將其作為歷史最好位置。

步驟 4：將每個粒子的歷史最好位置P_i與全局最好位置P_g比較，若好於P_g，則將其作為全局最好位置。

步驟 5：利用公式(6-15）和公式(6-16）對粒子的速度和位置進行更新；

步驟 6：判斷是否滿足演算法的終止條件，若滿足，則演算法結束，否則轉步驟 2。

下一節將介紹如何把粒子群演算法用於優化 BP 網路演算法的權值和閾值，進一步優化動態派工規則的參數。

6.2.2.3 基於粒子群演算法的 BP 網路優化演算法

針對 BP 神經網路固有的學習速度慢、容易陷入局部極小及「過度學習」等問題，將粒子群優化演算法用於訓練 BP 網路的學習過程，利用粒子群優化演算法對 BP 網路的權值和閾值進行優化，得到網路權值和閾值的最佳參數組合。

基於粒子群的 BP 網路優化演算法可以歸納為如下步驟。

步驟 1：確定粒子群規模，即粒子的個數 m 和維度 n。

對於粒子個數，通常設為 10～40 間的一個值，這裡取 $m=10$。設模型結構為 $M-N-1$，M 為輸入節點數，N 為隱含層節點數，1 為輸出節點數，則搜尋空間的維度 $n=(M+1)\times N+(N+1)\times 1$。

在本章中，由於輸入層的節點為與$(\alpha_1,\beta_1,\alpha_2,\beta_2,\gamma,\sigma)$值相關聯的 18 個係數$(a_i,b_i,c_i,i\in\{1,\cdots,6\})$，故搜尋空間的維度為 $n=(18+1)\times 8+(8+1)\times 1=161$。

步驟 2：慣性因子 w 的設置。

慣性權重 w 用來控制粒子歷史速度對當前速度的影響，它將影響粒子的全局和局部搜尋能力。為使粒子保持運動慣性，使其有擴展搜尋空間的趨勢，採用線性遞減權值策略，如式(6-16）所示，它能使 w 由w_{in}隨疊代次數先行遞減到w_{end}。

$$w(t)=(w_{in}-w_{end})\times\frac{T_{max}-t}{T_{max}}+w_{end} \tag{6-17}$$

其中，T_{max}為最大演化代數；t 為當前演化代數；w_{in}為初始慣性權值，w_{end}為疊代至最大代數時的慣性權值。參數設置為$w_{in}=0.9$，$w_{end}=0.3$，$T_{max}=200$。

步驟 3：學習因子c_1與c_2的設置。

c_1 和c_2 代表將每個粒子推向P_{ij}和P_{gj}位置的統計加速項的權重，它們是用於調整粒子自身經驗和社會群體經驗在整個巡遊過程中所起作用的參數。c_1 和 c_2 是固定常數，一般都限定 c_1 和 c_2 相等並且取值範圍為 [0,4]。本章中取 $c_1=2$，$c_2=1.8$。

步驟 4：確定適應度函數。

以訓練均方誤差函數 E 作為粒子的適應度評價函數，用於推進對種群的搜尋。粒子的適應度函數按公式(6-18) 計算。

$$fitness=E=\frac{1}{N}\sum_{i=1}^{n}(y_{i(\mathrm{real})}-y_i)^2 \tag{6-18}$$

式中，N 為訓練的樣本數；$y_{i(\mathrm{real})}$ 為第 i 個樣本的實際值；y_i 為第 i 個樣本的模型輸出值。因此，疊代停止時適應度最低的粒子對應的位置即為問題所求的最佳解。

步驟 5：速度與位置初始化。

隨機生成 m 個個體，每個個體由兩部分組成，第一部分為粒子的速度矩陣，第二部分為代表粒子的位置矩陣。

將 BP 網路初始化獲得的權值和閾值作為 PSO 演算法中每個粒子的初始位置。

步驟 6：評價。

根據式(6-18) 計算種群中的粒子在 BP 神經網路訓練樣本下的適應度。

步驟 7：極值更新。

比較種群當前的個體適應度值與疊代前的個體適應度值，若當前值更佳，則令當前值替代疊代前的值，並保存當前位置為其個體極值，否則其個體極值為上一代的極值。對於全局極值來說，若現有群體中某個粒子的當前適應度值比全局歷史最佳適應度值更佳，則保存該粒子的當前位置為全局極值。

步驟 8：速度更新。

根據步驟 7 疊代生成的 P_{ij} 和 P_{gj} 進行速度的更新，採用帶有附加項的速度更新公式進行速度更新，其公式如 (6-19) 所示，其中 $r_3(t)$ 是 [0,1] 之間的隨機數。

$$\begin{aligned}v_{ij}(t+1)=&w\,v_{ij}(t)+c_1 r_1(t)(P_{ij}(t)-x_{ij}(t))+\\&c_2 r_2(t)(P_{gj}(t)-x_{ij}(t))+r_3(t)(P_{gj}(t)-P_{ij}(t))\end{aligned} \tag{6-19}$$

步驟 9：解的更新。

由步驟 8 疊代生成的速度進行解的更新，即調整 BP 神經網路的權值與閾值。

步驟 10：疊代停止控制。

對疊代產生的種群進行評價，判斷演算法訓練誤差是否達到期單誤差（取為 0.001）或疊代是否進行到最大次數（200 代），如果條件滿足則轉步驟 11；否則，返回步驟 7 繼續疊代。

步驟 11：最佳解生成。

演算法停止疊代時，P_{gj} 對應的值即為訓練問題的最佳解，即 BP 網路的權值與閾值。將上述最佳解代入 BP 網路模型中進行二次訓練學習，最終得到 DDR 中($\alpha_1,\beta_1,\alpha_2,\beta_2,\gamma,\sigma$)值預測優化模型。

6.2.3 優化流程

實現該演算法參數優化的具體方法如圖 6-6 所示。

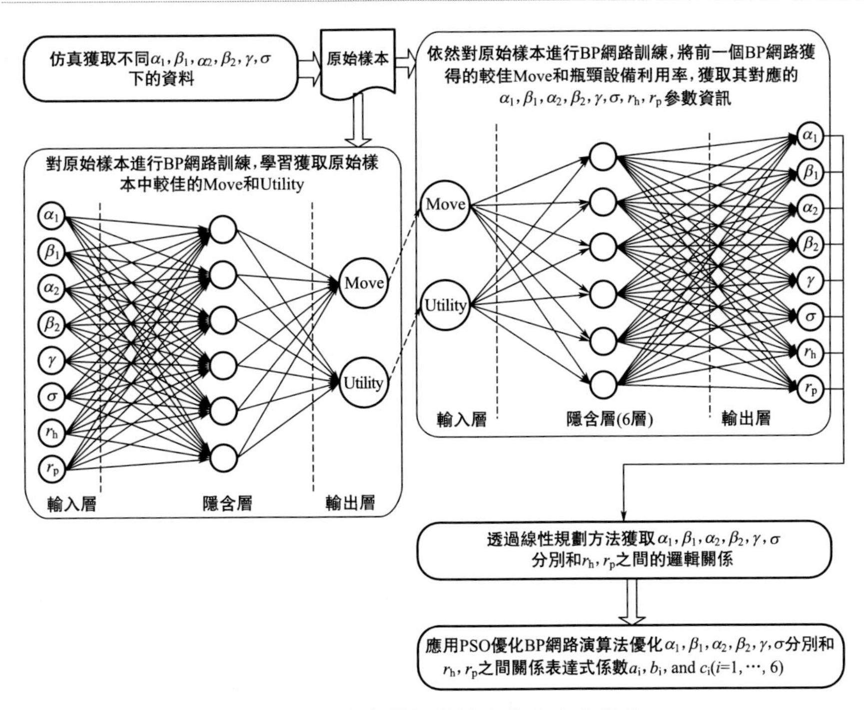

圖 6-6 基於資料探勘的演算法參數優化

步驟 1：根據生產線歷史資料動態建立仿真模型。

步驟 2：在仿真模型中建立調度規則庫、生產線系統所需的過程狀態(r_h,r_p)和性能指標（Move 和 Utility）。

步驟 3：確定設備利用率 60%以上的瓶頸設備。

步驟 4：對瓶頸設備採用 DDR 調度規則，分別隨機產生對應的(α_1，β_1，α_2，β_2，γ，σ)值，同時自動記錄生產線的過程狀態資訊(r_h，r_p)、性能指標 Move 和 Utility。

步驟 5：應用兩次 BP 神經網路演算法獲得較佳的(α_1，β_1，α_2，β_2，γ，σ)值和(r_h，r_p)值。

步驟 6：透過線性規劃方法獲取(α_1，β_1，α_2，β_2，γ，σ)值和(r_h，r_p)值之間的邏輯關係。

步驟 7：利用粒子群優化神經網路演算法優化得到的(α_1，β_1，α_2，β_2，γ，σ)值和(r_h，r_p)值之間二元一次關係表達式的係數。

6.2.4 仿真驗證

在生產線歷史資料的基礎上進行仿真，將原生產線 PRIOR 規則下仿真 5 天得到的設備平均利用率在 60%以上的設備定義為瓶頸設備，並調用 DDR。其他設備仍按照原來的調度規則進行派工。

本章對 DDR 中(α_1，β_1，α_2，β_2，γ，σ)六個參數值進行協同遍歷，取值範圍為 0.01～0.99，步長為 0.1，仿真 5 天。其中，每隔 12h 記錄當前生產線狀態資訊(r_h，r_p)，仿真 110 組不同的(α_1，β_1，α_2，β_2，γ，σ)值，共得到 1100 組資料。

其中，300 組資料用於樣本驗證，800 組資料用於樣本訓練，採用交叉驗證的方式來提高訓練精度。

同時，考慮生產線負載狀態對(α_1，β_1，α_2，β_2，γ，σ)值有一定的影響，所以，分別對欠載和過載兩種負載狀態進行優化。已知該企業目前生產線滿載運行的日產能為 7000 片，則欠載範圍為 5250～6300 片，過載範圍為>7000 片。

6.2.4.1 DDR 參數優化

實現 DDR 參數優化使之演化為 ADR 的具體步驟如下。

步驟 1：將樣本中的(α_1，β_1，α_2，β_2，γ，σ)值和(r_h，r_p)值作為 BP 網路的輸入，短期性能指標 Move、Utility 值作為輸出，對神經網路進行訓練，構建得到 BP 網路，稱為 BP_NET_1。

隨機抽取一組測試樣本，代入 BP_NET_1 模型中，得到目標輸出 O，稱為O_1，即 Move 值和 Utility 值，若$O_1 \leqslant T$，則再次運行 BP_NET_1，直到$O_1 > T$，即透過 BP_NET_1 擬合得到的 Move、Utility 值均大於測試樣本中的 Move、Utility 值。

步驟 2：將樣本中的 Move、Utility 值作為 BP 網路的輸入，(α_1，β_1，

$\alpha_2,\beta_2,\gamma,\sigma$)值和($r_h,r_p$)值作為輸出，進行訓練，構建得到 BP 網路，稱為 BP_NET_2。

此時，將步驟 1 中得到的目標輸出值O_1代入 BP_NET_2 模型中，得到目標輸出 O，稱為O_2，即新的($\alpha_1,\beta_1,\alpha_2,\beta_2,\gamma,\sigma$)值和($r_h,r_p$)值。

最後，將步驟 2 得到的($\alpha_1,\beta_1,\alpha_2,\beta_2,\gamma,\sigma$)值代入仿真模型進行驗證。

隨機抽取三組針對利用率 60%以上的設備採用 DDR 時的($\alpha_1,\beta_1,\alpha_2,\beta_2,\gamma,\sigma$)值，進行二次 BP 網路優化。實驗發現（如表 6-2、表 6-3 所示），在欠載狀態下，經過二次 BP 網路優化得到的 Move、Utility 值要比原始資料下的 Move、Utility 值平均提高 8.08%和 5.57%；同時，在過載狀態下，經過二次 BP 網路優化得到的 Move、Utility 值也要比原始資料下的 Move、Utility 值平均提高 31.07%和 5.57%。

表 6-2 二次 BP 網路優化 Move 值和 Utility 值（欠載）

項目	α_1	β_1	α_2	β_2	γ	σ	r_h	r_p	Mov	Utility	WIP
原始樣本	0.85	0.15	0.7	0.1	0.1	0.1	0.2414	0.1862	10889	0.6543	5671
	0.05	0.95	0.01	0.01	0.97	0.01	0.3035	0.1900	6552	0.5737	5994
	0.35	0.65	0.4	0.2	0.2	0.2	0.3111	0.1714	12224	0.7577	6323
二次 BP 優化結果	0.49	0.51	0.22	0.36	0.15	0.27	0.2713	0.2168	12118	0.6891	5671
	0.47	0.53	0.25	0.27	0.26	0.22	0.2955	0.1985	7188	0.6378	5994
	0.42	0.58	0.17	0.44	0.13	0.26	0.3097	0.1632	12622	0.7677	6323

表 6-3 二次 BP 網路優化 Move 值和 Utility 值（過載）

項目	α_1	β_1	α_2	β_2	γ	σ	r_h	r_p	Mov	Utility	WIP
原始樣本	0.5	0.5	0.1	0.3	0.3	0.3	0.2162	0.0990	6202	0.6942	7039
	0.99	0.01	0.3	0.3	0.3	0.1	0.2586	0.0819	4125	0.5613	7395
	0.25	0.75	0.2	0.2	0.4	0.2	0.2539	0.1273	11591	0.7254	7748
二次 BP 優化結果	0.58	0.42	0.07	0.48	0.1	0.35	0.1976	0.1057	8006	0.7054	7039
	0.6	0.4	0.11	0.59	0.11	0.19	0.2418	0.2224	6709	0.6135	7395
	0.55	0.45	0.2	0.45	0.03	0.32	0.2597	0.1305	11764	0.7674	7748

6.2.4.2 僅考慮生產線因素的 ADR

基於 BP_NET_2 模型得到($\alpha_1,\beta_1,\alpha_2,\beta_2,\gamma,\sigma$)值和($r_h,r_p$)值，實現 ADR 參數優化的步驟如下。

步驟 3：使用線性規劃（Linear Programming，LP）的方法，將($\alpha_1,\beta_1,\alpha_2,\beta_2,\gamma,\sigma$)值和($r_h,r_p$)值用公式(6-11) 連繫起來。

由於對大規模資料處理問題，BP 網路具有較好的自適應性、自組織性和容錯性等，因此，為了更好地優化 Move、Utility 值，在每個 12h 時間段內，先從 110 組資料中隨機抽取 3～4 組樣本，用 6.2.4.1 中的方法進行優化，獲得相應的($\alpha_1,\beta_1,\alpha_2,\beta_2,\gamma,\sigma$)和($r_h,r_p$)值，而後再從 110 組原始樣本中選擇 2～3 組較好的 Move、Utility 值所對應的($\alpha_1,\beta_1,\alpha_2,\beta_2,\gamma,\sigma$)和($r_h,r_p$)值。這樣，每次從這 5～7 組樣本中隨機選擇 4 組($\alpha_1,\beta_1,\alpha_2,\beta_2,\gamma,\sigma$)和($r_h,r_p$)值，用 LP 方法將之連繫起來，獲得 3 組($a_i,b_i,c_i,i\in\{1,\cdots,6\}$)，代入模型，仿真得到其對應的 Move、Utility 值。

步驟 4：將步驟 3 得到的 30 組樣本資料中的($a_i,b_i,c_i,i\in\{1,\cdots,6\}$)作為 BP 網路的輸入，樣本資料中的 Move、Utility 值作為輸出，得到初始權值和閾值，代入 PSO 演算法中，利用 PSO 演算法對 BP 網路的權值和閾值進行優化後再訓練，構建得到 BP 網路，稱為 BP_NET_3。

同步驟 1，得到目標輸出 O，稱為O_3。

步驟 5：將步驟 3 得到的 30 組樣本資料中的 Move、Utility 值作為 BP 網路的輸入，樣本資料中的($a_i,b_i,c_i,i\in\{1,\cdots,6\}$)作為輸出，得到初始權值和閾值，利用 PSO 演算法對 BP 權值和閾值進行優化訓練，構建得到 BP 網路，稱為 BP_NET_4。

此時，將步驟 4 中得到目標輸出值O_3，代入 BP_NET_4 模型中，得到目標輸出 O，稱為O_4，即新的($a_i,b_i,c_i,i\in\{1,\cdots,6\}$)。

最後，將步驟 5 得到的($a_i,b_i,c_i,i\in\{1,\cdots,6\}$)代入仿真模型進行驗證。

從圖 6-7 中可以發現，在基於啟發式調度規則中，最短剩餘加工時間規則（Smallest Remaining Processing Time，SRPT）無論是在欠載狀態還是過載狀態，都要比最早交貨期優先規則（Earliest Due Date，EDD）和臨界值規則（Critical Ratio，CR）性能更佳。但是，在過載狀態下，經過優化後的自適應調度規則（ADR）顯然要比 SRPT 規則表現得更加出色，並且遠遠優於該企業所採用的 PRIOR 規則。

在欠載狀況下，DDR 的改進效果並不理想，其 Move 和 Utility 的平均值分別只比 PRIOR 規則提高了 0.64% 和 1.03%，其最低值均比 PRIOR 規則低，而其最高值卻分別比 PRIOR 規則高出 4.97% 和 7.56%。但是，ADR 則能夠完全保證其 Move、Utility 值均大於 PRIOR 規則下的 Move、Utility 值。其中，採用 BP 網路優化得到的 ADR 係數($a_i,b_i,c_i,i\in\{1,\cdots,6\}$)，其平均 Move 值和平均 Utility 值比 PRIOR 規則下的 Move 值和 Utility 值分別提升了 1.97% 和 3.26%。運用 PSO 演算法優化 BP 網路得到的 ADR 係數($a_i,b_i,c_i,i\in\{1,\cdots,6\}$)，其平均 Move 值和平均 Utility 值比 PRIOR 規則下的 Move 值和 Utility 值進一步

提升了 2.35%和 5.93%。

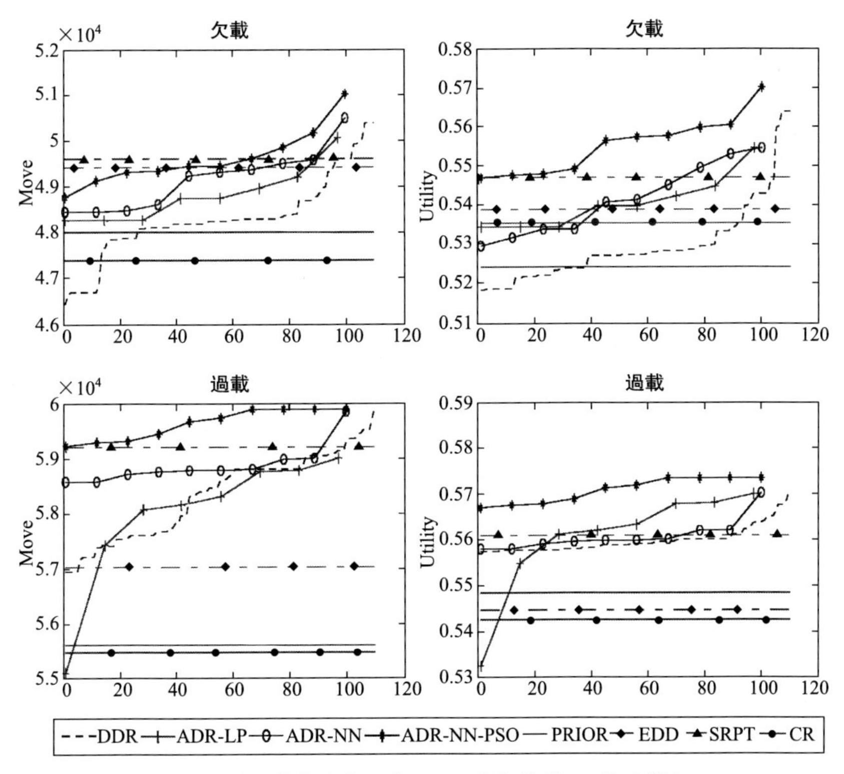

圖 6-7 欠/過載狀態下的 ADR 優化結果（電子版）

在過載狀態下，DDR 下的 Move、Utility 值均優於 PRIOR 規則下的 Move、Utility 值，平均 Move 值和平均 Utility 值分別提高了 2.87%和 2.11%。採用 BP 網路優化得到的 ADR 係數($a_i,b_i,c_i,i\in\{1,\cdots,6\}$)，其平均 Move 值和平均 Utility 值比 PRIOR 規則下的 Move 值和 Utility 值分別提升了 5.91%和 2.30%。運用 PSO 演算法優化 BP 網路得到的 ADR 係數($a_i,b_i,c_i,i\in\{1,\cdots,6\}$)，其平均 Move 值和平均 Utility 值比 PRIOR 規則下的 Move 值和 Utility 值進一步提升了 7.24%和 4.10%。

由上述分析可知，使 DDR 中的$\alpha_1,\beta_1,\alpha_2,\beta_2,\gamma,\sigma$ 值能夠自動根據生產線環境進行動態調整進而改進為 ADR 可以有效提高系統性能。

6.2.4.3 考慮生產線和光刻區因素的 ADR

由於(r_h,r_p)是生產線的狀態資訊，較為共性，且在實際生產調度過程中，非批加工的瓶頸設備均在光刻區，因此，將光刻區的(r_h,r_p)從生產線中剝離出來，單獨記錄為光刻區緊急工件比例(r_h_photo)和光刻區後 1/3 光刻工件比例(r_p_photo)。

同步驟 1、步驟 2 進行 DDR 參數優化，再分別對優化後的單卡加工資訊數參數($\alpha_1, \beta_1, \alpha_2, \beta_2, \gamma, \sigma$)值、($r_h$_photo, r_p_photo)值和批加工資訊數參數($\alpha_1, \beta_1, \alpha_2, \beta_2, \gamma, \sigma$)值、($r_h, r_p$)值採用 LP 擬合，得到公式(6-20)。

$$\begin{aligned} \alpha_1 &= a_1 r_h\_photo + b_1 r_p\_photo + c_1 \\ \beta_1 &= a_2 r_h\_photo + b_2 r_p\_photo + c_2 \\ \alpha_2 &= a_3 r_h + b_3 r_p + c_3 \\ \beta_2 &= a_4 r_h + b_4 r_p + c_4 \\ \gamma &= a_5 r_h + b_5 r_p + c_5 \\ \sigma &= a_6 r_h + b_6 r_p + c_6 \end{aligned} \tag{6-20}$$

接著，同步驟 4、步驟 5 得到新的($a_i, b_i, c_i, i \in \{1, \cdots, 6\}$)代入仿真模型進行驗證，其優化結果如圖 6-8 和表 6-4、表 6-5 所示。

實驗表明（如表 6-4、表 6-5 所示），在欠載狀況下，對光刻區單獨考慮，經 BP 網路優化 ADR 係數($a_i, b_i, c_i, i \in \{1, \cdots, 6\}$)，其平均 Move 值和平均 Utility 值比對生產線總體考慮下得到的平均 Move 值和平均 Utility 值分別提升了 2.39% 和 2.11%。相應地，利用 PSO 優化 BP 網路得到的平均 Move 值和平均 Utility 值亦分別提升了 1.98% 和 0.95%。

在重載狀況下，對光刻區單獨考慮，經 BP 網路優化 ADR 係數($a_i, b_i, c_i, i \in \{1, \cdots, 6\}$)，其平均 Move 值和平均 Utility 值比對生產線總體考慮下得到的平均 Move 值和平均 Utility 值分別只提高了 0.34% 和 0.75%。然而，利用 PSO 優化 BP 網路得到的平均 Move 值和平均 Utility 值反而分別下降了 13.8% 和 1.51%，效果並不理想。因為過載狀態下，生產線上的工件過多，瓶頸設備始終處於滿負荷運轉，可供調度優化的空間並不大。特別地，倘若生產線始終處於過載狀態，極容易發生一些異常情況，又不能得到及時的響應，從而使得優化效果下降。

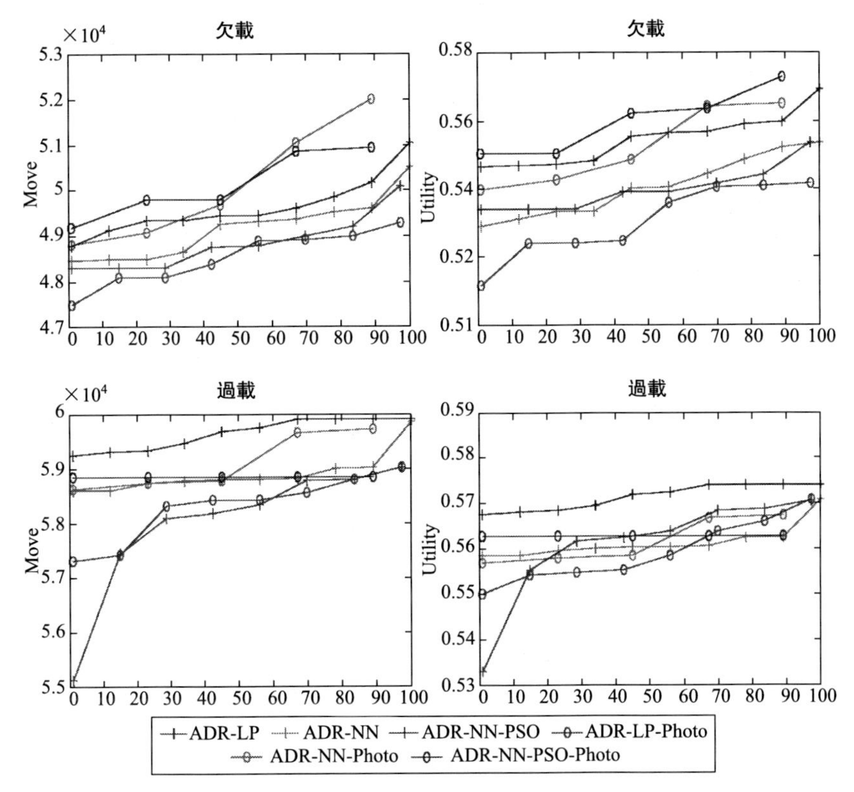

圖 6-8 欠/過載狀態下對光刻區單獨考慮的 ADR 優化結果（電子版）

表 6-4 欠載狀態下 ADR 優化結果

規則	欠載				
	Move	Utility	M-Imp/%	U-Imp/%	A-Imp/%
PRIOR	48027	0.5241	—	—	—
EDD	49451	0.5388	2.96	2.80	2.88
SRPT	49639	0.5470	3.36	4.37	3.86
CR	47419	0.5354	−1.27	2.16	0.45
DDR Best	50414	0.5637	4.97	7.56	6.26
DDR Worst	46469	0.5182	−3.24	−1.13	−2.18
DDR Avg.	48335	0.5295	0.64	1.03	0.84
ADR-LP	48853	0.5405	1.72	3.13	2.42
ADR-NN	48975	0.5412	1.97	3.26	2.62
ADR-NN-PSO	49154	0.5552	2.35	5.93	4.14

續表

規則	欠載				
	Move	Utility	M-Imp/%	U-Imp/%	A-Imp/%
ADR-LP-Photo	49083	0.5310	2.20	1.32	1.76
ADR-NN-Photo	50146	0.5526	4.41	5.44	4.93
ADR-NN-PSO-Photo	50128	0.5605	4.37	6.95	5.66

表 6-5 過載狀態下 ADR 優化結果

規則	過載				
	Move	Utility	M-Imp/%	U-Imp/%	A-Imp/%
PRIOR	55607	0.5487	—	—	—
EDD	57043	0.5450	2.58	−0.67	0.95
SRPT	59215	0.5614	6.49	2.31	4.40
CR	55481	0.5429	−0.23	−1.06	−0.64
DDR Best	59900	0.5716	7.72	4.17	5.95
DDR Worst	56942	0.5578	2.40	1.66	2.03
DDR Avg.	57205	0.5603	2.87	2.11	2.49
ADR-LP	57956	0.5604	4.22	2.13	3.18
ADR-NN	58894	0.5613	5.91	2.30	4.10
ADR-NN-PSO	59633	0.5712	7.24	4.10	5.67
ADR-LP-Photo	58270	0.5591	4.79	1.90	3.35
ADR-NN-Photo	59096	0.5655	6.27	3.06	4.67
ADR-NN-PSO-Photo	58828	0.5627	5.79	2.55	4.17

總體來說，進一步對光刻區瓶頸設備採用與光刻區狀態資訊(r_h_photo,r_p_photo)相關聯的 ADR，其他瓶頸設備繼續保持與生產線狀態資訊(r_h,r_p)相關聯的 ADR，生產調度系統的性能指標 Move 和 Utility 可以得到進一步提高。

6.3 本章小結

本章以上海市某半導體生產製造企業的實際項目為背景，提出了一種模擬資訊素機制的動態派工規則。該規則突破了傳統智慧演算法受限於求解規模的問題，並順利地將其運用於大規模複雜調度問題中，取得了良好的結果。同時採用資料探勘的方法對動態派工規則作參數優化，並在實際生產線中作測試驗證。

參考文獻

[1] Simon H. 神經網絡原理[M]. 葉世偉, 史忠植譯. 北京: 機械工業出版社, 2004.
[2] 師黎, 陳鐵軍. 智能控制理論及應用[M]. 北京: 清華大學出版社, 2009.
[3] Kennedy J, Eberhart R C. Particle swarm optimization[C]. Proceedings of IEEE International Conference on Neural Networks, 1995, 4: 1942-1948.

第7章

性能驅動的半導體製造系統動態調度

為了求解不確定生產環境下半導體生產線的調度問題，本章介紹一種基於極限學習機（Extreme Leaning Machine，ELM）的性能指標驅動的動態派工方法。該方法是基於半導體生產線仿真系統、利用資料探勘方法，透過仿真得到生產線加工過程中的生產資料，再根據所關注的性能指標挑選較佳樣本組成樣本集，進而透過極限學習機建立半導體生產線性能指標預測模型。基於預測所得的期望性能，結合生產線的即時狀態資訊，學習並生成調度規則最佳參數，進而驅動生產線派工決策，最終達到提高生產線整體性能的目的。

7.1 性能指標預測方法

7.1.1 單瓶頸半導體生產模型長期性能指標預測方法

7.1.1.1 單瓶頸半導體生產模型

經典排隊理論分析的利特爾法則（Little's Law）給出了有關在製品數量與提前期關係的簡單數學公式[1-3]。

$$L=\lambda W \tag{7-1}$$

其中，L 指在一個穩定的系統中，較長時間內統計的平均客流量；λ 指該段統計時期內顧客的有效到達速率；W 指平均每個顧客在系統中的停留時間。

利特爾法則要求所適用的系統是穩定的。穩定即生產節拍穩定、產品一直以瓶頸速度產出且原材料投入生產線速度與瓶頸速度一致[4]。對於一個穩定系統來說，如果瓶頸速度恆定，將使得每個產品在系統花費的平均時間相同。這相當於每個產品經過相同的時間延遲，便可以從系統中流出，從而使得系統的產出速度與到達速度保持同步[5]。對半導體製造系統來說，這就要求整個生產過程中的瓶頸環節穩定，瓶頸設備固定且保持穩定輸出[6]。本文將符合這種特點的生產狀況定義為單瓶頸半導體生產模型，此時生產線上的在製品數量通常能保持穩定水準[7]。

針對所獲得的實際半導體生產線資料，從第 4 章圖 4-4 中全年日在製品數量和日排隊隊長的對比圖可以觀察到，在全年大部分時間，該生產線的實際在製品水準基本能夠維持穩定。在本節中對該生產線的生產情況作出假設；該生產線是一個符合生產節拍恆定的單瓶頸半導體生產模型。其生產過程中的各瓶頸環節可簡化為單一瓶頸、輸出速度均勻、投料速度與其保持同步、生產節拍與劃歸後的瓶頸設備的生產速度保持一致[8]。

基於單瓶頸半導體生產模型的假設，將建立加工週期（CT）/準時交貨率（ODR）與關鍵短期性能指標之間的量化線性關係，從而透過即時採集到的資料反映當前工況的短期性能指標，預測出某產品的關鍵長期性能指標——加工週期和準時交貨率[9]。

7.1.1.2 多元線性迴歸問題與其求解

在統計學中，線性迴歸（Linear Regression）是迴歸分析方法的一種，是指利用線性迴歸方程式對一個或多個自變數和因變數之間的關係進行建模[10]。線性迴歸函數即一個或多個模型參數的線性組合。圖 7-1 中的 x 變數和 y 變數就被認為近似符合線性關係。

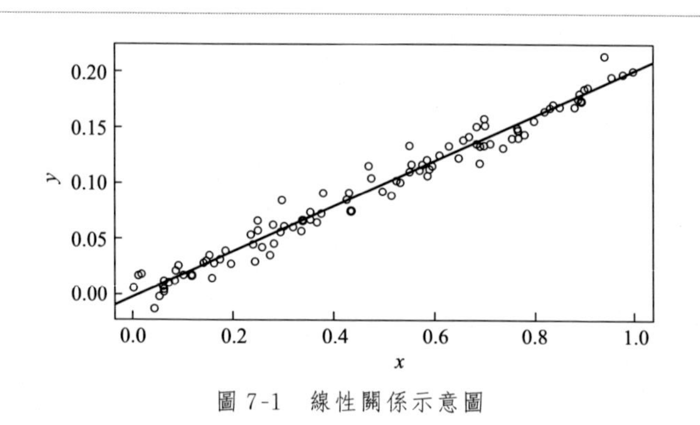

圖 7-1 線性關係示意圖

一元線性迴歸分析指模型中只包括一個自變數和一個因變數，且二者的關係可近似用一條直線表示。多元線性迴歸分析，指模型中包括兩個或兩個以上的自變數，且因變數和自變數之間也近似呈線性關係[11]。

在迴歸分析中，自變數的選擇對保證多元線性迴歸模型預測效果和解釋能力具有十分重要的作用。自變數對因變數應呈密切的線性相關關係，邏輯上具有較強的影響且自變數應具有完整的統計資料。

在單瓶頸半導體生產模型中，系統符合利特爾法則。在此類生產情況下，長期性能指標和短期性能指標變數之間存線上性關係，工程上也常常基於線性迴歸來實現預測模型。第 4 章驗證了各短期性能指標與日移動步數之間的相關性，基本符合以上準則。故將單瓶頸半導體生產模型的長期性能指標預測問題歸結為一個多元線性迴歸問題。

多元線性迴歸問題的常用求解方法有最小二乘法和梯度下降法。最小二乘法是一種優化問題的想法，梯度下降法是實現這種想法的具體求解方法。本章選用梯度下降法來求解該多元線性迴歸問題[12]。

假設迴歸函數為

$$h(x)=\sum_{i=1}^{n}\theta_i x_i=\boldsymbol{\theta}^{\mathrm{T}}x \tag{7-2}$$

其中，n 為自變數個數；θ_i 為自變數係數，即需要求解的作為模型輸入的各短期性能指標權重。損失函數為迴歸函數和實際值之差的均方和，如式(7-3) 所示：

$$J(\boldsymbol{\theta})=\frac{1}{2}\sum_{j=1}^{m}(h_\theta(x^j)-y^j)^2 \tag{7-3}$$

其中，m 為樣本數量；y^j 為訓練集中的實際值，即加工週期、準時交貨率的真實值。

迴歸函數的目的是求出使損失函數 $J(\boldsymbol{\theta})$ 最小的參數 $\boldsymbol{\theta}$ 的值。對於每個參數 θ_i，求出其梯度表達式，並使梯度等於 0 從而求出θ_i。此時，求得的參數θ_i使得損失函數最小。

$\boldsymbol{\theta}$ 是包含所有參數的一維向量。先初始化一個 $\boldsymbol{\theta}$，在此 $\boldsymbol{\theta}$ 值之上，用隨機梯度下降法求出下一組 $\boldsymbol{\theta}$ 的值，隨著 $\boldsymbol{\theta}$ 的更新，損失函數 $J(\boldsymbol{\theta})$ 的值在不斷下降。當疊代到一定程度，$J(\boldsymbol{\theta})$ 的值趨於穩定，此時的θ_i即為要求得的值。疊代函數如式(7-4) 所示，其中 α 是梯度下降的步長：

$$\theta_i=\theta_{i-1}-\alpha\frac{\partial}{\partial\theta}J(\boldsymbol{\theta}) \tag{7-4}$$

每次疊代，用當前的θ_i求出等式右邊的值，並覆蓋原θ_i得到疊代後的值。

$$\frac{\partial}{\partial\theta_i}J(\boldsymbol{\theta})=(h_\theta(x)-y)x_i \tag{7-5}$$

在以上的解法中，僅僅透過訓練歷史資料，建立起長短期性能指標之間的關係。而事實上，可以認為誤差 e 是服從高斯分布的。透過對誤差求取期望和方差，得到誤差的高斯分布函數。用得到的誤差函數來擬合未來的誤差。

$$e \sim N(\mu, \sigma^2) \tag{7-6}$$

$$\hat{\mu} = \frac{1}{n}\sum_{i=1}^{n} x_i$$

$$\hat{\sigma}^2 = \frac{1}{n}\sum_{i=1}^{n}(x_i - \overline{x})^2 \tag{7-7}$$

最終長期性能指標的預測值，為多元線性迴歸模型得出的預測值 $h(x)$加上透過高斯分布函數擬合的誤差補償 e 所得，如式(7-8）所示。

$$y_i = h(x) + e \tag{7-8}$$

7.1.1.3 加工週期預測模型與實驗結果分析

(1) 加工週期預測模型

基於以上對單瓶頸半導體生產模型的長期性能指標預測問題的討論，本節把加工週期（CT）視作因變數，對應的短期性能指標 WIP_t，QL_t，$MOVE_t$，TH_t，$EQI\_UTI_{1\text{-}18}$ 為自變數，利用上一節描述的梯度下降法進行模型訓練，得出加工週期預測模型的關係方程式。

表 7-1 是加工週期的基本預測模型。參數代表每一個短期性能指標所乘的係數，這些短期性能指標乘以對應係數並求和，即可得到當前工況下該版本產品的加工週期的預測值。

表 7-1 加工週期關係模型

序號	參數	短期性能指標
k0	0.00703	WIP
k1	−0.022	MOVE
k2	0.031246	QL
k3	−0.00761	Throughput
k4	−0.08883	2CL01
k5	−0.0631	7MF04
k6	−0.0178	9CL20
k7	−0.14287	5853
k8	−0.11527	1703
k9	−0.02277	5854
k10	−0.00845	9PS18
k11	−0.04355	5856
k12	−0.05178	5852
k13	0.034341	2CL05
k14	0.159431	6DI02
k15	0.039893	3WE10
k16	0.002016	3T05
k17	−0.24397	6113

續表

序號	參數	短期性能指標
k18	−0.06953	5821
k19	−0.0111	2T03
k20	−0.13699	6DI01
k21	−0.09838	6148

(2) 加工週期預測模型誤差參數

基於多元線性迴歸方法所得的基本關係模型，加上擬合的誤差補償預測，得到帶誤差補償的加工週期預測模型。其中，加工週期關係模型係數跟之前保持一致，只是將誤差視作符合高斯分布。在訓練時，同時計算出用於擬合未來誤差的高斯分布參數。此時最後加工週期預測值為基本模型預測值與預測的誤差補償之和。各版本產品的加工週期誤差補償高斯分布參數如表 7-2 所示，μ 為誤差分布的期望值，σ^2 為方差。

表 7-2　各產品加工週期誤差補償的高斯分布參數

產品版本	μ	σ^2
P1	0.742001	397.7432
P2	−0.18178	396.6348
P3	0.447137	137.2231
P4	0.597158	7080.552
P5	−0.00336	4.745342
P6	2.990688	923.4504
P7	1.338826	317.1728
P8	0.727428	40.52799

表 7-3 是加工週期關係模型的測試結果，「原誤差率」表示不用高斯分布去擬合未來誤差時模型的預測結果，「補償後誤差率」是加了誤差函數所得的預測結果。其中，誤差率＝｜實際值−預測值｜/實際值。

表 7-3　加工週期預測模型的測試結果

產品版本號	原誤差率	補償後誤差率	改進率
P1	36.80%	28.03%	−10.70%
P2	19.10%	13.50%	−16.98%
P3	28.60%	26.38%	−6.20%
P4	31.80%	30.30%	17.66%
P5	26.21%	17.57%	8.01%
P6	25.32%	25.26%	11.68%
P7	11.54%	25.71%	19.15%
P8	24.84%	24.87%	5.11%

圖 7-2 是誤差率柱狀對比圖。根據測試結果可以看出，增加誤差補償後，5 種產品的加工週期預測準確率有所提高，3 種產品的預測準確率有所下降，即近一半的產品準確率下降。故整體而言，將誤差視為高斯分布對於預測產品加工週期來說並不是很合理。

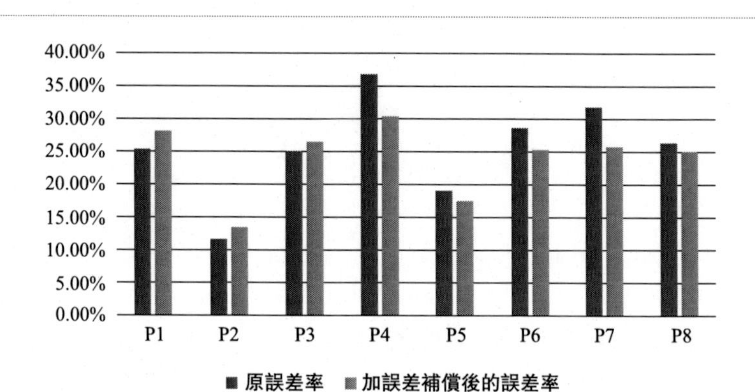

圖 7-2　加工週期基本關係模型與帶誤差預測的關係模型的誤差率對比（電子版）

因此本節使用不帶誤差預測的基本模型作為最後預測的結果。表 7-4 表示各版本產品加工週期的預測值和實際值對比，受篇幅所限，每個版本隨機取 3 個值。圖 7-3 是測試集各版本產品加工週期基本關係模型預測所得的預測值與實際值的偏差。藍色（深色）代表預測值，橙色（淺色）代表實際值。

表 7-4　各版本產品加工週期實際值和預測值對比

產品版本號	預測值	實際值
P1	13.99324	14
	12.23443	13
	12.8143	10
P2	12.07208	11
	15.13227	22
	8.344726	12
P3	9.763301	10
	15.34756	18
	10.96271	17
P4	12.952	10
	12.86826	21
	8.503999	11

續表

產品版本號	預測值	實際值
P5	19.94438	21
	4.764723	4
	4.768187	6
P6	26.98716	31
	25.61281	18
	15.55442	20
P7	21.05982	26
	21.05982	17
	21.05982	17
P8	21.05982	26
	15.37907	15
	26.26116	23

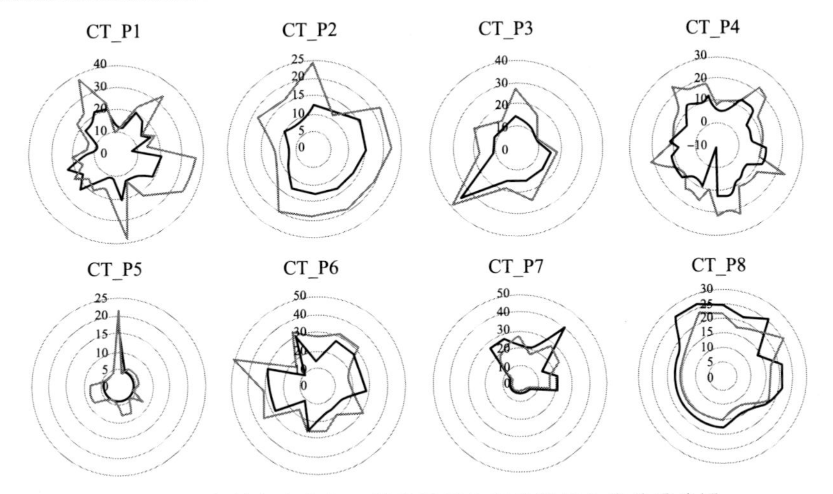

圖 7-3 各版本產品加工週期預測值與實際值的偏差雷達圖

7.1.1.4 準時交貨率預測模型與實驗結果分析

(1) 準時交貨率預測模型

把準時交貨率（ODR）視作因變數，相應的短期性能指標WIP_t、QL_t、$MOVE_t$、TH_t為自變數，利用梯度下降法對模型求解，得出準時交貨率預測模型的關係方程式。

表 7-5 是產品 P4 準時交貨率的基本預測模型。參數代表每一個短期性能指標所乘的係數。這些短期性能指標乘以對應的係數並求和，即可得到當前工況下該版本產品的準時交貨率的預測值。

表 7-5　P4 準時交貨率基本預測模型

序號	參數	短期性能指標
k0	0.00125	WIP
k1	5.42E-05	MOVE
k2	−0.00163	QL
k3	0.000809	Throughput

(2) 準時交貨率預測模型誤差參數

同上，基於多元線性迴歸方法的準時交貨率基本關係模型，加之擬合的誤差補償，得到帶誤差補償的準時交貨率預測模型。此處將誤差視作服從高斯分布，在訓練時計算出擬合未來誤差的高斯分布參數，如表 7-6所示。

表 7-6　各產品準時交貨率誤差補償的高斯分布參數

產品版本	μ	σ^2
P1	0.000935	0.001814
P2	5.45E-05	0.000192
P3	0.002697	0.003027
P4	0.000253	0.000656
P5	0.000118	0.000996
P6	5.43E-05	0.000389
P7	0.001064	0.004117
P8	0.005174	0.006642

表 7-7 是準時交貨率預測模型的測試結果。同加工週期一樣,「原誤差率」表示不用高斯分布去擬合未來誤差時基本模型的預測結果。「補償後誤差率」是加了誤差函數以後的預測結果。其中,誤差率=|實際值－預測值|/實際值。

圖 7-4 是誤差率對比柱狀圖。由圖可知,加上誤差補償後,ODR 誤差率有了顯著的改善。這可能是因為影響加工週期的因素相對於影響準時交貨率的因素更多,高斯分布不能很好描述前者誤差。

表 7-7 準時交貨率預測模型測試結果

產品版本號	原誤差率	補償後誤差率	改進率
P1	11.02%	10.96%	0.54%
P2	2.99%	2.79%	6.69%
P3	5.44%	5.01%	7.90%
P4	27.54%	24.56%	10.82%
P5	24.10%	20.51%	14.90%
P6	10.70%	10.69%	0.09%
P7	15.91%	12.96%	18.54%
P8	7.83%	7.02%	10.34%

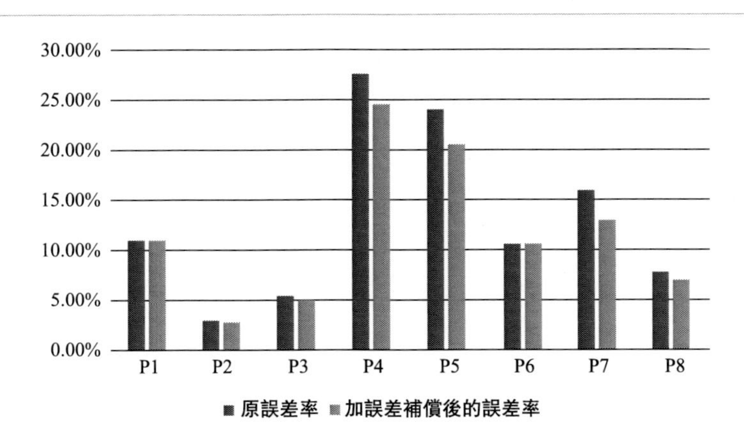

圖 7-4 準時交貨率基本關係模型和帶誤差預測模型的誤差率對比

表 7-8 各版本產品準時交貨率實際值和預測值對比

產品版本號	預測值	實際值
P1	0.813822	0.966667
	0.851731	0.966667
	0.867497	0.933333

續表

產品版本號	預測值	實際值
P2	0.873362	0.966667
	0.852321	0.966667
	0.941435	1
P3	0.997995	1
	1.033893	1
	0.99516	1
P4	0.992356	0.966667
	0.977561	0.966667
	0.953224	1
P5	0.991434	1
	0.992438	1
	0.963594	1
P6	0.89653	0.933333
	0.92665	0.933333
	0.9303	0.933333
P7	0.882435	0.9
	0.987526	1
	0.772007	0.9
P8	0.910588	1
	0.948997	1
	0.92545	1

因此基於單瓶頸半導體生產模型的假設，選擇帶誤差預測的基於多元線性迴歸方法的準時交貨率關係模型作為最後預測的模型。表 7-8 表示各版本產品準時交貨率的預測值和實際值對比，受篇幅所限，每個版本隨機取 3 個值。圖 7-5 是各版本產品準時交貨率關係模型預測值與實際值。藍色（深色）代表預測值，橙色（淺色）代表實際值。

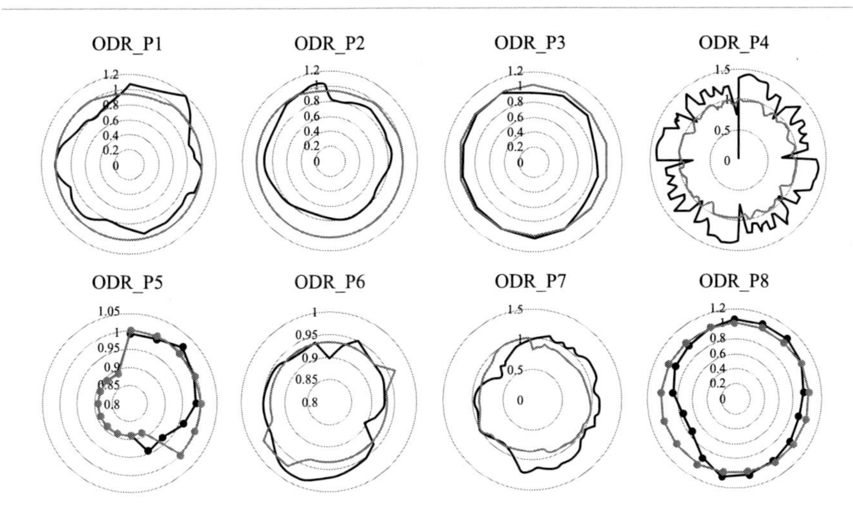

圖 7-5　各版本產品準時交貨率預測值與實際值的偏差雷達圖（電子版）

7.1.2　多瓶頸半導體生產模型長期性能指標預測方法

7.1.2.1　多瓶頸半導體生產模型

在許多真實半導體製造系統中，訂單具有很強的不確定性，且受限於設備數量、產品工藝需要和各個加工區設備配比的影響，瓶頸設備存在於生產線的許多環節。由於瓶頸發生時間不確定，因此各瓶頸設備的輸出也不穩定，這就使得在許多情況下無法將整條生產線所有的瓶頸設備簡化為一個瓶頸節點模型，實際投料無法與不確定的多瓶頸生產速度保持同步。多個瓶頸節點的不確定性效應將擴大至整條生產線，最終使產品不能以均勻的瓶頸速度產出。將這類生產情況歸納為多瓶頸半導體生產模型。

此時系統可能不再是一個穩定的線性系統，它的產出速度往往和到達速率不一致，使得各類產品的長期性能指標波動很大。在這種情況下，長期性能指標與反映當前工況的各短期性能指標之間的關係無法用線性進行表達，它們的實際關係不再符合平面維度下的某種統計規律，而可能是滲透多維度、以函數空間方式相互關聯。對於這種瓶頸輸出不穩定的生產情況，傾向於尋求更複雜的高維度的機率分布建模方法，對生產線上的長短期性能指標的內聯關係進行建模。本節提出了一種基於高斯過程迴歸方法的預測模型對兩種長期性能指標進行預測建模，同樣以第2章中的某半導體實際資料集作為研究樣本，並且與上述單瓶頸多元線性迴歸預測方法進行對比，探討該半導體生產線更符合哪一種假設下的生產模型。

7.1.2.2 高斯過程迴歸問題與其求解

一組有一定相關關係、互不獨立的隨機變數稱為隨機過程。隨機過程可看作是許多隨機變數的集合，表示某個隨機系統隨著某個指示向量的變化情況。傳統機率論通常研究一個或多個獨立隨機變數間的關聯。在大數定律和中心極限定理中，研究了無窮多個隨機變數，但依然基於這些隨機變數之間是互相獨立的假設。在一個多產品線、瓶頸不能保持穩定均勻輸出的多瓶頸半導體生產模型中，各短期性能指標之間關係並不獨立，故可以將長期性能指標與各短期性能指標的關係歸納為一個隨機過程。

隨機過程可以用一個隨機變數簇 $X(t, w)$，$t \in T$ 來定義。高斯過程迴歸可以看作是多維高斯分布向無限維的擴展，可被解釋為函數的分布，即函數-空間關係。與其他隨機過程不同，在高斯過程中，任意從隨機變數簇中抽取有限個指標(如 n 個，$t_1, t_2, \cdots, t_n$)，所對應隨機變數構成的向量 $\boldsymbol{T}$ 的聯合分布為多維（如 n 維）高斯分布。具體來說，輸入空間的每個點與一個服從高斯分布的隨機變數相關聯。同時，對於任意有限個隨機變數構成的組合，其聯合機率也服從高斯分布。當指示向量 $\boldsymbol{t}$ 是二維或多維時，高斯過程即成為高斯隨機場。高斯過程迴歸在機率統計理論得到了廣泛的運用。圖 7-6 是一個高斯迴歸過程所生成採樣函數的示意圖。從後驗函數中，可以得到基於五個無噪音觀察值的條件先驗機率分布而生成的三個符合高斯分布的隨機函數。對每個輸入值，其均值加 2 倍作為信賴區間的上限，其均值減 2 倍作為信賴區間的下限（取 95% 為信賴區間，由圖中的陰影部分進行表示）。

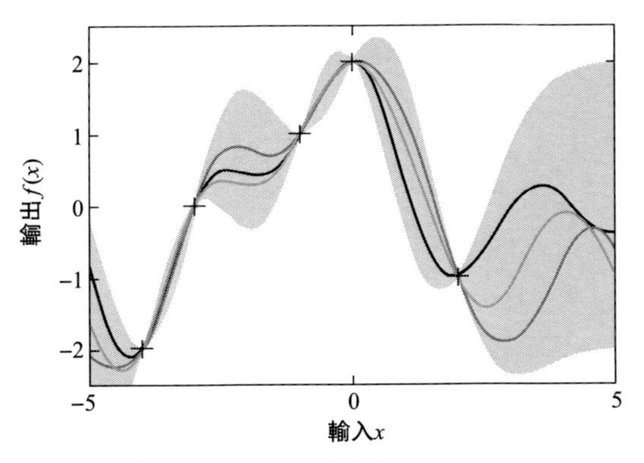

圖 7-6　高斯迴歸過程（電子版）

通常，使用均值和協方差來對高斯過程進行表述。許多研究在應用高斯過程方法 $f \sim GP(m, K)$ 進行建模時，均假設均值 m 為零，根據具體應用，再確定協方差函數 K。

這裡定義高斯過程 $f(x)$ 的均值和協方差分別為

$$\begin{aligned} m(x) &= [f(x)] \\ k(x, x') &= [(f(x) - m(x))(f(x') - m(x'))] \end{aligned} \tag{7-9}$$

通常，函數 $f(x)$ 被假設給定一個高斯過程先驗，可把高斯過程迴歸寫作：

$$f(x) \sim GP(m(x), k(x, x')) \tag{7-10}$$

和現有方法相同，為了便於計算和表述，這裡設定均值為零。協方差函數可描述給定點之間的相關性。換言之，這是一個用來衡量相似性的函數。此處選取指數協方差函數（squared exponential）：

$$k(x, x') = \exp\left(-\frac{1}{2} |x - x'|^2\right) \tag{7-11}$$

在輸入變數密切相關時，變數間的協方差是增大的。反之，當輸入變數之間的距離增大，即相關性降低時，協方差也相應降低。此為高斯過程迴歸模型在預測未知變數時的基礎假設理論。即當工況相似時，相應的長期性能指標值也應當相似。在預測問題中，給定訓練集 $x_1, x_2, \cdots, x_n$ 與對應的函數值 $f_1, f_2, \cdots, f_n$：

$$D = \{x^{(i)}, f^{(i)} \mid i = 1, \cdots, n\} = \{X, f\} \tag{7-12}$$

函數的目標是：當輸入測試點為 x^* 時，計算對應的預測變數 f^* 的值。根據上述的高斯過程特點（測試資料與訓練資料來源於同一分布），可以得到訓練資料 f 與測試資料f^*的聯合機率分布，即高維高斯分布：

$$\begin{bmatrix} f \\ f^* \end{bmatrix} \sim \left(0, \begin{bmatrix} k(X,X), k(X,X^*) \\ k(X^*,X), k(X^*,X^*) \end{bmatrix}\right) \tag{7-13}$$

訓練集即為觀察到的值。因此，求解預測資料f^*的問題可被簡化為基於可觀察值 $D=\{X,f\}$計算其後驗機率的問題。在機率論中這個計算可以被轉換為計算基於觀察值的條件聯合高斯後驗分布：

$$\begin{aligned} & f^*(X^*,X,f \sim N(k(X^*,X)k(X,X))f, \\ & k(X^*,X^*)-k(X^*,X)k(X,X)k(X,X^*)) \end{aligned} \tag{7-14}$$

換言之，後驗函數 $P(f^* \mid X^*,X,f)$是一個均值和協方差如下的高斯分布：

$$\begin{aligned} \mu &= k(X^*,X)k(X,X)^{-1}f \\ \Sigma & k(X^*,X^*)-k(X^*,X)k(X,X)^{-1}k(X,X^*) \end{aligned} \tag{7-15}$$

針對測試集，所需要解的預測值就是f^*的期望 μ，即分布的均值，它可以非常容易地透過上述等式進行計算而得到。

7.1.2.3 加工週期預測模型與實驗結果分析

本節基於多瓶頸半導體生產模型假設，此時系統不再是一個穩定的線性系統，且各個長短期性能指標具有一定相關關係。針對這一典型的隨機系統，本節採用高斯過程迴歸方法來對加工週期和生產線各類與其相關的短期性能指標進行預測建模。將輸入空間的每一種短期性能指標看作是服從某高斯分布的隨機變數，而這些短期性能指標組合的聯合機率也服從高斯分布。

從實際半導體生產線加工週期訓練集中，選取按照不同產品區分的已完工工件的加工週期及它們所對應的短期性能指標，包括全生產線日在製品數量 WIP、日排隊隊長 QL、日總移動步數 $MOVE$、日出片量 TH，以及 18 個經篩選的有代表性的全年平均設備利用率作為模型輸入。在上述聯合機率分布中：

$$\begin{bmatrix} f \\ f^* \end{bmatrix} \sim \left(0, \begin{bmatrix} k(X,X^*), k(X,X^*) \\ k(X^*,X), k(X^*,X^*) \end{bmatrix}\right) \tag{7-16}$$

其中，X 是 22 個觀察到的短期性能指標，f 是各完工工件的實際加工週期，X 的維度為 22。可以發現，高斯過程迴歸模型不僅表達上很簡潔，且計算也很方便。

在上節基於單瓶頸半導體生產模型假設下，採用了多元線性迴歸的方法對長期性能指標進行預測建模。在本節實驗中，基於同一真實生產線資料上進行實驗，對多元線性迴歸方法的預測結果和基於高斯過程迴歸方法的預測結果進行比較。

高斯過程迴歸能直接給出測試集裡每種產品的加工週期預測值。在先前基於多元線性迴歸的加工週期預測中，已經對比了不帶誤差補償的加工週期預測結果和帶誤差補償的預測結果，並得到了基於單瓶頸半導體生產模型假設下，基於多元線性迴歸方法對加工週期進行建模時，某些產品線選取帶誤差補償的方法預測精度更高，而某些產品線選取不帶誤差補償的模型預測更精確的結論。在此處的對比實驗中，選取各產品線基於多元線性迴歸方法的最佳預測結果作為基準實驗，與基於高斯過程迴歸的預測方法得到的實驗結果進行對比。

表 7-9 給出了基於高斯過程迴歸模型的預測結果和各產品線基於多元線性迴歸模型的最佳預測結果的對比。圖 7-7 給出了誤差率的柱狀對比。由圖表可知，相對於多元線性迴歸高斯過程迴歸預測模型對每一種產品的預測精度都有很大改進。這是因為高斯過程迴歸透過比擬測試集和訓練集中與其鄰近的觀察值來作預測，基於「如果當前工況與歷史工況相似，那麼加工週期也應當相似」的假設進行建模。此建模方法能很好地表達現實中半導體製造系統的生產狀況，更契合資料集特點。圖 7-8 是各版本產品加工週期與各短期性能指標關係模型預測的預測值與實際值的偏差。藍色（深色）代表預測值，橙色（淺色）代表實際值。

表 7-9　基於兩種預測方法的加工週期預測結果對比

產品版本號	基於 LR 方法的最佳預測誤差	基於 GPR 方法的預測誤差	改進率
P1	25.32%	9.55%	62.28%
P2	11.54%	9.59%	16.90%
P3	24.84%	10.01%	59.70%
P4	30.30%	12.33%	59.31%
P5	17.57%	14.04%	20.09%
P6	25.26%	12.98%	48.61%
P7	25.71%	14.79%	42.47%
P8	24.87%	4.73%	80.98%

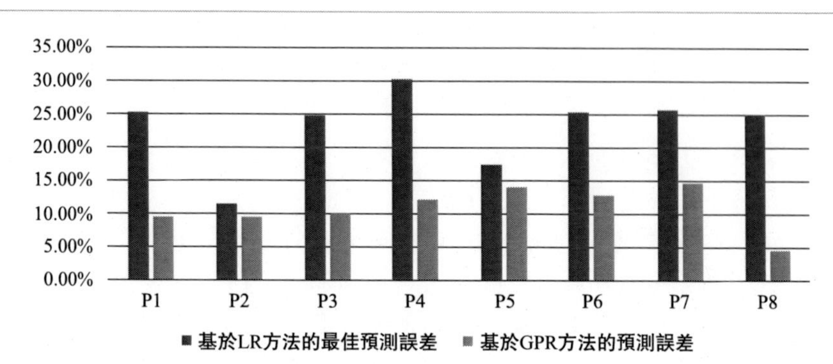

圖 7-7　加工週期高斯過程迴歸模型與基於多元線性關係模型最佳誤差率對比

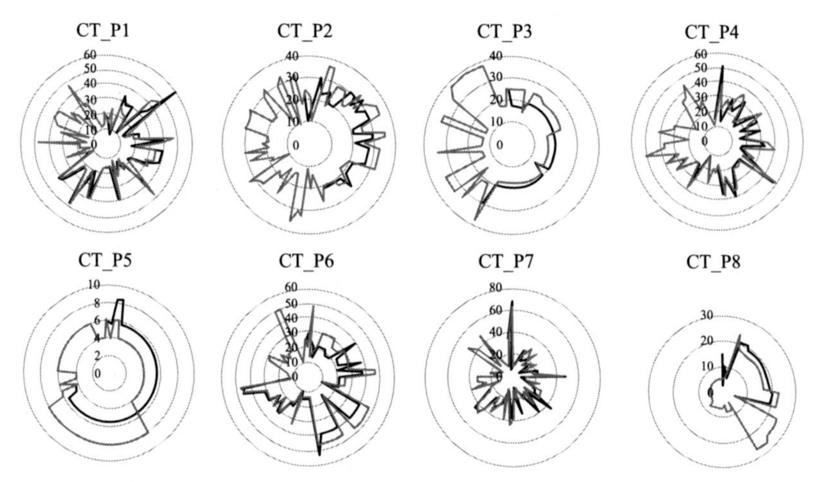

圖 7-8　各版本產品加工週期預測值與實際值的偏差雷達圖（電子版）

7.1.2.4 準時交貨率預測模型與實驗結果分析

同上節演算法一致，在準時交貨率資料集中，選取已完工工件所屬產品版本在其平均加工週期內的準時交貨率及其對應的統計週期起始日內的 4 種短期性能指標（WIP_t，QL_t，$MOVE_t$，TH_t）作為模型輸入。準時交貨率及對應短期性能指標的聯合機率分布同公式(3-17)，推導過程不再贅述。其中，X 是 4 個可觀察到的短期性能指標，f 是各完工工件的滾動準時交貨率。同樣，高斯過程迴歸能直接給出測試集中每種產品的準時交貨率預測值。在假設生產線狀況為單瓶頸半導體生產模型的情況下，對比了基於多元線性迴歸方法的預測模型在不帶誤差補償與帶誤差補償時交貨率預測的精度，並得出了誤差補償對所有生產線的準時交貨率預測精度都有提高的結論。因此在本節的對比實驗中，將對帶誤差補償的準時交貨率多元線性迴歸建模方法的預測結果和基於多瓶頸半導體生產模型的生產情況假設下提出的高斯過程迴歸建模方法的預測結果進行對比。

表 7-10 給出了本節提出的基於高斯過程迴歸模型與加了誤差預測的多元線性迴歸模型的準時交貨率預測對比結果。圖 7-9 給出了兩種預測方法的誤差率的柱狀對比。圖 7-10 是基於高斯過程迴歸的各版本產品準時交貨率預測值與實際值的偏差。藍色（深色）代表預測值，橙色（淺色）代表實際值。

表 7-10　基於兩種預測方法的準時交貨率預測結果對比

產品版本號	基於 LR 方法的預測誤差	基於 GPR 方法的預測誤差	改進率
P1	10.96%	3.14%	71.35%
P2	2.79%	1.08%	61.29%
P3	5.01%	2.04%	59.28%
P4	24.56%	4.25%	82.70%
P5	20.51%	4.30%	79.03%
P6	10.69%	4.35%	59.31%
P7	12.96%	2.54%	80.40%
P8	7.02%	2.07%	70.51%

根據實驗結果可得到以下結論。

① 在準時交貨率的預測上，基於高斯過程迴歸的預測方法同樣比基於多元線性迴歸方法的預測模型更加有效。實驗結果充分表明實際半導體生產線資料集更符合多瓶頸半導體生產模型的假設，即瓶頸設備分散於生產線各個環節，致使瓶頸輸出不穩定。這使得各瓶頸設備之間潛在關聯模式並不穩定，從資料模式層面無法將系統所有的瓶頸設備簡化成單一瓶頸節點的模型。實際投料速度也無法和不確定的多瓶頸生產速度保持同步。高斯過程迴歸方法透過比擬測試集與訓練集中相鄰近的觀察值來作預測，基於「若當前工況與歷史工況相似，那麼預測的加工週期和準時交貨率也應當相似」的假設進行建模。實驗結果說明，基於此假設的建模方法能很好地表達現實中半導體製造系統的生產狀況，更契合這種生產系統的資料集特點。

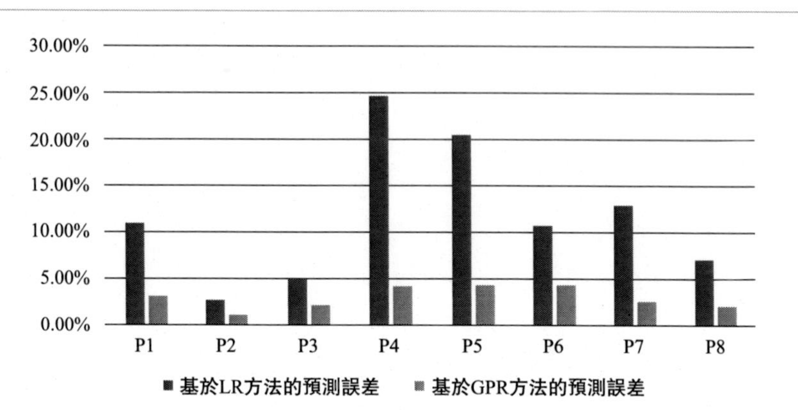

圖 7-9 準時交貨率高斯過程迴歸模型與帶誤差預測的多元線性關係模型誤差率對比

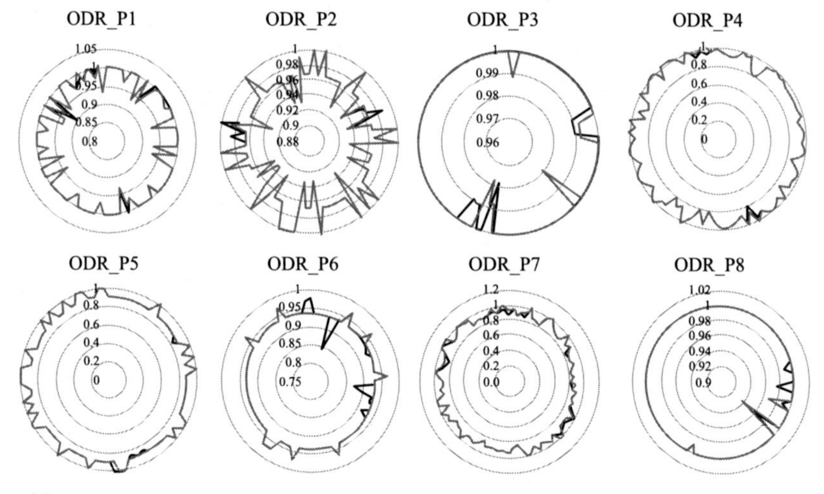

圖 7-10 各版本產品準時交貨率預測值與實際值的偏差雷達圖（電子版）

② 同種產品的準時交貨率的準確率要遠高於加工週期，這是因為加工週期這類長期性能指標的波動性更大。除了考慮訓練集裡的 22 種短期性能指標，其他當前工作條件（設備維護率、設備維護時長）也會不同程度地影響實際加工週期，且歷史資料庫不能完全提取這些指標。若能盡可能多地考慮系統裡影響加工週期的因素，將這些因素加入模型，相信預測精度會有更大的提高。相對來說，影響準時交貨率的因素較少，因為通常交貨期是比較寬鬆的，使得資料集中準時交貨率本身波動性也不大，因而準確率也就更高。

7.2 基於負載均衡的半導體生產線動態調度

由於半導體生產線存在大量的多重入流程，加之部分設備因十分昂貴而數量較少，所以生產線上設備負載通常較重，負載均衡模型的提出能夠很好地調節生產線負載分配，提高生產線的整體性能[13]，本節介紹一種考慮負載均衡的閉環優化動態派工規則。

7.2.1 總體設計

基於負載均衡的半導體生產線閉環優化動態調度結構如圖 7-11 所示。

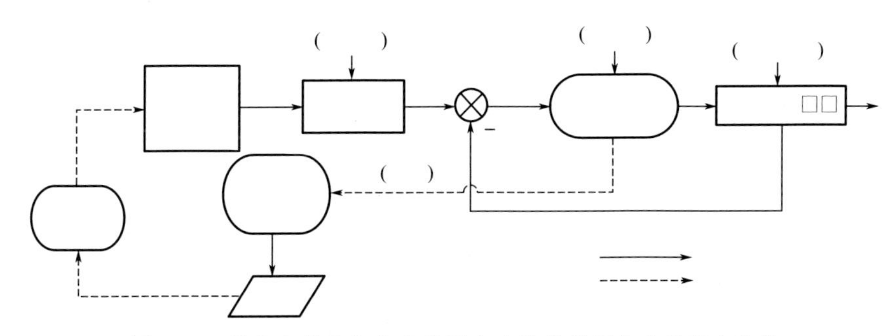

圖 7-11 基於負載均衡的半導體生產線閉環優化動態調度結構

本節以半導體生產線為研究對象，從閉環優化調度的角度出發，設計並實現半導體生產線的閉環優化調度策略，實現有目標、可控、快速的生產線工件派工，使整個生產系統達到一個動態平衡狀態，從而提高生產率，改善運作性能[14]。該調度方法包括以下三方面的研究：

① 動態平衡方程式的確立，即半導體生產線調度系統動態平衡模型的建立，得出性能指標（輸出）與期望性能（參考值）的函數關係；

② 動態控制策略（控制器）的研究，即閉環控制策略的建立，使整個生產線達到動態平衡；

③ 派工調度系統（執行機構）的研究，使派工系統能夠根據控制器的指令作出相應調度操作。

7.2.2 負載均衡技術

由於半導體生產線加工過程的複雜性、設備加工能力以及設備數量的差異性，某些設備上排隊等待加工的工件還很多（稱之為超載），而另一些設備相對空閒（稱之為輕載）。在實際調度過程中，一方面要使超載設備盡可能快地完成待加工工件，減少設備前排隊隊列長度；另一方面，讓某些空閒設備能夠保證一定負載，避免資源浪費。避免這種空閒與等待並存的問題，有效提高生產線設備利用率，減少平均加工時間，這就是負載均衡問題產生的原因[15]。

負載均衡問題是經典的組合優化難題。對系統各個節點進行負載均衡調節就是透過調度手段使各個節點的負載達到平衡，提高整體設備利用率，最終提高系統性能。所以採用有效的調度策略是實現負載均衡的關鍵。

負載均衡調節主要有以下兩種分類方式。

（1）動態和靜態

靜態負載均衡方法通常採用列舉法、排隊論等方法來產生較好的調度方案，這種方法不參考系統當前狀態，根據設定好的方法將新的任務分配到系統內各個加工節點，一旦任務分配完成，就不再改變該分配結果。靜態負載均衡數學建模相對簡單且易於實現，但由於在分配負載的時候並未考慮系統當前負載情況，所以很難達到較好的負載均衡目的，甚至該方法還可能會加劇節點間負載不平衡程度，降低整個系統的性能。

對於簡單的調度系統，在調度節點較少且調度任務能夠一次性分配的情況下可以採用靜態負載均衡方法；但是在大多數情況下，系統中各個調度節點上的任務是動態產生的，各個節點間的負載程度也是時刻變化，對於此類系統則需要採用動態負載均衡調度[16]。動態負載均衡調度能夠基於系統當前的負載情況動態地做出負載分配、很好地提高系統的利用率，但其實現較為複雜，調度過程運算量較大，對系統造成一定程度上的額外開銷。

（2）局部負載均衡和全局負載均衡

局部負載均衡指只關注生產線部分設備的負載分配，透過調度使之達到均衡，而對於其他設備則不作負載均衡要求，這樣能減少計算量及降低模型複雜程度，對於包含瓶頸設備的生產線而言尤為適合[17]。相對於局部均衡而言，全局負載均衡則強調建立完整的負載分配調度模型，盡可能考慮所有節點，以便追求整體性能的最佳，其實現較為複雜。

由於半導體製造過程中設備加工區多且關鍵加工區分布集中，故我們採用局部負載均衡的方法，透過調節生產線四大加工區內工作負載分配來達到均衡要求。

7.2.3 參數選取

7.2.3.1 加工區選擇

這裡以上海市某半導體生產企業的 6in(1in＝25.4mm）生產線為背景，其仿真模型能夠跟蹤實際生產線的變化，從而保持一致。

該企業生產線總共包括九大加工區，分別為：濺射區、注入區、光刻區、背面減薄區、乾法刻蝕區、濕法刻蝕區、擴散區、PVM 測試區和 BMMSTOK 鏡檢區，考慮整條生產線加工區較多，且各個加工區在生產過程中的利用率差異，故在研究過程中採用局部動態負載平衡的方法，只針對部分加工區進行負載平衡的動態調度，經過大量仿真對比，最終確定半導體生產線中四大加工區為負載均衡研究對象，見表 7-11。

表 7-11 負載均衡加工區選擇

名稱	加工工藝介紹
6in 光刻區	IC 製造中最關鍵步驟,在矽片表面形成所需圖形
6in 乾法刻蝕區	刻蝕表面是各向異性的,非常好的側壁剖面控制,刻蝕均勻性好
6in 濕法刻蝕區	對下層材料具有高選擇比,不會對裝置造成等離子體損害,設備簡單
6in 離子注入區	精確控制雜質含量及穿透程度,使雜質均勻分布

7.2.3.2 負載參數選取

在半導體製造調度仿真系統中能得到加工過程中的大量狀態資訊，四大加工區屬性集如表 7-12～表 7-15 所示。

表 7-12 6in 生產線光刻區屬性集

序號	屬性名稱	屬性含義
17	WIP	光刻區總在製品的數量
18	Hotlot%	光刻區緊急工件數占光刻區總在製品數的比例
19	Last_1/3_Photo%	光刻區後 1/3 光刻工件數占光刻區總在製品數的比例
20	Bottleneck_M%	光刻區瓶頸設備數占光刻區可用設備數的比例

續表

序號	屬性名稱	屬性含義
21	Bottleneck_U%	光刻區瓶頸設備利用率
22	Bottleneck_C	光刻區瓶頸設備產能比
23	RestrainWIP%	光刻區有約束 WIP 占總 WIP 比例
24	Queuing_Job	光刻區排隊工件
25	Queuing_Job_Time	光刻區排隊工件預期加工時間

表 7-13 6in 生產線乾法刻蝕區屬性集

序號	屬性名稱	屬性含義
44	WIP	乾法刻蝕區總在製品的數量
45	Hotlot%	乾法刻蝕區緊急工件數占乾法刻蝕區總在製品數的比例
46	Last_1/3_Photo%	乾法刻蝕區後 1/3 光刻工件數占乾法刻蝕區總在製品的比例
47	Bottleneck_M%	乾法刻蝕區瓶頸設備數占乾法刻蝕區可用設備數的比例
48	Bottleneck_C	乾法刻蝕區瓶頸設備產能比
49	Bottleneck_U%	乾法刻蝕區瓶頸設備利用率
50	RestrainWIP%	乾法刻蝕區有約束 WIP 占總 WIP 比例
51	Queuing_Job	乾法刻蝕區排隊工件
52	Queuing_Job_Time	乾法刻蝕區排隊工件預期加工時間

表 7-14 6in 生產線濕法刻蝕區屬性集

序號	屬性名稱	屬性含義
53	WIP	濕法刻蝕區總在製品的數量
54	Hotlot%	濕法刻蝕區緊急工件數占濕法刻蝕區總在製品數的比例
55	Last_1/3_Photo%	濕法刻蝕區後 1/3 光刻工件數占濕法刻蝕區總在製品數的比例
56	Bottleneck_M%	濕法刻蝕區瓶頸設備數占濕法刻蝕區可用設備數比例
57	Bottleneck_C	濕法刻蝕區瓶頸設備產能比
58	Bottleneck_U%	濕法刻蝕區瓶頸設備利用率
59	RestrainWIP%	濕法刻蝕區有約束 WIP 占總 WIP 比例
60	Queuing_Job	濕法刻蝕區排隊工件
61	Queuing_Job_Time	濕法刻蝕區排隊工件預期加工時間

表 7-15 6in 生產線注入區屬性集

序號	屬性名稱	屬性含義
8	WIP	注入區總在製品的數量
9	Hotlot%	注入區緊急工件數占注入區總在製品數的比例
10	Last_1/3_Photo%	注入區後 1/3 光刻工件數占注入區在製品數的比例
11	Bottleneck_M%	注入區瓶頸設備數占注入區可用設備數的比例
12	Bottleneck_C	注入區瓶頸設備產能比

續表

序號	屬性名稱	屬性含義
13	Bottleneck_U%	注入區瓶頸設備利用率
14	RestrainWIP%	注入區有約束 WIP 占總 WIP 比例
15	Queuing_Job	注入區排隊工件
16	Queuing_Job_Time	注入區排隊工件預期加工時間

為了便於建立負載均衡模型，狀態資訊的選取應該與調度過程緊密相關，且能很好地反映生產線負載分配，最終挑選以下參數用作半導體生產線負載均衡模型的搭建，具體參數如表 7-16 所示。

表 7-16　負載均衡參數屬性集

序號	屬性名稱	屬性含義
1	mov_i	加工區 i 的 Mov 值
2	u_i	加工區 i 的利用率
3	hot_i	加工區 i 內緊急工件數
4	WIP_n	生產線上不同類型工件在加工區 i 內在製品總數
5	l_i	加工區 i 的緩衝區內排隊工件長度
6	mov_per_6	生產線計劃區間內 Mov(6h)
7	α	DDR 調度演算法中設備 i 前排隊工件資訊變數參數
8	α_1	對應工件完成該加工步驟所需要的時間
9	β_1	下游設備負載程度參數

7.2.4 負載均衡預測模型

負載均衡預測模型是基於負載均衡的閉環調度方法的基礎，為了能對生產線負載實現閉環控制，首先要能預測出當前狀態下最佳負載分布情況，並以此狀態作為參考狀態，此後才能夠利用當前生產線狀態值與參考狀態作差比較，使生產線負載分布趨向於最佳分布調度，形成閉環回饋。

本章負載均衡預測模型的建立首先是透過啟發式演算法，對生產線進行大量仿真得到大量的狀態資訊，挑選出優秀樣本用來建立負載均衡預測模型，其模型結構如圖 7-12 所示。

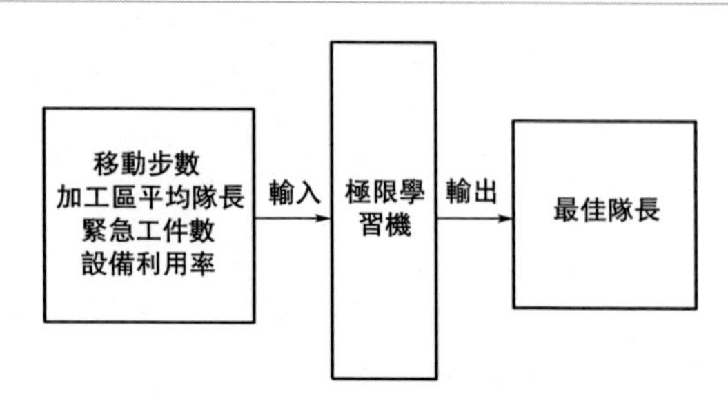

圖 7-12 負載均衡預測模型參數結構

其中，輸入為四大加工區內 6h 的統計資料，包括各區移動步數、平均隊長、平均緊急工件數和設備利用率，共 16 個參數作為極限學習機輸入；輸出為該生產線當前生產狀態下四大加工區的最佳隊長，在下面的調度演算法中會用到。

7.2.5 基於負載均衡的動態調度演算法

7.2.5.1 演算法參數與變數定義

演算法中涉及到的參數與變數較多，整理歸納如下：

B_i　批加工設備 i 的加工能力

B_{id}　下游設備 id 的加工能力

D　生產線四大加工區：光刻區、乾法刻蝕區、濕法刻蝕區、離子注入區

D_{id}^n　工件 n 下游設備 id 所在的加工區

D_n　工件 n 的交貨期

F_n　工件 n 的實際加工時間比率，為加工週期比上加工時間，其中加工週期包括加工時間和排隊等待、工件運輸等額外時間消耗

i　可用設備索引號

im　設備 i 的選單索引號

id　設備 i 的下游設備索引號

k　批加工設備 i 上排隊工件組批索引號

L_{id}^n　工件 n 下游設備 id 所屬加工區的緩衝區內隊列長度

$L_{id}^{n'}$　工件 n 下游設備 id 所屬加工區的緩衝區內隊列預測最佳長度

t　派工時刻

M_i　設備 i 上的工藝選單數目

N_{id}　當前工件下游加工設備 id 緩衝區隊列長度

O　時間常數

P_i^n　工件 n 在設備 i 上的占用時間

P_{id}^n　工件 n 在下游設備 id 上的占用時間

Q_i^n　設備 i 上的排隊工件 n 的停留時間

R_i^n　工件 n 在設備 i 上的剩餘加工時間

S_n　工件 n 的選擇機率

T_{id}　下游設備 id 每天的可用時間

Γ_k　工件組批 k 的選擇機率

$\tau_i^n(t)$　設備 i 在時刻 t 要處理工件 n 的緊急程度

$\tau_{id}^n(t)$　當前加工工件 n 的下游設備的占用程度

x_i^β　二進制變數。如果設備 i 在時刻 t 是瓶頸設備，$x_i^\beta=1$；否則，$x_i^\beta=0$

x_{id}^I　二進制變數。如果下游設備 id 在時刻 t 處於輕載狀態，$x_{id}^I=1$；否則，$x_{id}^I=0$

x_n^H　二進制變數。如果工件 n 在時刻 t 是緊急工件，$x_n^H=1$；否則$x_n^H=0$

x_n^{im}　二進制變數。如果工件 n 在設備 i 上採用工藝選單 m，$x_n^{im}=1$；否則$x_n^{im}=0$

$x_{n,im}^{id}$　二進制變數。如果處理工件 n 下一步工序的下游設備 id 在時刻 t 處於空閒狀態，且該工件在設備 i 採用選單 im，$x_{n,im}^{id}=1$；否則$x_{n,im}^{id}=0$

7.2.5.2 問題假設

調度演算法在實現過程中先進行以下假設。

① 調度過程所需的資訊是完全可知的，比如工件所需加工時間、生產線在製品數（Work in Process，WIP）等，該類資料能夠透過企業的製造執行管理系統（Manufacturing Execution System，MES）或者其他自動化系統得到。

② 對於非批加工設備在調度決策過程中主要關注其 WIP 在生產線上的快速流動及工件的準時交貨率。

③ 對於批加工設備，一旦組批完成則該批次工件加工所用時間是固定值，加工時間不因工件數量多寡而改變。

④ 批加工設備的調度決策由兩個步驟組成：組批，批加工設備首先要完成工件組批，組批過程中每批次工件總數不得超出最大值，只有使

用相同設備且工藝選單完全一致的工件才能同批次加工；計算各批次待加工工件加工的優先級，這裡以加工區設備利用率和工件快速移動為關注點對各批次進行優先級計算。

⑤ 批加工類型工件一旦組批完成且進入加工狀態，在完成該步加工前該批次工件不得再次變動。

7.2.5.3 決策流程

基於負載均衡的調度演算法的決策流程如圖 7-13 所示。

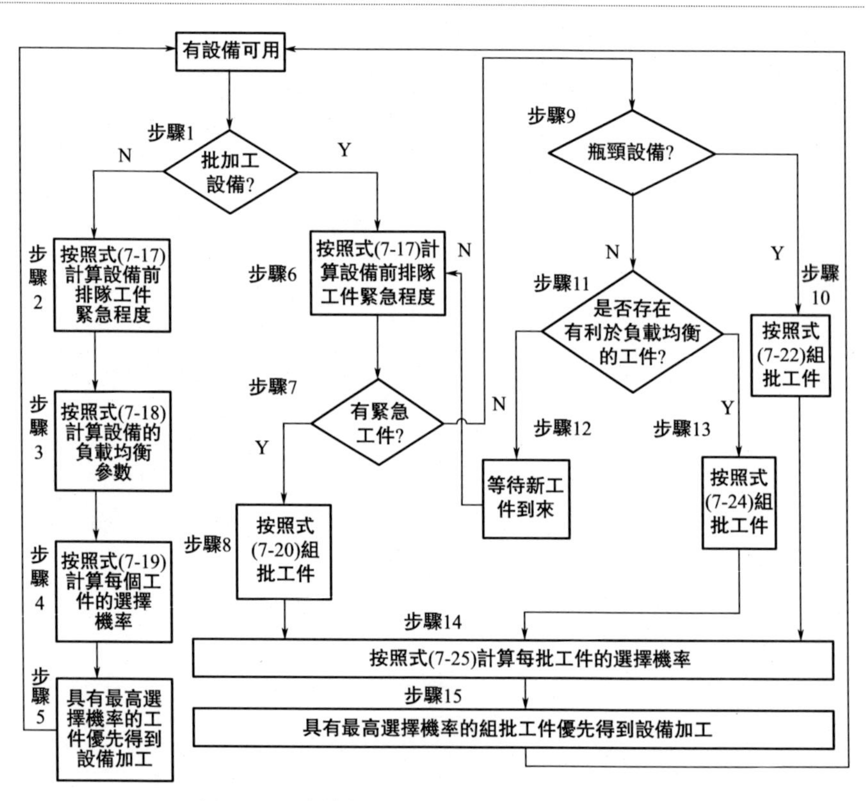

圖 7-13 基於負載均衡調度演算法的決策流程

步驟 1：判斷當前設備加工類型。如果不是批加工設備，轉步驟 2；否則，轉步驟 6。

步驟 2：根據公式(7-17)，計算設備排隊隊列中待加工工件的時間權值。

$$\tau_i^n(t)=\begin{cases}\text{MAX} & R_i^n\times F_n\geqslant D_n-t\\ \dfrac{R_i^n\times F_n}{(D_n-t+1)} & R_i^n\times F_n<D_n-t\end{cases}\tag{7-17}$$

公式(7-17)以工件交貨期為基礎，用以提高產品準時交貨率。在 t 時刻，$R_i^n\times F_n$ 指該工件在當前設備上完成加工所需時間，該值包括純加工時間和等待時間，D_n-t 指該工件實際剩餘加工時間，如果工件在當前設備完成加工所需實際時間不小於該工件的實際剩餘時間，則將該工件設為緊急工件，該工件在隨後加工過程中優先加工，否則其時間權值為兩者比值，該值越大說明該工件越緊急。

步驟 3：計算各下游設備的負載均衡參數。

$$\tau_{id}^n(t)=\begin{cases}\sum P_{id}^n/T_{id} & D_{id}^n\notin D\\ \sum P_{id}^n/T_{id}+(L_{id}^n/\sum L-L_{id}^{n}{}'/\sum L') & D_{id}^n\in D\end{cases}\tag{7-18}$$

公式(7-18)表示 t 時刻當前設備對應的負載程度。其中負載程度的計算分兩種情況，如果$D_{id}^n\notin D$，即工件 n 下游設備所在的加工區不屬於四大加工區 D，則直接計算其下游設備負載程度即可，否則需要加入校驗值，該值由工件 n 下游設備所在的加工區的當前隊長與四大加工區總排隊隊長的比值，與利用極限學習機學習出的下游設備最佳隊長值與四大加工區最佳總排隊隊長比值作差求得，表示當前負載分配比例與預測最佳負載比例的差值，其值越大，說明當前工件 n 的下游設備所在加工區負載較重，反之則負載較小。在決策過程，下游設備所在加工區負載越小的工件加工優先級更高，此目的為透過調度來調整四大加工區的負載分配。

步驟 4：計算各排隊工件的選擇機率。

$$S_n=\begin{cases}Q_i^n & \tau_i^n(t)=\text{MAX}\\ \alpha_1\,\tau_i^n(t)-\beta_1\,\tau_{id}^n(t) & \tau_i^n(t)\neq\text{MAX}\end{cases}\tag{7-19}$$

其中，α_1 表示交貨期緊急程度係數；β_1 表示工件下游設備的負載程度係數。式(7-19)表示在 t 時刻，如果當前工件為緊急工件，則根據該工件在該隊列中的停留時間來決定其加工順序，該值較非緊急工件的計算值大得多，保證緊急工件優先加工；如果當前工件非緊急工件，則透過交貨期緊急程度、設備負載程度以及下游設備所在加工區負載情況來共同決定該工件的調度優先級。

步驟 5：根據式(7-19)計算出的隊列中工件的選擇機率來進行派工，即選擇機率最高的工件在當前設備上加工。

步驟 6：根據式(7-17)，計算設備排隊隊列中待加工工件的時間權值。

步驟 7：判斷設備等待隊列中是否存在緊急工件，如果存在則轉步驟 8；不存在轉步驟 9。

步驟 8：按式(7-20) 組批工件。

$$\begin{aligned}&\text{for } im=1 \text{ to } M_i\\&\text{if } 0\leqslant \sum x_n^{im}<B_i\\&\text{then Select}\{\min\{(B_i-\sum x_n^{im}),(N_{im}-\sum x_n^{im})\}\}\big|_{\max(Q_i^\mu)}\\&\text{else if } \sum x_n^{im}\geqslant B_i\\&\text{then Select}\{B_i\}\big|_{\max\{(R_i^\mu\times F_n)-(D_n-t)\}}\end{aligned}\quad(7\text{-}20)$$

式(7-20) 目的是挑選與緊急工件具有相同加工選單的普通工件與緊急工件一同組批。首先統計工藝選單為 im 的緊急工件數，判斷當前待加工工件中工藝選單為 im 的緊急工件數量是否小於當前批加工設備的最大加工能力B_i，如果不超過則表示該類型緊急工件較少，需要從普通工件中挑選具有相同選單的工件並組加工。如果工藝選單為 im 的普通工件數量大於等於該批次所缺工件數$B_i-\sum x_n^H x_n^{im}$，則按照先進先服務的原則挑選所需普通工件一起組批，如果數量小於尚缺少的組批數量，則挑選所有符合條件的普通工件組批；如果工藝選單為 im 的緊急工件數已經超過或等於最大批量B_i，則挑選交貨期最緊張的緊急工件進行組批加工。組批結束後轉步驟 14。

步驟 9：根據式(7-21) 判斷當前設備 i 是不是處於瓶頸狀態。如果是，轉步驟 10；否則轉步驟 11。

$$\text{If } \sum x_n^{im}\geqslant 24\,B_i/\min(P_{im}),\text{then } x_i^B=1 \quad(7\text{-}21)$$

式(7-21) 表示當批加工設備前隊列長度大於等於該設備全天最大加工工件數時，將該設備標記為瓶頸設備。

步驟 10：按照式(7-22) 對加工工件進行組批，組批完成後轉步驟 14。

$$\text{Select}\{B_i\}\big|_{\max(Q_i^\mu)} \quad(7\text{-}22)$$

式(7-22) 表示對當前批加工設備 i 前排隊工件根據工藝選單組批，如果滿足條件的工件數超過其批處理設備單批加工能力，則按照先到先服務的原則多批處理。

步驟 11：根據式(7-23) 來確定工件下游設備所處加工區負載情況。如果其負載參數值為 1 則轉步驟 13，如果其負載值為 0 則轉步驟 12。

$$\begin{aligned}&\text{if } D_{id}^n\in D\\&\text{if } L_{id}^n/\sum L<L_{id}^{n'}/\sum L',\text{then } x_{id}^L=1\\&\text{else } x_{id}^L=0\\&\text{else if}\sum_{im}N_{id}\geqslant(24\,B_i/\min(P_{id}^v)),\text{then } x_{id}^L=1\end{aligned}\quad(7\text{-}23)$$

式(7-23) 表示該工件下游設備的負載情況，如果其下游設備所在加工區屬於四大加工區 D，則根據該工件下游設備所在加工區內的隊列長度所占 D 內總隊長比值，與該工件下游設備所在加工區預測最佳隊長占 D 內總預測隊長比值進行比較，如果實際隊長比值小於預測隊長比值，則表明設備 id 處於輕載，否則為重載；如果下游設備不屬於 D，則根據工件下游設備隊列長度是否超過該設備的日最大加工能力，超過則設備 id 處於重載（瓶頸設備），不超過屬於輕載。

步驟 12：等待新工件，然後轉步驟 6。

步驟 13：按照式(7-24) 組批工件。

$$
\begin{gathered}
\text{for } im = 1 \text{ to } M_i \\
\text{if } 0 \leqslant \sum x_{n,im}^{id} < B_i \\
\text{then Select } \{\min \{(B_i - \sum x_{n,im}^{id}), (N_{im} - \sum x_{n,im}^{id})\}\} \big|_{\max(Q_i^u)} \\
\text{else if } \sum x_{n,im}^{id} \geqslant B_i \\
\text{then Select } \{B_i\} \big|_{\max(Q_i^u)}
\end{gathered}
\tag{7-24}
$$

式(7-24) 目的是挑選下一加工步驟所需設備為空閒設備的工件進行組批。首先統計工藝選單為 im 且該工件下一步加工設備為空閒設備的工件數目，判斷滿足條件的工件數量是否小於當前批加工設備的最大加工能力B_i，如果不超過則表示該類型緊急工件較少，需要從採用工藝選單 im 但其下游設備不為輕載的工件中挑選工件並批。如果該類工件數量大於等於該批次所缺工件數$B_i - \sum x_{n,im}^{id}$，則按照先進先服務的原則挑選所需工件一起組批，如果數量小於所缺組批數量，則挑選所有符合條件的工件進行組批；如果工藝選單為 im 且其下游設備輕載的工件數已經超過或等於最大批量B_i，則根據工件在設備上的停留時間挑選工件滿批加工。組批完成後轉步驟 14。

步驟 14：按照式(7-25) 確定各組批工件的優先級。

$$
\Gamma_k = \alpha_2 \frac{N_{ik}^h}{B_i} + \beta_2 \frac{B_k}{\max(B_k)} - \gamma \frac{P_i^k}{\max(P_i^k)} - \sigma \frac{N_{id}^k}{\sum_k N_{id}^k + 1} \tag{7-25}
$$

其中，N_{ik}^h 表示組批 k 中緊急工件數目；B_k 是組批 k 的組批大小；P_i^k 是組批 k 在設備 i 上的占用時間；N_{id}^k 是組批的下游設備的最大負載；參數$(\alpha_2, \beta_2, \gamma, \sigma)$是衡量各類資訊相對重要程度的指標。

式(7-25) 為組批工件優先級計算式，第一項表示該組批中緊急工件占的比例，展現準時交貨率；第二項表示所有組批中當前批次工件數量與所有批次中單批數量最多批次數量的比值，展現設備利用率及 Mov；第三項表示當前組批加工時間與所有組批中所需加工時間最長的批次加工時間的比值，展現 Mov 及加工週期；最後一項表示設備的負載水準，展現設備利用率。另外可以透過調整($\alpha_2, \beta_2, \gamma, \sigma$)等參數值來追求不同的期望性能指標。

步驟 15：選擇具有最高選擇機率的組批工件在設備 i 上開始加工。

7.2.6 仿真驗證

在該基於負載均衡的半導體生產線派工方法中，與調度相關的生產線即時狀態資訊封裝在演算法的內部，包括了生產線的預測負載比例，而後透過加權處理，來決定該工件的加工優先級，其中加權過程中涉及到權值，即($\alpha_1, \beta_1, \alpha_2, \beta_2, \gamma, \sigma$)，透過調整加權參數來得出不同的性能指標。

在本次方法中主要驗證引進負載均衡參數對生產線性能指標的影響，故在驗證過程中採用固定參數的方式，在本次驗證過程中，加權值分別設置為：$\alpha_1=0.5$，$\beta_1=0.5$，$\alpha_2=0.25$，$\beta_2=0.25$，$\gamma=0.25$，$\sigma=0.25$，驗證過程分為兩部分，包括在生產線不同負載情況下和傳統啟發式規則相對比，負載情況分別為：WIP 為 6000 片的輕載、7000 片的滿載和 8000 片的超載；以及和去掉負載均衡參數的動態派工規則相對比，其中去掉負載均衡參數的方法與當前方法相比主要有兩點不同：

① 在非批處理設備負載處理的過程中，步驟 3 中下游設備負載計算公式均採用式(7-26）計算，不必考慮負載均衡的預測值與實際值的關係。

$$\tau_{id}^{n}(t)=\sum P_{id}^{n}/T_{id} \tag{7-26}$$

② 在批加工過程中，跳過步驟 11，若果存在瓶頸設備則轉步驟 10，否則轉步驟 12。

驗證結果如表 7-17 所示。本次仿真驗證過程中主要關注的性能參數是日 Mov 和生產線設備利用率，這裡以加工區為單位統計了四大加工區的設備利用率，分別是離子注入區、光刻區、乾法刻蝕區、濕法刻蝕區，加工區內包含未使用的設備，故整體區設備利用率較低。為了保證得到生產線穩定後的統計結果，已經剔除生產線前 30 天的生產資料，總共統計生產線穩定後的 60 天生產資料。

表 7-17　結果統計

負載	性能/規則	DDRLB	DDR	FIFO	EDD	CR	SPT	LPT	SRPT	LS
輕載	平均 MOV	29658	29204	29022	29542	28931	29186	28927	27444	29593
	平均 EU	0.286	0.278	0.277	0.283	0.275	0.277	0.277	0.255	0.284
	日出片量	145	137	142	145	144	136	143	146	143
滿載	平均 MOV	29608	29179	28894	29151	28541	29140	28827	27350	29718
	平均 EU	0.286	0.278	0.279	0.285	0.270	0.278	0.277	0.254	0.285
	日出片量	147	144	138	145	147	139	133	149	142
超載	平均 MOV	29688	29495	29240	29743	28696	29495	29108	27453	29611
	平均 EU	0.285	0.281	0.281	0.287	0.271	0.283	0.279	0.253	0.284
	日出片量	152	140	129	147	148	139	128	159	146

為了便於性能指標的比較，各項統計資料均用柱狀圖展示如圖 7-14～圖 7-16。

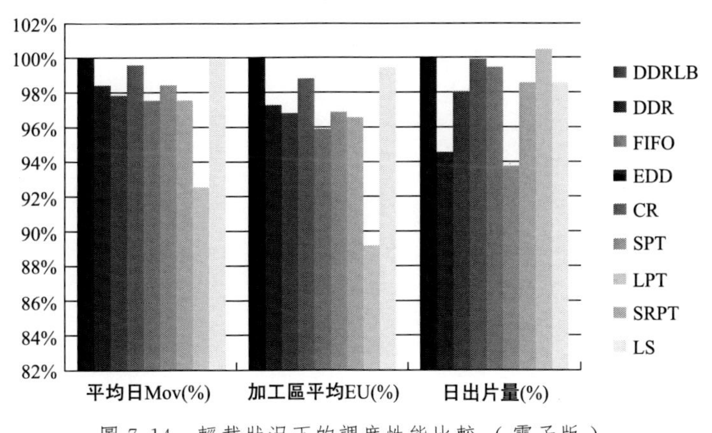

圖 7-14　輕載狀況下的調度性能比較（電子版）

圖 7-14～圖 7-16 中平均日 Mov、四大加工區平均設備利用率、日出片量均採用了歸一化方法處理，即以圖中 DDRLB 方法的結果作為標準，將其他指標與該值作商，求出各項性能指標和 DDRLB 的比值，以便能更直觀地將各項性能指標與該方法進行比較。可得如下結論。

① 在不同負載且演算法加權參數均相同的情況下，DDRLB 較普通 DDR 在各項指標上均有所提升，特別是在輕載和滿載的情況下，四大加工區平均設備利用率分別提高了 2.7％和 2.8％，透過閉環手段來調節生產線負載分配來達到提高生產線設備利用率的目的，同時在輕載和滿載情況下，平均日 Mov 分別提升了 1.53％，1.45％，日出片量分別提升了 5.56％，1.92％。

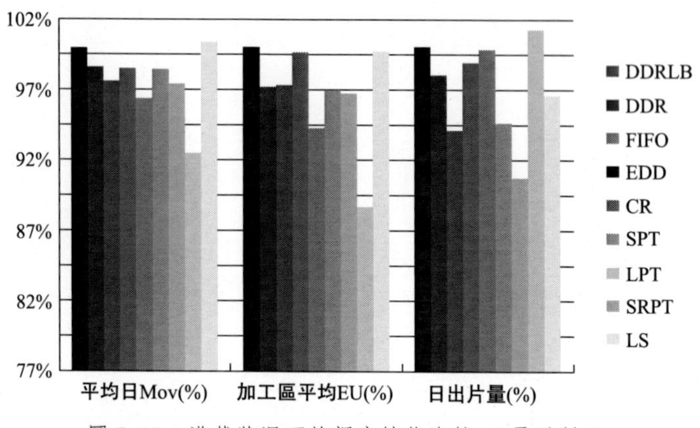

圖 7-15　滿載狀況下的調度性能比較（電子版）

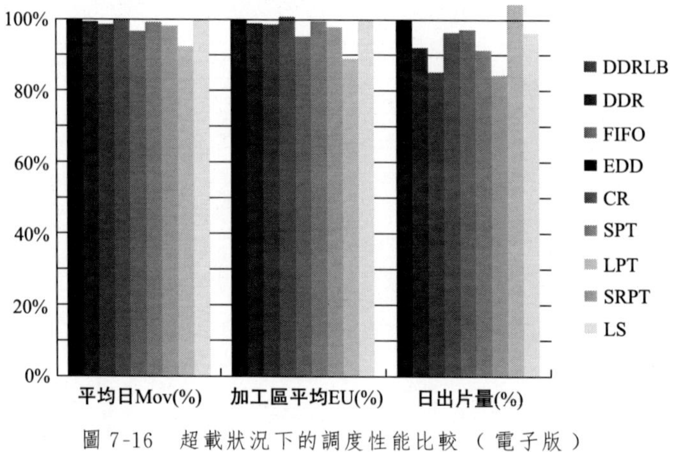

圖 7-16　超載狀況下的調度性能比較（電子版）

② 對於生產線處於超載的情況下，如圖 7-16 所示，DDRLB 較普通 DDR 性能提升不多，因為在超載的情況下，生產線設備負載過重，生產線產能飽和，此時負載均衡方法的優勢並不明顯。

③ 仿真過程中採用控制變數法，DDRLB 和 DDR 方法中採用相同加權參數，用以比較加入負載均衡前後生產線性能指標的變化，該參數並不能保證當前採用的動態派工方法較普通啟發式方法在性能方面有較大提升，另外採用 DDRLB 方法的性能指標較一般啟發式方法均有所提高。

7.3 性能指標驅動的半導體生產線動態調度

本節將研究半導體生產線性能驅動的閉環優化動態調度，建立動態調度系統，該系統能動態辨識生產線狀態變化並生成相應的調度方案。在動態調度中引入閉環回饋環節，分析調度結果（針對本文的研究對象，特指半導體生產線性能）與期望值，以生產狀態和性能指標的期望值為輸入，反向優化調度規則參數，實現性能驅動的閉環優化過程。

7.3.1 性能指標驅動的調度模型結構

本節提出的性能指標驅動的半導體生產線調度方法，根據生產線的即時資料資訊預測出適合生產線做出最佳派工的最佳參數，其模型主要包括五個部分，分別是仿真系統、學習機制、性能預測模型、調度參數預測模型以及派工策略，其整體結構如圖 7-17 所示。

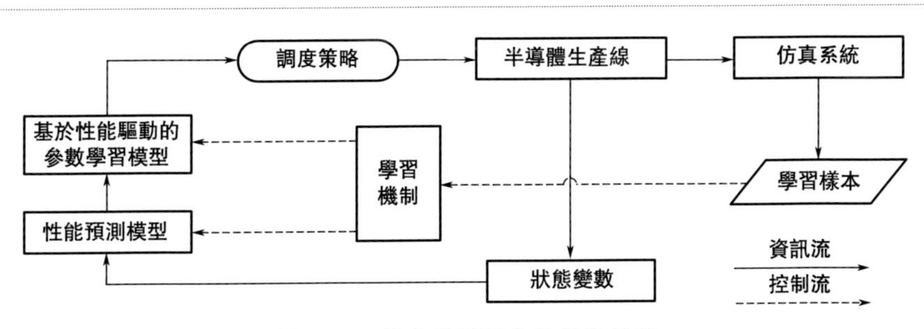

圖 7-17 性能指標驅動的調度模型

① 仿真系統：仿真系統是對半導體生產線生產過程的模擬仿真，透過仿真模型能夠得到詳細的生產線即時狀態資訊，包括設備排隊隊長、緊急工件數、加工區緩衝區排隊隊長、6h Mov 值、日 Mov 值等，可以根據不同需要對相應性能指標進行統計記錄。

② 學習機制：文中採用了 ELM 作為學習機制，基於半導體生產線仿真系統產生的大量樣本，運用 ELM，分別建立生產線的性能預測模型和參數學習模型[18]。

③ 性能指標預測模型：根據生產線的狀態資訊，以當前狀態資訊作為模型輸入，預測出該狀態下生產線所能達到的最佳性能指標，該預測出的參數將作為調度參數預測模型的輸入[19]。

④ 調度參數預測模型：根據預測出的最佳性能指標，結合生產線當前的狀態資訊共同作為輸入，預測出派工決策過程中動態調度方法中所需參數，將該組預測出的參數用於生產線調度策略中指導生產線正確派工[20]。

⑤ 調度策略：本節中所用到的是基於生產線狀態的動態派工演算法，能夠根據生產線狀態資訊動態地作出派工決策，最終使生產線性能趨向於預測參數值[21]。

透過離線學習，建立半導體生產線的性能指標預測模型和基於性能指標的參數學習模型，在實際調度過程中，以 6h 為時間單位，先透過性能指標預測模型，基於當前時間單位最後時刻的生產線狀態資訊，預測出下一個時間單位內生產線所能達到的最佳性能指標，在下一個時間單位內的調度決策中，根據該預測出的性能指標值，結合當前生產線的狀態資訊，再次透過學習模型線上學習調度決策過程中動態調度方法參數，用以指導生產線合理派工，最終促使生產線達到預測的性能指標，提高生產線整體性能。

7.3.2 動態派工演算法

為了解決傳統的啟發式調度規則不能考慮生產線即時狀況，一旦方法固定就只能按照該方法邏輯進行調度的情況，提出一種動態派工方法 DDR，該方法能夠根據對生產線調度過程中所關注性能指標的不同，為調度優先級方程式指定不同參數來動態地對生產線實施調度。

7.3.2.1 演算法參數與變數意義

在演算法中所用到的參數進行如下定義：

m_i　加工區 i 的 Mov 值

u_i　加工區 i 的設備利用率

hot　生產線上緊急工件數

wip_{k}　生產線上不同類型工件在四大加工區內在製品總數

l_i　加工區 i 的緩衝區內排隊工件長度

Mov_per_6　生產線下一時間段（6h）

α　DDR 調度演算法中設備 i 前排隊工件資訊變數參數

β　下游設備負載程度參數

7.3.2.2 問題假設

由於本章主要研究性能指標驅動的半導體生產線動態調度，故在求解派工問題中進行如下假設：

① 與派工相關的資訊是已知的，如工件加工時間、設備前排隊的在製品（Work-in-Process，WIP）數、設備可用時間等，這些資料都可由企業的 MES 或其他自動化系統得到；

② 對於非批加工設備的派工決策主要關注點在工件的準時交貨率與 WIP 在生產線上的快速移動，提出了動態派工規則 DDR；

③ 對於批加工設備的派工決策，採用常用的組批方法，根據工件加工選單及版本號進行組批，組批後採用 FIFO 進行按批加工。

7.3.2.3 決策流程

DDR 是一種基於生產線即時狀態，來對加工工件進行加工優先級判定的一種方法，本文主要考慮待加工工件的緊急程度以及工件下游設備的負載程度，作為工件調度優先級的判斷標準。在派工過程中，選擇具有最高優先級工件優先加工，達到優化生產線整體性能的目的，其決策流程如下。

步驟 1： 計算當前設備 i 前排隊工件的資訊變數。

$$\tau_i^n(t)=\frac{R_i^n\times F_n}{D_n-t+1}-\frac{P_i^n}{\sum_n P_i^n} \tag{7-27}$$

式(7-27) 是在準時交貨率的基礎上提出的，其中，P_i^n 表示工件 n 在設備 i 上的占用時間，t 時刻時，生產線在製品的理論剩餘加工時間與實際剩餘加工時間的比值越大，則表明其拖期率越高，在調度過程中應該優先對其進行加工。另一方面，WIP 對於所用設備的占用時間也影響資訊變數值，加工所需時間越短則該工件的資訊變數值越高，優先加工該工件，這樣能保證在製品快速在生產線上流動，提高設備利用率和生產線工件移動步數。

步驟 2： 計算工件 n 下游設備的負載程度。

$$\tau_{id}^n(t)=\frac{\sum P_{id}^n}{T_{id}} \tag{7-28}$$

式(7-29) 中，P_{id}^n 表示工件 n 在其下游設備 id 上的占用時間，T_{id} 表示下游設備 id 每天的理論可用時間，在當前 t 時刻，設備負載越大，其資訊變數越高。如果當 $\tau_i^n(t)\geqslant 1$ 時，設備的負載總量已經大於其一天內所有可用加工時間，此時該設備被認定為瓶頸設備。

步驟 3： 計算各排隊工件的選擇機率。

$$S_n=\alpha\,\tau_i^n(t)-\beta\,\tau_{id}^n(t) \tag{7-29}$$

其中，參數 α、β 分別表示工件的緊急交貨和對設備的占用程度的相對重要性。公式(7-29) 表示在 t 時刻，對該設備上排隊工件的調度過程中，會同時考慮排隊工件的交貨期、對設備的占用程度，以及該工件的下游設備的負載情況，最終使工件能夠在生產線上快速流動，提高生產線整體性能。

步驟 4：根據公式(7-29) 的計算結果，挑選隊列中選擇機率最高的工件在當前設備上進行加工。

7.3.3 預測模型搭建

7.3.3.1 模型參數的選取

首先，透過生產線加工區相關性分析，選取生產線最主要的四大加工區作為研究對象，分別為 6in 注入區、6in 光刻區、乾法區、濕法區。在仿真過程中，以 6h 作為計劃區間，統計生產線四大加工區每 6h 內的工件移動步數（mov_i）、設備利用率（u_i）、緊急工件數（hot）、不同類型工件在四大加工區內在製品總數（wip_k）、生產線下一計劃區間的移動步數(Mov_per_6)、DDR 調度演算法中確定的工件優先級參數 α、β 以及即時的緩衝區工件排隊隊長（l_i），總共 26 個參數，作為生產線預測模型搭建的樣本。如表 7-18 所示。

表 7-18 生產線預測模型參數列表

序號	屬性名稱	屬性含義
1	mov_i	加工區 i 的 Mov 值
2	u_i	加工區 i 的設備利用率
3	hot	生產線上緊急工件數
4	wip_k	生產線上不同類型工件在四大加工區內在製品總數
5	l_i	加工區 i 的緩衝區內排隊工件隊長
6	Mov_per_6	生產線計劃區間內 Mov(6 小時)
7	α	DDR 調度演算法中設備 i 前排隊工件資訊變數參數
8	β	下游設備負載程度參數

7.3.3.2 基於 ELM 的模型搭建

步驟 1：樣本生成。生產線透過採用隨機賦值的 DDR 方法，分別在 WIP 為 6000，7000，8000 這三種工況下各自進行 200 天仿真，記錄表 7-18中所需的部分參數(mov_i，u_i，hot，wip_k，Mov_per_6)。

步驟 2：樣本篩選，確定 ELM 的輸入和輸出。為了預測當前生產線狀態下所能達到的最佳性能指標，對所得樣本按照所選性能指標進行篩選，這裡主要關注生產線 Mov，所以選擇 6h 內 Mov 大於 8000 的樣本作為樣本集，用於模型搭建，為了保證得到的是生產線穩定後的資料，去掉前 30 天的仿真樣本。確定 ELM 的輸入，即在不同工況下所選生產線屬性集；確定極限學習機的輸出，即下一計劃區間的生產線 Mov_per_6。

步驟 3：ELM 的參數確定。確定 ELM 的隱含層神經元數 l，選擇合適的激活函數 $g(x)$，此處選擇 Sigmoid 函數。

步驟 4：ELM 的訓練過程。根據公式 $\boldsymbol{\beta}=\boldsymbol{H}^{+}\boldsymbol{T}$，計算輸出權值矩陣 $\boldsymbol{\beta}$。由於整個訓練過程中只有輸出權值矩陣 $\boldsymbol{\beta}$ 未知，所以訓練得出 β 則表明極限學習機模型已經訓練完成。

步驟 5：選擇需要學習的測試集，即使用極限學習機訓練測試資料並與測試資料結果比對。

性能指標預測模型和參數預測模型的主要區別在於學習機輸入輸出參數不同，性能指標預測模型中輸入參數為生產線當前屬性值(mov_i, u_i, hot, wip)，輸出值為下一計劃區間生產線的 Mov_per_6，用以建立生產線當前狀態資訊與下一計劃區間性能指標之間的關係。

參數預測模型中輸入參數由性能指標預測模型預測出的預測性能指標值(Mov_per_6)以及當前生產線的屬性值(mov_i, u_i, hot, wip)共同組成，將預測性能參數用於生產線調度參數的預測中。

7.3.4 仿真驗證

以上海市某半導體生產製造企業 6in（1in＝25.4mm）矽片生產線為研究對象，根據企業實際需要，結合動態建模方法，透過西門子公司的 Tecnomatix Plant Simulation 軟體搭建始終與實際生產線保持一致的生產線仿真模型為研究平台進行仿真驗證。

該企業生產線目前有九大加工區，分別為：注入區、光刻區、濺射區、擴散區、乾法刻蝕區、濕法刻蝕區、背面減薄區、PVM 測試區和 BMMSTOK 鏡檢區，所使用的派工規則是基於人工的優先級調度方法，簡稱 PRIOR。其主旨思想是按照人工經驗來設定優先級，在最大程度上保證產品能夠按時交貨，即滿足交貨期指標。

在本書採用的閉環動態調度模型中，透過為 DDR 方法根據生產線即時狀態動態產生參數，來達到對生產線實施動態調度的目的，同時將當前時間單位（6h）內生產線的實際 Mov 與預測 Mov 進行比較，根據比較結果為生產線選擇不同的調度演算法，最終實現生產線 Mov 的提高。

統計結果分以下三種情況進行驗證：Case1：WIP＝6000，此時生產線為輕載；Case2：WIP＝7000，此時生產線為滿載；Case3：WIP＝8000，此時生產線為超載。在整個派工過程中，輕載、滿載、超載情況下，其生產線在各個時間單位內實際 Mov 與預測 Mov 之間偏差值小於 10％的比例分別達到 81.2％、83.2％、82.8％。

平均 Mov 值與一般啟發式規則比較如圖 7-18 所示，文中將 Mov 結果作了歸一化方法處理，將統計結果中所有資料分別與最大值作商，這樣能更直觀地顯示各組資料的關係。

透過圖 7-18 可以看出，在輕載、滿載、重載三種不同的工況下，由性能指標驅動的 DDR 演算法較之其他啟發式規則對於生產線 Mov 均有所提高，較之其他啟發式規則日平均 Mov 的平均值，該方法分別提高了 3.1％、4.0％、2.7％。

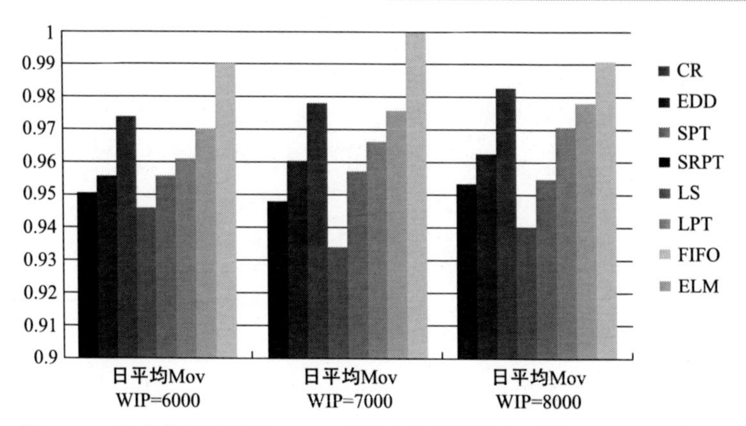

圖 7-18 性能指標驅動的 DDR 演算法與啟發式規則比較（電子版）

7.4 本章小結

本章基於兩種半導體生產線模型提出了相應的符合生產線特點的長期性能指標預測模型，並在同一實際半導體生產線資料集上進行驗證對比。針對單瓶頸半導體生產模型，提出了基於多元線性迴歸方法的長期性能指標預測方法；針對多瓶頸半導體生產模型，提出了基於高斯過程迴歸方法的長期性能指標預測模型。在此基礎上，提出了基於負載均衡的半導體生產線的動態調度和性能指標驅動的半導體生產線動態調度這兩種不同的閉環調度方法，並在實際生產線上驗證其有效性。

參考文獻

[1] 李鑫，周炳海，陸志強．基於事件驅動的集束型晶圓製造設備調度算法．上海交通大學學報，2009，43(6).

[2] 李程，江志斌，李友，等．基於規則的批處理設備調度方法在半導體晶圓製造系統中應用. 上海交通大學學報，2013，47(2)：230-235.

[3] 周光輝，張國海，王蕊，等．採用實時生產信息的單元製造任務動態調度方法．西安交通大學學報，2009，43(11).

[4] Tan W, Fan Y, Zhou M C, et al. Data-driven service composition in enterprise SOA solutions: A Petri net approach. IEEE Transactions on Automation Science and Engineering, 2010, 7(3): 686-694.

[5] 衛軍胡，韓九強，孫國基．半導體製造系統的優化調度模型．系統仿真學報，2001，13(2)：133-135，138.

[6] Holzinger A, Dehmer M, Jurisica I. Knowledge discovery and interactive data mining in bioinformatics-state-of-the-art, future challenges and research directions. BMC bioinformatics, 2014, 15(6): I1.

[7] Anzai, Yuichiro. Pattern recognition & machine learning. Elsevier, 2012.

[8] Blei D M, Ng A Y, Jordan M I. Latent dirichlet allocation. Journal of Machine Learning Research, 2003, 1(3): 993-1022.

[9] Seng J L, Chen T C. An analytic approach to select data mining for business decision. Expert Systems with Applications, 2010, 37(12): 8042-8057.

[10] Li T S, Huang C L, Wu Z Y. Data mining using genetic programming for construction of a semiconductor manufacturing yield rate prediction system. Journal of Intelligent Manufacturing, 2006, 17(3): 355-361.

[11] Chen Z M, Gu X S. Job shop scheduling with uncertain processing time based on ant colony system. Journal of Shandong University of Technology, 2005: 74-79.

[12] Qiu X, Lau H Y K. An AIS-based hybrid algorithm for static job shop scheduling problem. Journal of Intelligent Manufacturing, 2014, 25(3): 489-503.

[13] Senties O B, Azzaro-Pantel C, Pibouleau L, et al. Multiobjective scheduling for semiconductor manufacturing plants. Computers & Chemical Engineering, 2010, 34(4), 555-566.

[14] Wu J Z, Hao X C, Chien C F, et al. A novel bi-vector encoding genetic algorithm for the simultaneous multiple resources scheduling problem. Journal of Intelligent Manufacturing, 2012, 23(6): 2255-2270.

[15] 閆博，王中杰．基於機器加工能力的半導體生產線多智能體建模．系統仿真技術，2007，1-28.

[16] Lee Y F, Jiang Z B, Liu H R. Multiple-objective scheduling and real-time dispatching for the semiconductor manufacturing system. Computers & Operations Research, 2009, 36(3):

866-884.

[17] Senties O B, Azzaro-Pantel C, Pibouleau L, et al. A neural network and a genetic algorithm for multiobjective scheduling of semiconductor manufacturing plants. Industrial & Engineering Chemistry Research, 2009, 48(21): 9546-9555.

[18] 張懷, 江志斌, 郭乘濤, 等. 基於 EOPN 的晶圓製造系統即時調度仿真平臺. 上海交通大學學報, 2006, 40(11): 1857-1863.

[19] Amin S H, Zhang G. A multi-objective facility location model for closed-loop supply chain network under uncertain demand and return. Applied Mathematical Modelling, 2013, 37(6): 4165-4176.

[20] 施于人, 鄧易元, 蔣維. eM-Plant 仿真技術教程. 北京: 科學出版社, 2009.

[21] 廖海燕. Access 數據庫與 SQL-Server 數據庫的區別及應用. 計算機光盤軟件與應用, 2010, 1(5): 146-148.

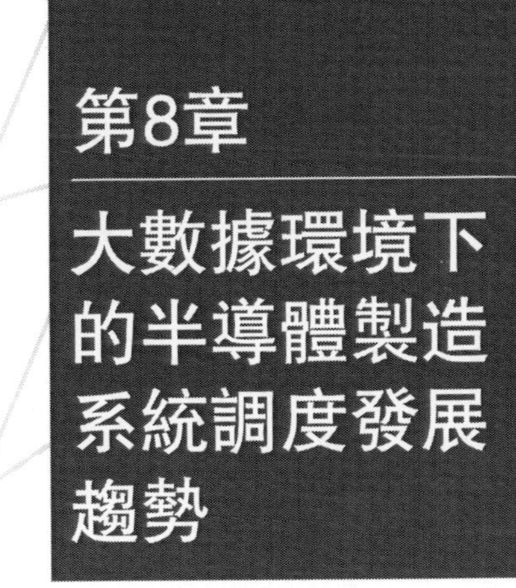

第8章

大數據環境下的半導體製造系統調度發展趨勢

隨著大數據時代的到來，傳統製造行業在獲取、處理、分析大數據的過程中，如何有效探勘其隱含的模式和規則，用來指導和預測未來，從而實現資料的價值轉換，被視為未來獲得競爭優勢的主要途徑。因此，半導體製造業應充分利用其高度自動化、資訊化、數位化優勢，以領頭羊的姿勢實現大數據環境下的智慧製造探索。如何有效獲取、儲存、分析、解釋工業大數據，探勘其隱含的模式和規則，用來指導和預測未來是大數據環境下的半導體調度的關鍵挑戰。

8.1 工業 4.0

工業 4.0 又稱第四次工業革命，最初為德國政府的一項高科技策略舉措，旨在確保德國未來的工業生產基地的地位[1]。工業 1.0 首次使用機械生產代替手工勞作，經濟社會從以農業、手工業為基礎轉型為工業、機械製造帶動經濟發展的新模式，但這一階段的機械製作粗糙，只能完成有限的工作。工業 2.0 發展新的能源動力——電力，極大地促進電氣機械的發展，帶動產品批量生產，提高生產效率。工業 3.0 為電子資訊化時代，以互聯網為主的資訊技術的快速發展，極大地提高了生產的自動化程度，機器逐步替代人類作業。工業 4.0 意在充分利用嵌入式控制系統，實現創新互動式生產技術的聯網，相互通訊，即物理資訊融合系統，將製造業向智慧化轉型[1]，如圖 8-1 所示。

工業 4.0 的發展歷程如圖 8-2 所示。工業 4.0 提出的契機是物聯網和物理資訊融合系統的發展。1999 年，在研究物品編碼（RFID）技術時 Ashton 教授提出了物聯網的概念。2005 年，世界資訊社會峰會上，國際電信聯盟發布了《ITU 互聯網報告 2005：物聯網》[2]。物聯網借助於感測器、嵌入式技術、網路技術、通訊技術等，將具備網路介面的設備連接、通訊、管理、控制。而物理資訊融合系統（Cyber Physical System，CPS）首先由美國在 2006 年提出，被定義為具備物理輸入輸出且可相互作用的元件組成的網路，它是物理設備與互聯網緊密耦合的產物[1]。2010 年 7 月，德國政府通過了《高技術策略 2020》，把工業確定為十大未來項目之一[3]。2011 年，德國漢諾威工業博覽會上，工業 4.0 一詞首次被提出。在 2012 年 10 月由羅伯特·博世有限公司的 SiegfriedDais 及德國科學院的 HenningKagermann 組成的工業 4.0 工作小組，向德國政府提出了工業 4.0 的實施建議。而在 2013 年德國政府正式將工業 4.0 納入國家策略。相對於德國的工業 4.0，中國在 2015 年提出「中國製造 2025」，旨在全面提升製造水準，實現製造強國策略目標。美國政府則提出「工業互聯網」，透過數位化轉型，提高製造業水準。物理資訊融合系統（Cyber Physical System，CPS）首先由美國提出，被定義為具備物理輸入輸出且可相互作用的元件組成的網路。它是物理設備與互聯網緊密耦合的產物，而物聯網正是這一系統的展現。物聯網借助於感測器、嵌入式技術、網路技術、通訊技術，將具備網路介面的設備連接、通訊、控制。隨著各項技術的進步，特別是 5G 技術的應用，未來的物聯網將實現「萬物互聯」。

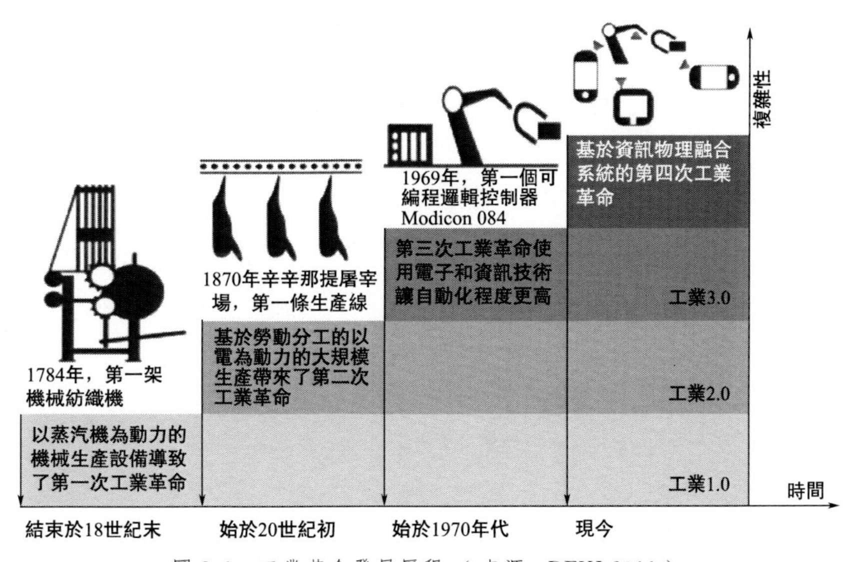

圖 8-1　工業革命發展歷程（來源：DFKI 2011）

工業 4.0 自提出到現在，進展緩慢，很多方面面臨諸多挑戰。具體挑戰來自於技術改進、工廠變革、軟硬體平台和教育水準等。工業 4.0 依賴的技術有工業物聯網、雲端運算、工業大數據、3D 列印、工業機器人、工業網路安全、工業自動化、人工智慧等，而這些技術目前還遠遠沒有達到成熟運用到工業的程度，處於發展的初級階段。關鍵的通訊技術還處於第四代，5G 技術還在研發，工業的網路化控制無法即時，延遲的機器狀態資訊也給控制帶來了困難。另一方面，經過前幾十年的發展，大部分工廠的組織結構和工作方式已經固定，工業 4.0 需要工廠進行大刀闊斧地變革，而收益在短期內又無法取得，工廠還處於猶豫階段。同時，沒有相應成熟的軟硬體可以對工業產品狀態監測，回饋給工人，來對機器即時調整。還有，工業 4.0 對於工廠工作人員的教育水準要求較高，而這方面存在跨學科人才缺口，大學也缺失對口的專業和技能培養。

挑戰同樣帶來諸多機遇。部分產業，諸如人工智慧、服務型機器人在工業 4.0 的背景下興起，促進新興技術發展和大眾就業。工業 4.0 為企業提供了平台，企業可以利用平台建立自己的發展策略，借助新一代資訊技術，創造更多的經濟效益。工業 4.0 可以很好地採用分布式控制，大企業的「壟斷」情況得到緩解，中小企業起自己的優點，促進產業平衡。第三世界發展中國家可以在這次浪潮中快速發展，擺脫貧困，促進世界的發展平衡。

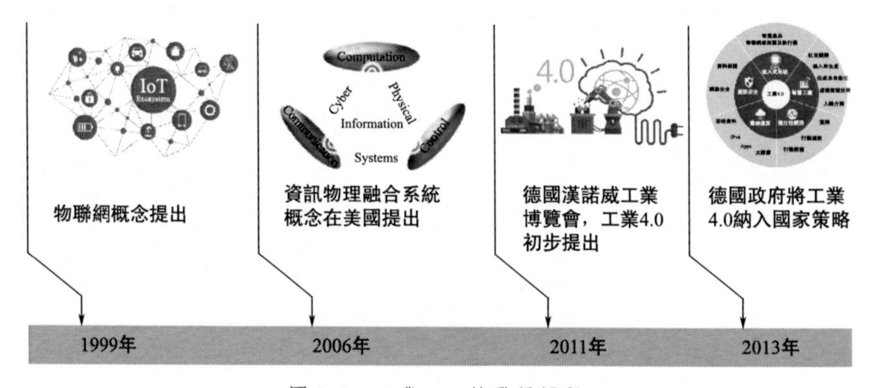

圖 8-2　工業 4.0 的發展歷程

未來的工業 4.0 借助物聯網，實現「萬物互聯」，全面掌握產品整個生產週期的歷史、即時的生產過程和設備狀態，對設備即時監測，控制和進行預測性維護，提高資源利用效率、設備的生產效率和人員利用效率，打造真正的「智慧工廠」。

8.2 工業大數據

對於工業領域而言，大數據並不是一個完全陌生的名詞。從 1980 年代起，工業領域就開始利用歷史資料庫來管理生產過程中的資料。隨著工業 4.0 時代的到來，工業領域產生的資料也呈現出爆炸性成長的趨勢。無論是公司企業還是政府機構，對工業大數據的關注度日益成長。雖然很多機構和學者都對大數據、工業大數據進行了定義[4-12]，但大數據仍是一個抽象的概念，「大數據」和「大量資料」之間的區別仍很模糊。一般來說，工業大數據是指貫穿工業整個價值鏈的、可透過大數據分析等技術實現智慧製造的快速發展的海量資料。

工業大數據的發展及應用主要經歷了以下三個階段，如圖 8-3 所示。

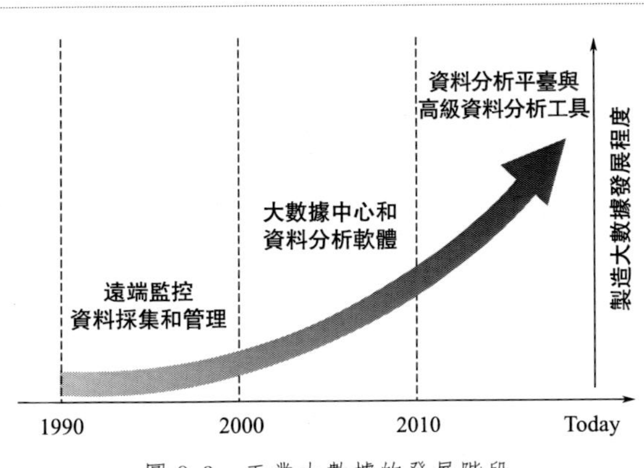

圖 8-3 工業大數據的發展階段

第一階段（1990～2000）：1990 年代，設備作為工業的重要組成部分，直接影響著企業的經濟效益，所以一旦設備出現故障將會對企業造成巨大損失。因此公司研發了以遠端監控和資料採集與管理為主要技術的產品監控系統，透過傳輸設備對產品進行即時監控，大大減少了由於故障造成的損失。OTIS 是世界上最大的電梯製造公司，1998 年該公司推出電梯遠端監控中心 REM（Remote Elevator Maintenance），該監控中心透過獲取電梯的運行資料，不僅可以對電梯進行遠端監督與故障維修，還能在發生突發情況時與使用者及時連繫，保障使用者安全。

第二階段（2001～2010）：與第一階段的遠端監控不同，第二階段採用大數據中心綜合管理產品，透過資料分析軟體從資料中探勘價值，為產品的使用和管理提供最佳的解決方案。以法國為例，受大數據時代影響，法國加大了資訊系統建設，於 2006 年建設了 16 個重大的資料中心項目。其中，法國電信旗下企業 Orange 在法國高速公路資料檢測的基礎上，利用大數據中心進行資料探勘與分析，透過雲端運算系統為車輛提供即時準確的道路資訊，為使用者的出行提供便利。

第三階段（2011 年至今）：即「工業大數據」時代。為滿足工業大數據的業務需要，大數據中心開始向大數據分析平台轉變，該平台集大數據集成技術、大數據儲存技術、大數據處理技術、大數據分析技術和大數據展示技術為一體，可以滿足多種類型的資料獲取與儲存，且在性能方面具有高容錯性、高安全性和低成本等特點。目前資料分析平台主要有以工具為主和以解決方案為主兩種形式。以工具為主的平台，比如IMS（Intelligence Maintenance System）與美國NI（National Instruments）合作開發的基於LabVIEW的Watchdog Agent，該系統以工業透明化的特徵確保資訊獲取的正確性，便於管理者做出正確的評估；而且它還可以透過大數據分析工具有針對性地滿足使用者不同方面的要求，為他們提供解決問題的方案；GE的工具互聯網Predix是以解決方案為主的平台（Solution-Based Ecosystem Platform）的典型案例，在該平台上開發者與使用者可以自由溝通，由使用者提出需要，開發者根據其需要開發出定製化的資料分析和應用解決方案。

隨著企業生產線和生產設備內部的資訊流量增加，製造過程和管理工作的資料量暴漲，「以動態資料驅動業務發展並提升企業核心競爭力」的理念逐漸被大部分企業接受和重視。在這種情況下，製造系統由原先的能量驅動型加速轉變為資料驅動型，資料成為製造企業應當重視並充分利用的新的資源。因此，「以資料為中心」必將成為製造系統進一步發展的重要趨勢，工業大數據分析方法勢必成為智慧製造的關鍵技術實現手段。

8.3 大數據環境下半導體製造調度發展趨勢

隨著資訊技術的發展，ERP、MES、APC、SCADA等資訊系統產生了豐富的資料，這些資料中含有豐富的調度相關知識，可以用於解決複雜的調度問題，即利用大數據技術從相關的線上/離線資料中提取有用的知識，以幫助更好地構建調度模型。基於資料的方法實際上是利用歷史知識，而不是從新的資料空間探索可行的解決方案，這樣可以節省大量的計算資源和計算時間。

8.3.1 基於資料的Petri網

收集來自管理系統的生產線設備布局資料和產品工藝流程資訊，並將其映射為時間Petri網模型，並在模型中引入一些啟發式調度規則[13]。Mueller等[14]提出了一種將半導體製造系統的資料映射轉化為面向對象的 Petri 模型的方法，模型的基本要素包括設備的生產過程、工藝流程資訊、設備和工具資訊。該方法考慮了批處理過程、刀具和設備的停機時間以及返工作業，容易造成生產線過於簡化的不足，無法將半導體製造系統的非零狀態納入模型中。

8.3.2 動態仿真

受仿真軟體平台的限制，靜態仿真模型的結構難以修改以適應物理製造環境。因此，基於生產線的靜態和動態資訊，建立能夠反映實際加工情況的離散事件仿真模型受到了廣泛關注[15]。動態仿真的缺點是資料到模型的轉換在工廠模擬中受到限制，而工廠模擬是一種特殊的模擬軟體，即轉換方法的通用性有待進一步提高。

8.3.3 預測模型

透過大數據技術探勘製造系統中各種資料中的知識，發現與生產線屬性相關的規則和模式，有助於更加準確地描述生產線的狀態，使其與物理製造環境相一致。結合生產製造過程中產生的即時資料，可以預測未來的生產參數或性能指標，有助於更好地指導生產調度。

加工時間預測：Baker 等[16]將氣體流量、射頻功率、溫度、壓力、直流偏置電壓等監測資料記錄作為神經網路的輸入，預測離子腐蝕過程的運行時間。Zhu 等[17]利用 MES 中的製造資訊，基於支持向量機構建加工時間預測模型，結果表明一個工作步驟的加工時間，包括等待時間、設備調整時間、純加工時間、目視檢查時間，是由機器的狀態、矽片的屬性和工人的操作習慣決定的。

故障發生預測：為了預測生產線故障的發生並調整模型配置，Susto 等[18]提出了採用高斯核密度猜想預測技術的卡爾曼預測器和粒子濾波預測技術，並比較了它們在監測晶圓溫度方面的準確性，以防止有缺陷晶圓的生產。Kikuta 等[19]將相關歷史資料、專家經驗等資訊集成到知識管理系統，分析半導體製造設備的平均故障恢復時間，提高維修效率。

週期時間預測：Chang 等[20]結合自組織映射採用基於案例推理、反向傳播網路、模糊規則等方法，有效提高了半導體製造中週期時間的預測精度。Meidan 等[21]採用最大條件互斥法和選擇性樸素貝氏分類器進行特徵選擇，從 182 特徵中提取出最重要的 20 個影響矽片加工週期的因素，有效地提高了預測精度近 40%。

8.4 應用實例：複雜製造系統大數據驅動預測模型

在晶圓製造過程中，工件加工週期的預測是每個製造商都最為重視的任務之一。對於加工週期的準確預測可以幫助製造商加強對於自身生產線狀況的了解，強化與客戶之間的連繫，把握住市場動態形勢，實現可持續發展。

在晶圓製造生產線中部署有不同層次多粒度的資料管理系統，能夠採集生產線最底層執行機構的動作資料、製造過程中生產線所有資源的狀態資訊以及管理製造企業的業務和管理資訊等。晶圓加工週期的預測是對經過預處理的工業大數據的實際應用，圖 8-4 所示的預測方法包括預測模型的離線訓練及線上調用模組。構建基於工業大數據的加工週期預測模型時，首先依據資料中提取出的知識對晶圓進行分類處理；然後對不同類別的晶圓資料進行相關性分析，選擇出與加工週期對應的輸入變數，構造預測模型。

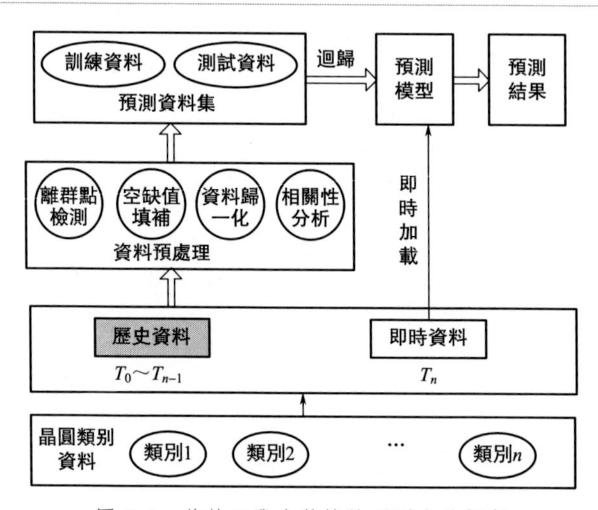

圖 8-4　基於工業大數據的預測方法框架

晶圓加工週期的分類與構成：晶圓加工週期指的是晶圓從原材料投入生產開始，按照派工規則完成既定的工藝流程，到產品加工完成的全部時間。晶圓的加工週期影響因素為與工件相關的晶圓固有屬性、晶圓加工狀態、工藝流程等，以及與生產線相關的加工路線中的設備號、設備的負載、WIP、排隊隊長等。

晶圓加工週期預測：晶圓製造的管理系統將採集的資料傳輸到生產資料庫中，其中生產初始時刻為 T_0，當前時刻為 T_n，$T_0 \sim T_{n-1}$時刻的生產資料為歷史資料，T_n時刻的資料為即時資料；對歷史資料進行各種預處理之後，得到可用於預測建模的資料集，對資料集中的資料建立迴歸關係後可得到相應的預測模型，同時將即時資料作為輸入代入迴歸關係則可以得出對應的預測結果。考慮到支持向量迴歸演算法在處理非線性及小樣本資料上的優勢，綜合運算效率和預測精度，選擇支持向量機作為迴歸演算法。

以上海某晶圓製造企業 5in、6in 產品混合生產線採集的生產資料為研究對象，驗證上述預測方法框架及演算法的有效性。選取該企業 3 個月的生產資料，其生產線上同期有數百種不同工藝流程的產品，該企業資料管理系統共產生了 970286 條有效生產資料。首先按照晶圓的固有屬性如晶圓大小、型號、光刻掩模版號、技術號等進行初步分類；對其資料進行預處理後整理出晶圓完整加工資訊。取某型號晶圓的加工週期作為研究樣本，其中該類晶圓工藝流程共有 45 道工序，按本書方法共生成 406 個樣本、224 個特徵變數，經降維處理後剩餘 179 個特徵變數；採用 10 重交叉驗證建立模型後得到的加工週期預測結果如圖 8-5 所示。

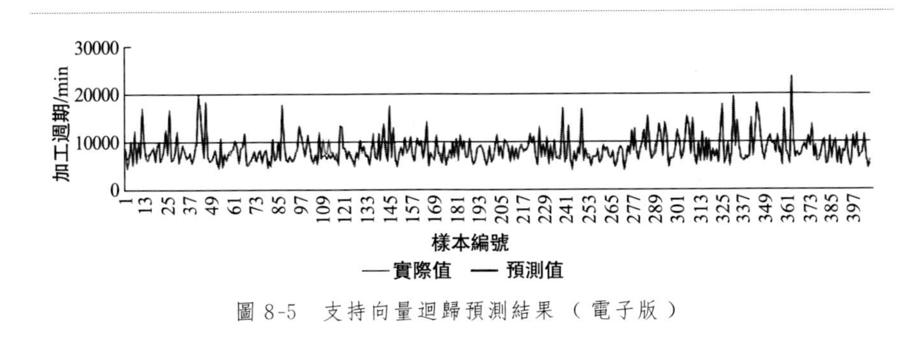

圖 8-5 支持向量迴歸預測結果（電子版）

8.5 本章小結

本章主要介紹了大數據環境下的半導體製造系統調度發展趨勢。以介紹工業 4.0 為開端，接著介紹了工業大數據及其發展的三個階段。基於工業 4.0 和工業大數據的基礎，介紹了大數據環境下半導體製造調度發展趨勢，包括：基於資料的 Petri 網、動態仿真、預測模型；最後以一個具體的應用實例「複雜製造系統大數據驅動預測模型」來說明大數據環境下半導體製造調度問題。

參考文獻

[1] 烏爾里希· 森德勒 . 工業 4.0：即將來襲的第四次工業革命[M]. 鄧敏，李現民譯 . 北京：機械工業出版社，2014.

[2] 劉雲浩 . 物聯網導論[M]. 北京：科學出版社，2010.

[3] 什麼是工業 4.0？ [2019] . http://www.gii4.cn/about.shtml#gy.

[4] Villars R L, Olofson C W, Eastwood M. Big data: What it is and why you should care[J]. White Paper, IDC, 2011: 14.

[5] Luo S, Wang Z, Wang Z. Big-data analytics: Challenges, key technologies and prospects [J]. ZTE Communications, 2013, 2: 11-17.

[6] Sagiroglu S, Sinanc D. Big data: A review [C]//Collaboration Technologies and Systems(CTS), 2013 International Conference on. IEEE, 2013: 42-47.

[7] Wielki J. Implementation of the big data concept in organizations-possibilities, impediments and challenges[C]// Computer Science and Information Systems. IEEE, 2013: 985-989.

[8] Wan J, Tang S, Li D, et al. A manufacturing big data solution for active preventive maintenance [J]. IEEE Transactions on Industrial Informatics, 2017, 2 (16): 2039-2047.

[9] Addo-Tenkorang R, Helo P T. Big data applications in operations/supply-chain management: A literature review [J]. Computers & Industrial Engineering, 2016, 101: 528-543.

[10] Lee J. Industrial big data: The revolutionary transformation and value creation in industry 4.0 era [M]. Beijing: China Machine Press, 2015.

[11] 顧新建，代風，楊青梅，等 . 製造業大數據頂層設計的內容和方法(上篇)[J]. 成組技術與生產現代化，2015，32(4)：12-17.

[12] Mourtzis D, Vlachou E, Milas N. Industrial big data as a result of IoT adoption in manufacturing[J]. Procedia Cirp, 2016, 55: 290-295.

[13] Gradišar D, Mušič G. Automated Petri-net modelling based on production management data[J]. Mathematical and Computer Modelling of Dynamical Systems, 2007, 13(3): 267-290.

[14] Mueller R, Alexopoulos C, McGinnis L F. Automatic generation of simulation models for semiconductor manufacturing [C]//Proceedings of the 39th conference on winter simulation: 40 years! The best is yet to come. IEEE Press, 2007: 648-657.

[15] Ye K, Qiao F, Ma Y M. General structure of the semiconductor production scheduling model[C]//Applied Mechanics and Materials. Trans Tech Publications,

2010,20:465-469.

[16] Baker M D, Himmel C D, May G S. Time series modeling of reactive ion etching using neural networks[J]. IEEE Transactions on Semiconductor Manufacturing, 1995,8(1):62-71.

[17] Zhu X C, Qiao F. Processing time prediction method based on SVR in semiconductor manufacturing[J]. Journal of Donghua University (English Edition), 2014(2):98-101.

[18] Susto G A, Beghi A, De Luca C. A predictive maintenance system for epitaxy processes based on filtering and prediction techniques[J]. IEEE Transactions on Semiconductor Manufacturing, 2012, 25(4):638-649.

[19] Kikuta Y, Tsutahara K, Kinaga T, et al. The knowledge management system for the equipment maintenance technology[C]//2007 International Symposium on Semiconductor Manufacturing. IEEE, 2007:1-4.

[20] Chang P C, Liao T W. Combining SOM and fuzzy rule base for flow time prediction in semiconductor manufacturing factory[J]. Applied Soft Computing, 2006,6(2):198-206.

[21] Meidan Y, Lerner B, Rabinowitz G, et al. Cycle-time key factor identification and prediction in semiconductor manufacturing using machine learning and data mining[J]. IEEE Transactions on Semiconductor Manufacturing, 2011,24(2):237-248.

資料驅動的半導體製造系統調度

作　　者：李莉，于青雲，馬玉敏，喬非
發 行 人：黃振庭
出 版 者：崧燁文化事業有限公司
發 行 者：崧燁文化事業有限公司
E-mail：sonbookservice@gmail.com
粉 絲 頁：https://www.facebook.com/sonbookss/
網　　址：https://sonbook.net/
地　　址：台北市中正區重慶南路一段六十一號八樓 815 室
Rm. 815, 8F., No.61, Sec. 1, Chongqing S. Rd., Zhongzheng Dist., Taipei City 100, Taiwan
電　　話：(02)2370-3310
傳　　真：(02)2388-1990
印　　刷：京峯數位服務有限公司
律師顧問：廣華律師事務所 張珮琦律師

定　　價：500 元
發行日期：2024 年 04 月第一版
◎本書以 POD 印製

國家圖書館出版品預行編目資料

資料驅動的半導體製造系統調度 / 李莉，于青雲，馬玉敏，喬非 著. -- 第一版. -- 臺北市：崧燁文化事業有限公司, 2024.04
面；　公分
POD 版
ISBN 978-626-394-121-2(平裝)
1.CST: 半導體
448.65　113002980

電子書購買

臉書

爽讀 APP